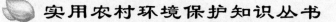 实用农村环境保护知识丛书

村镇生活污水
处理技术及管理维护

吴军　魏俊　苏良湖　谢田　赵由才　编著

北　京

冶金工业出版社

2021

内 容 提 要

本书共分 7 章,内容包括:中国村镇生活污水排放收集处理概况,世界村镇生活污水处理技术发展应用现状,村镇生活污水产生收集排放,村镇生活污水处理系列技术,村镇生活污水处理设施运营维护,村镇生活污水投资建设,村镇生活污水处理工程案例分析。

本书可供环境工程、市政工程、城市规划专业的工程技术人员和科研人员阅读,也可供大专院校相关专业师生参考。

图书在版编目(CIP)数据

村镇生活污水处理技术及管理维护/吴军等编著 . —北京:冶金工业出版社,2019.7 (2021.3 重印)

(实用农村环境保护知识丛书)

ISBN 978-7-5024-8068-4

Ⅰ.①村… Ⅱ.①吴… Ⅲ.①乡镇—生活污水—污水处理 Ⅳ.①X703

中国版本图书馆 CIP 数据核字 (2019) 第 101604 号

出 版 人 苏长永

地 址 北京市东城区嵩祝院北巷 39 号 邮编 100009 电话 (010)64027926

网 址 www. cnmip. com. cn 电子信箱 yjcbs@ cnmip. com. cn

责任编辑 杨盈园 美术编辑 彭子赫 版式设计 孙跃红

责任校对 王永欣 责任印制 李玉山

ISBN 978-7-5024-8068-4

冶金工业出版社出版发行;各地新华书店经销;北京中恒海德彩色印刷有限公司印刷

2019 年 7 月第 1 版,2021 年 3 月第 2 次印刷

169mm×239mm;19.75 印张;382 千字;302 页

69.00 元

冶金工业出版社 投稿电话 (010)64027932 投稿信箱 tougao@cnmip. com. cn

冶金工业出版社营销中心 电话 (010)64044283 传真 (010)64027893

冶金工业出版社天猫旗舰店 yjgycbs. tmall. com

(本书如有印装质量问题,本社营销中心负责退换)

序　言

据有关统计资料介绍，目前中国大陆有县城 1600 多个，建制镇 19000 多个，农场 690 多个，自然村 266 万个（村民委员会所在地的行政村为 56 万个）。去除设市县级城市的人口和村镇中到城市务工的人口，全国生活在村镇的人口超过 8 亿人。长期以来，我国一直主要是农耕社会，农村产生的废水（主要是人禽粪便）和废物（相当于现在的餐厨垃圾）都需要完全回用，但现有农村的环境问题有其特殊性，农村人口密度相对较小，而空间面积足够大，在有限的条件下，这些污染物，实际上确是可循环利用资源。

随着农村居民生活消费水平的提高，各种日用消费品和卫生健康药物等的广泛使用导致农村生活垃圾、污水逐年增加。大量生活垃圾和污水无序丢弃、随意排放或露天堆放，不仅占用土地，破坏景观，而且还传播疾病，污染地下水和地表水，对农村环境造成严重污染，影响环境卫生和居民健康。

生活垃圾、生活污水、病死动物、养殖污染、饮用水、建筑废物、污染土壤、农药污染、化肥污染、生物质、河道整治、土木建筑保护与维护、生活垃圾堆场修复等都是必须重视的农村环境改善和整治问题。为了使农村生活实现现代化，又能够保持干净整洁卫生美丽的基本要求，就必须重视科技进步，通过科技进步，避免或消除现代生活带来的消极影响。

多年来，国内外科技工作者、工程师和企业家们，通过艰苦努力和探索，提出了一系列解决农村环境污染的新技术新方法，并得到广泛应用。

鉴于此，我们组织了全国从事环保相关领域的科研工作者和工程技术人员编写了本套丛书，作者以自身的研发成果和科学技术实践为出发点，广泛借鉴、吸收国内外先进技术发展情况，以污染控制与资源化为两条主线，用完整的叙述体例，清晰的内容，图文并茂，阐述环境保护措施；同时，以工艺设计原理与应用实例相结合，全面系统地总结了我国农村环境保护领域的科技进展和应用技术实践成果，对促进我国农村生态文明建设，改善农村环境，实现城乡一体化，造福农村居民具有重要的实践意义。

赵由才

同济大学环境科学与工程学院

污染控制与资源化研究国家重点实验室

2018 年 8 月

前　言

改革开放40年以来，我国经济社会各个方面都发生了翻天覆地的变化，其中城镇化进程的快速发展使得村镇面貌发生了显著改变。然而，在城乡经济快速发展、居民物质生活条件大幅改善提高的同时，村镇的环境质量却每况愈下，究其原因，在于城镇化发展的不均衡，其中，"有水皆污"的水环境问题尤为突出。针对村镇水环境问题，国家及各省市有关部门先后开展了"社会主义新农村建设""农村环境连片整治""美丽乡村建设"等工作，虽然收到一定效果，但村镇生活污水治理仍存在目标定位不准确、标准体系不健全、技术种类繁杂、处理工艺适用性差、长效管理严重缺失、投资建设效率不高等问题。根据作者统计，村镇生活污水污染负荷约占各类污水总污染负荷的1/3，而处理率却不足20%，因此，村镇水环境治理仍需要持续投入，久久为功。村镇污水处理领域存在的各种问题，需要仔细梳理，并提出因地制宜的系统化解决方案，已经成为这个领域从事政策标准制定、区域整体规划、项目组织管理、工程设计实施以及长效运行管理的各类业内人士的共识。

本书第1章从村镇社会经济及水环境现状、生活污水排放及收集处理情况、国家相关政策法规和规划三个方面系统介绍了我国村镇生活污水收集处理排放的概况。第2章从组织与管理、治理方法、技术标准、运营保障、资金保障等几个方面介绍了世界村镇生活污水处理技术及管理的发展现状。第3章、第4章系统阐述了村镇生活污水产生、收集排放、常用处理技术及装备等问题，涉及水质水量的确定、排水体制的选择、常用管材的选择、构筑物及施工方法等；并针对活性污泥法、生物膜法和自然生态法三大类村镇生活污水常用处理方法，从技术原理到工艺构成，再到适用条件和设计范例等方面进行了重点描述。从第5章开始讲述村镇生活污水设施的运行管理、项目建设的商业模式和华东、华中、西南地区等不同区域的项目案例。总之，全书期望通过梳理我国村镇生活污水处理的发展历程，从设计、建设、运维等全过程、全方位的视角展示该领域的最新研究成果和作者对相关问题的理解和思考。

本书第1章由苏良湖、张龙江、陈梅编写，第2章由魏俊、潘笑文、王礼兵编写，第3章由吴军、陈梦雪编写，第4章由吴军（活性污泥法和设备化技术）、魏俊、潘笑文和苏良湖（生物膜法）、谢田（自然生态法）共同编写，第5章由谢田、谭燕编写，第6章由谢田编写，第7章由吴军、魏俊、苏良湖、谢田编写，全书由赵由才整体规划，其他参与资料收集整理和编写人员还包括贾瑞琦、李丹阳、李志远、焦贯通、王雨纯、罗培康、仝武钢、包晗（第3章、第4章、第7章）、曾超（第5章、第7章）。本书由吴军、叶红玉、孔令为、王礼兵进行审定。

本书出版得到国家"十三五"淮河水专项技术成果产业化推广机制与平台建设课题（2017ZX07602-004）资助，特此感谢！

由于编者学识阅历所限，书中若有不妥之处，请读者批评指正。

作者

2018 年 12 月

目 录

1 中国村镇生活污水排放收集处理概况

1.1 中国村镇社会经济及水环境现状

1.1.1 中国村镇社会经济现状

1.1.1.1 城镇化进程

改革开放以来，伴随中国经济快速增长、城镇化快速推进，我国城镇化率从 1978 年的 17.9%提高到 2017 年的 58.5%，城镇常住人口从 1.72 亿人增长到 8.13 亿人，约占同期世界新增城镇人口的 26%（图 1-1）。中国的城镇化进程，按人口迁移特征可分成四个阶段：就近城镇化为主、就近城镇化与异地城镇化并存、异地城镇化、就地城镇化与异地城镇化并重。其中，从 2002 年开始，外出务工人口规模快速增长，从 2001 年的 8399 万人快速增加到 2002 年的 10470 万人，之后以年均 600 万人的增速增加到 2012 年的 16336 万人（图 1-2）。

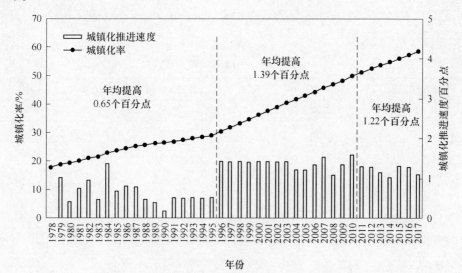

图 1-1　改革开放以来中国城镇化率及其推进速度
（图片来源：改革开放 40 年中国城镇化历程、启示与展望（2018））

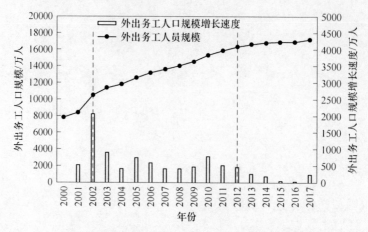

图 1-2　2000 年以来中国外出务工人口增长情况（2000~2017 年）
（图片来源：改革开放 40 年中国城镇化历程、启示与展望（2018））

1.1.1.2　村镇人口和面积

村镇包括城区（县城）范围外的建制镇、乡、具有乡镇政府职能的特殊区域的建成区，以及村庄。根据 2016 年城乡建设统计年鉴，2016 年年末，全国共有建制镇 20883 个，乡（苏木、民族乡、民族苏木）10872 个。村镇户籍总人口 9.58 亿人。其中，建制镇建成区 1.62 亿人，占村镇总人口的 16.96%；乡建成区 0.28 亿人，占村镇总人口的 2.92%；镇乡级特殊区域建成区 0.04 亿人，占村镇总人口的 0.45%；村庄 7.63 亿人，占村镇总人口的 79.67%。我国 2011~2016 年村镇户籍人口见表 1-1。

表 1-1　2011~2016 年村镇户籍人口　　　　　　　（亿人）

年份	总人口	建制镇建成区	乡建成区	镇乡级特殊区域建成区①	村庄
2011	9.42	1.44	0.31	0.03	7.64
2012	9.45	1.48	0.31	0.03	7.63
2013	9.48	1.52	0.31	0.03	7.62
2014	9.52	1.56	0.30	0.03	7.63
2015	9.57	1.60	0.29	0.03	7.65
2016	9.58	1.62	0.28	0.04	7.64

①具有乡镇政府职能的农场、林场、牧场、渔场、团场和工矿区等，下同。

2016 年年末，全国建制镇建成区面积 397.0 万 hm²，平均每个建制镇建成区占地 219hm²，人口密度 4902 人/km²；乡建成区 67.3 万 hm²，平均每个乡建成区占地 62hm²，人口密度 4450 人/km²；镇乡级特殊区域建成区 13.6 万 hm²，平均每个镇乡级特殊区域建成区占地 176hm^2，人口密度 3665 人／km^2，见表 1-2。

表 1-2　2011～2016 年村镇建成区面积和村庄现状用地　　（hm^2）

年份	建制镇建成区	乡建成区	镇乡级特殊区域建成区	村庄现状用地[①]
2011	338.6	74.2	9.3	1373.8
2012	371.4	79.5	10.1	1409.0
2013	369.0	73.7	10.7	1394.3
2014	379.5	72.2	10.5	1394.1
2015	390.8	70.0	9.4	1401.3
2016	397.0	67.3	13.6	1392.2

①农村居民生活和生产聚居点的实际建设用地。

1.1.1.3　农村居民收入

从 20 世纪 80 年代的农民外出务工，到 90 年代初期跨省流动规模逐步提高，再到 2000 年之后农村富余劳动力大规模外出务工，"农民进城" 极大地提高了农民收入，改善了农民生活水平，逐步稳定和缩小了城乡居民收入差距。从数据来看，农村居民家庭平均每人工资性纯收入及其占农民人均纯收入的比重快速提高，从 1991 年的 152 元、21.44%提高到 2001 年的 772 元、32.62%，再提高到 2012 年的 3448 元、43.55%，为农村居民家庭平均每人纯收入的提高作出了较大贡献。城乡居民收入差距也在经历波动和不断扩大之后，2002 年开始逐步减缓、稳定并降低。随着中国经济快速增长和农民收入快速提高，中国农村贫困人口从 1978 年的 7.7 亿人减少到 2017 年的 3046 万人，对全球减贫贡献率超过 70%。

目前，中国农民的收入主要来源于工资性收入、经营性收入和转移净收入。根据《中国农村统计年鉴（2014～2016）》，2016 年可支配收入为 12363 元，其中工资性收入 5022 元，经营净收入 4741 元，转移净收入 2328 元，财产净收入 272 元。工资性收入、经营净收入和转移净收入分别占 40.6%、38.4%和 18.8%，而财产净收入仅占 2.2%。2013～2016 年中国农村人均可支配收入及构成见表 1-3。

表 1-3　2013～2016 年农村居民人均可支配收入和构成

指　标	收入／元·人$^{-1}$				构成／%			
	2013 年	2014 年	2015 年	2016 年	2013 年	2014 年	2015 年	2016 年
可支配收入	9429.6	10488.9	11421.7	12363	100	100	100	100
工资性收入	3652.5	4152.2	4600.3	5022	38.7	39.6	40.3	40.6
经营净收入	3934.8	4237.4	4503.6	4741	41.7	40.4	39.4	38.4

续表 1-3

指　标	收入/元·人⁻¹				构成/%			
	2013 年	2014 年	2015 年	2016 年	2013 年	2014 年	2015 年	2016 年
第一产业净收入	2839.8	2998.6	3153.8	3270	30.1	28.6	27.6	26.5
第二、三产业净收入	1095	1238.7	1349.8	1472	11.6	11.8	11.8	11.8
财产净收入	194.7	222.1	251.5	272	2.1	2.1	2.2	2.2
转移净收入	1647.5	1877.2	2066.3	2328	17.5	17.9	18.1	18.8

1.1.2　中国村镇水环境现状

农村水环境是分布在广大农村的河流、湖沼、沟渠、池塘、水库等地表水体、土壤水和地下水体的总称。水环境既是农村地区的脉管系统，也是全国水环境的重要组成部分，既对雨洪旱涝起着调节作用，又是农业生产和农民生活饮用的生命之源。农村水环境对于农业发展、农民健康、农村经济、农村生态等方面具有重要的作用。

农村地区占全国土地总面积的94%以上，中国地表水的水环境现状可在一定程度上体现中国村镇水环境现状。

1.1.2.1　河流湖泊水库水质污染现状

根据《2017 中国生态环境状况公报》，2017 年，全国地表水 1940 个水质断面（点位）中，Ⅰ～Ⅲ类水质断面（点位）1317 个，占 67.9%；Ⅳ、Ⅴ类 462 个，占 23.8%；劣Ⅴ类 161 个，占 8.3%。与 2016 年相比，Ⅰ～Ⅲ类水质断面（点位）比例上升 0.1 个百分点，劣Ⅴ类下降 0.3 个百分点。

2017 年，长江、黄河、珠江、松花江、淮河、海河、辽河七大流域和浙闽片河流、西北诸河、西南诸河的 1617 个水质断面中，Ⅰ类水质断面 35 个，占 2.2%；Ⅱ类 594 个，占 36.7%；Ⅲ类 532 个，占 32.9%；Ⅳ类 236 个，占 14.6%；Ⅴ类 84 个，占 5.2%；劣Ⅴ类 136 个，占 8.4%。与 2016 年相比，Ⅰ类水质断面比例上升 0.1 个百分点，Ⅱ类下降 5.1 个百分点，Ⅲ类上升 5.6 个百分点，Ⅳ类上升 1.2 个百分点，Ⅴ类下降 1.1 个百分点，劣Ⅴ类下降 0.7 个百分点。西北诸河和西南诸河水质为优，浙闽片河流、长江和珠江流域水质为良好，黄河、松花江、淮河和辽河流域为轻度污染，海河流域为中度污染，如图 1-3 所示。

2017 年，112 个重要湖泊（水库）中，Ⅰ类水质的湖泊（水库）6 个，占 5.4%；Ⅱ类 27 个，占 24.1%；Ⅲ类 37 个，占 33.0%；Ⅳ类 22 个，占 19.6%；Ⅴ类 8 个，占 7.1%；劣Ⅴ类 12 个，占 10.7%。2017 年重要湖泊营养状态如图 1-4 所示，主要污染指标为总磷、化学需氧量和高锰酸盐指数。109 个监测营养

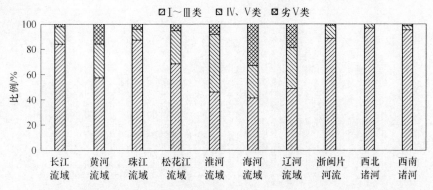

图 1-3　2017 年七大流域和浙闽片河流、西北诸河、西南诸河水质状况

（图片来源：2017 中国生态环境状况公报）

状态的湖泊（水库）中，贫营养的 9 个，中营养的 67 个，轻度富营养的 29 个，中度富营养的 4 个。2017 年重要水库营养状态，如图 1-5 所示。

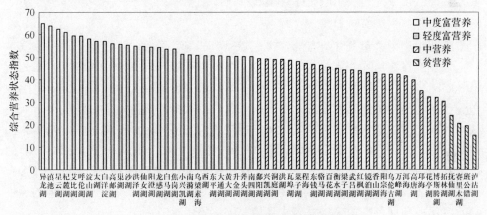

图 1-4　2017 年重要湖泊营养状态比较

（图片来源：2017 中国生态环境状况公报）

其中，Ⅰ、Ⅱ类水质可用于饮用水源一级保护区、珍稀水生生物栖息地、鱼虾类产卵场、仔稚幼鱼的索饵场等；Ⅲ类水质可用于饮用水源二级保护区、鱼虾类越冬场、洄游通道、水产养殖区、游泳区；Ⅳ类水质可用于一般工业用水和人体非直接接触的娱乐用水；Ⅴ类水质可用于农业用水及一般景观用水；劣Ⅴ类水质除调节局部气候外，几乎无使用功能。

1.1.2.2　农村水环境污染来源

随着中国工业化、城镇化和农业现代化进程不断加快，农村水环境保护形势严峻。农业生产中大量施用化肥、农药，规模化畜禽和水产养殖，农村生活污水

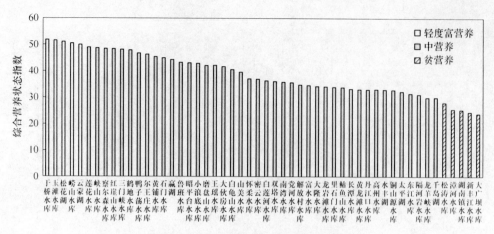

图 1-5　2017 年重要水库营养状态

（图片来源：2017 中国生态环境状况公报）

和垃圾随意排放等是我国农村水环境污染、湖泊水库富营养化的主要影响因素。

A　化肥和农药大量施用

农业生产中大量施用化肥和农药是农村水环境污染的主要来源之一。据统计，我国农作物亩均施肥量从 2000 年的 $26.53×10^3kg/km^2$ 涨到 2014 年的 $36.24×10^3kg/km^2$，增加了 36.6%，远高于世界平均水平（$12.0×10^3kg/km^2$）。化肥的过量施用和利用率低，使得养分随农田排水、地表径流或渗流大量流失，造成地表水和地下水的富营养化。农药大量施用带来的水环境污染问题也非常严重，据统计，我国农作物农药施用量从 2000 年的 $0.082kg/km^2$ 上涨到 2014 年的 $0.011kg/km^2$，增加了 33.3%，远高于发达国家耕地农药平均施用量（$0.07kg/km^2$）。农药的利用率较低，喷洒的农药只有 1/3 左右附着于作物上，其他的经过雨水冲淋或地面径流等途径进入水环境，破坏了水生态系统。

B　畜禽水产养殖污染严重

我国农村畜禽水产养殖产生的废弃物和废水也是水环境的主要污染源之一。畜禽粪便的淋溶性强，如不合理处置，会通过地表径流污染地表水和地下水，使水体变黑发臭，导致水中的鱼类或其他生物死亡，对水环境造成严重破坏。水产养殖是我国大小水系重要的农业生产支柱产业，也是我国部分农民经济收入的主要来源。随着水产养殖业的迅速发展，养殖污水排放量剧增。我国大部分传统养殖模式为超容量高负荷养殖，生产过程存在着不合理投放饲料与渔药等行为，大大超过了水环境容量和自净能力。

C　农村生活污水和垃圾随意排放和倾倒

我国农村人口数量庞大，产生的生活污水和垃圾数量惊人，而且由于较为分散，收集和处理配套措施缺乏，生活污水和生活垃圾随意排放和倾倒对农村环境造成严重污染。按照人均排放污水 30~40L/d 计算，全国农村每年产生的生活污水高达 67.7 亿~90.3 亿吨，但到 2014 年年末，全国仅有 9.98% 的村对生活污水进行了处理。据估计，2014 年我国乡村生活垃圾达到 19419.7 万吨，到 2014 年年末仍有近 40% 的村未对生活垃圾进行处理。这种大量持续的随意排放，严重超过了自然环境的自净能力，导致居民聚居点周围水环境质量严重恶化，浅层地下水几乎不能饮用。

D 乡镇企业排污严重

我国农村乡镇工业主要集中在造纸、印染、玻璃制品、建材、冶炼等高污染、高能耗、低层次落后技术产业领域，大量企业没有污染防治设施，使污染问题较为突出。同时农村乡镇企业承担着为地方创造税收、增加农民收入的责任，导致地方政府在监管此类企业污染排放时有意无意地严重缺位。随着城市及周边对环境的管理愈加严厉，一些高污染企业"上山下乡"，向环境管理较为松散的农村转移。这种趋势和现象在近年越来越明显，使得农村接纳地的环境污染程度明显高于城市中心区，并不断加重，污染范围也呈快速蔓延趋势。

1.1.2.3 农村水环境管理和治理存在的问题

A 管理机制不完善，监管薄弱

农村水环境直接取决于农村生产、生活的各个方面，根据现有的政府部门行政职能设计，水环境管理体制中涉及环保、水利、农业、建设、卫生等部门，长期以来在职能分工或者上位法中并没有对主管部门与分管部门做出规定，形成了监管中的职能重叠或者职能冲突，实际操作中容易形成监管漏洞。

一些地方政府尚未建立起农村环境综合整治工作的有效推进机制。责任分工不明确，治理措施不具体，资金投入不到位，工作部署不落实。各地在推进农村环境综合整治中，主要依靠行政推动，农民群众主体作用未得到充分发挥。农村水环境治理市场化机制亟待建立，社会资本参与度不高。一些地方的污水处理等农村环保设施建成后，存在着管理主体不明确、设施运行维护资金不落实、运行管护人员不足、规章制度不健全等问题，导致一些设施不能正常运行，影响农村环境整治成效。

目前，地方各级环保部门的农村环保工作力量非常薄弱，约 90% 的乡镇没有专门的环保工作机构和人员，缺乏必要的设备装备和能力，难以保证有效开展工作；农村环保标准体系不健全，农村生活污水处理污染物排放标准、农村生活垃圾处理处置技术规范等亟待制定；农村环境监测尚未全面开展，无法及时掌握农村环境质量状况和变化情况。

B 农村环保基础设施严重不足

目前，中国的农村环保基础设施还严重不足，仍有 40% 的建制村没有垃圾收集处理设施，78%的建制村未建设污水处理设施，40%的畜禽养殖废弃物未得到资源化利用或无害化处理，农村环境"脏乱差"问题依然突出；38%的农村饮用水水源地未划定保护区（或保护范围），49%未规范设置警示标志，一些地方农村饮用水水源存在安全隐患。

C 对水环境保护的重要性和长期性认识不足

水环境污染具有流域传输和地表向地下传输的属性，并且治理难度较大。一些地方政府"重经济轻环境"的思想仍然严重，相对于眼前的经济增长，对水环境治理和保护并不急迫，对乡镇污染企业环境执法严重缺位，认识不到水环境污染对于经济可持续发展、人居环境的长远影响。在一些地方政府的干部考核中，生态建设考核分值所占比例较低，经济建设考核得分仍然是重中之重。

D 小流域管理力量单薄，存在推诿现象

目前，我国已建立流域管理体系，但是对水环境的管理权限十分有限，尤其是在小流域管理方面，没有实行水环境的统一管理。一些小流域本身跨越不同行政区域，下游政府埋怨上游政府未履行水环境保护职责，导致对下游水环境造成严重污染，但未能反思本地水环境污染和管理存在的问题，这种推诿现象普遍存在于同流域的省、市、县之间，既无益于水环境问题的解决，又加剧了问题的复杂性。

E 农业源污染较为分散，客观上管理难度大

农业源污染来自农田的农药、化肥流失，畜禽养殖粪便排放，水产养殖废水直接排放等，而这些污染排放分散、无规律，客观上造成监管难度大。各种投入和监管很难收到立竿见影的水环境改善效果，需要长期投入大量人力和物力。

F 减少水环境污染的农业生产方式难以推广

近年来，为了减少传统农业生产方式对水环境的污染，对节水、农药化肥减施、养殖废弃物资源化利用等方面进行了大量研究，小范围的示范推广也取得了良好效果。但是，由于缺乏政策导向并受到农村传统生产模式的制约，使得推广难度较大。尤其是农民固有思维认为，减少化肥和农药的施用，意味着农作物减产，对推广科学的农业生产方式存在抵触心理。

1.2 中国村镇生活污水排放收集处理情况

中国有近 60 万个行政村和 260 多万个自然村。随着新农村建设的发展，农村居民生活水平逐渐提升，农村地区的生活用水量和集中供水率逐渐提高，加之水冲厕所在农户的推广普及，农村生活污水排放量已占中国生活污水总排放量的一半以上。大量未经处理的农村污水直接排放，对纳污水体和土壤造成了极大污染，严重威胁了地下水安全和农村居民的身体健康，并成为主要流域水污染的重要因素。以太湖流域为例，农村直接排放的生活污水对太湖污染的氮贡献率达

35.35%，磷贡献率达 59.65%。

由于中国长期实行城乡二元结构，导致城乡公共资源配置严重不均衡，农村的环境建设与经济发展不同步，农村排水和污水处理设施严重不足。

近年来，中央和地方对农村污水的治理力度不断加大。原环境保护部、财政部积极推进农村环境综合整治，2008~2015 年累计安排 314 亿元资金，支持了 7 万多个村庄实施农村环境综合整治，1.2 亿多农村人口直接受益。农村环境综合整治重点关注农村污水垃圾等，仅 2014 年投入农村污水处理的资金就高达 63.8 亿元。特别是江苏、浙江、湖南等连片整治第一批示范省份，更是全面启动了农村生活污水治理工作，如浙江的"五水共治"，江苏、湖南的"整县推进"，建设了大量的农村生活污水处理设施。到 2020 年，还将进一步对 13 万个建制村进行环境综合整治。

2005 年，住建部提出新农村建设，开展村庄整治活动，截至 2010 年底，已投入数百亿元，共整治了 15 万个行政村。2010 年起，住建部启动绿色重点小城镇试点示范以及生态村建设试点等工作，推进村镇污水垃圾治理工作。2015 年，住建部会同中国农业发展银行与吉林、江苏、山东、宁夏、山西 5 个省签订了战略合作协议，在全国选择 100 个县开展农村生活污水治理示范，并将进一步在全国梯次推开。2007 年起，农业部实施了乡村清洁工程，中央财政按每村 15 万~20 万元补贴乡村清洁工程试点。卫计委开展农村卫生厕所改造项目，每年投入近亿元，到 2010 年底，农村的卫生厕所改造率达 65%。到 2016 年底，全国农村卫生厕所普及率已达 80.3%，东部一些省份达到了 90% 以上。这些农村污染治理项目的推进，在一定程度上起到了局部缓解农村污染的作用。

2016 年，中国建制镇、乡、镇乡级特殊区域的排水和污水处理情况，见表 1-4~表 1-6，其污水处理率分别为 28.02%、9.04% 和 21.42%。2016 年度中国各乡镇（含建制镇、乡、镇乡级特殊区域）有污水处理厂 3985 个，处理能力为 1473.22 万立方米/d，污水处理装置为 14676 个，处理能力为 1097.48 万立方米/d。

表 1-4　2016 年建制镇排水和污水处理情况

地区名称	对生活污水进行处理的建制镇		污水处理厂		污水处理装置		排水管道长度/km	排水暗渠长度/km
	个数/个	比例/%	个数/个	处理能力/万立方米·d⁻¹	个数/个	处理能力/万立方米·d⁻¹		
全国	5071	28.02	3409	1422.77	12421	1041.38	166304.60	83154.07
北京	37	31.62	22	10.37	91	22.93	1506.23	346.22
天津	31	27.93	31	15.60	62	10.42	1238.53	406.87
河北	66	7.76	45	56.87	156	27.92	2920.54	1361.93

地区名称	对生活污水进行处理的建制镇		污水处理厂		污水处理装置		排水管道长度/km	排水暗渠长度/km
	个数/个	比例/%	个数/个	处理能力/万立方米·d⁻¹	个数/个	处理能力/万立方米·d⁻¹		
山西	25	5.25	14	2.35	42	5.08	1804.32	1090.36
内蒙古	15	3.52	9	10.40	23	9.96	1929.57	567.79
辽宁	112	17.69	100	24.72	228	19.01	3026.65	1595.35
吉林	11	2.78	4	3.80	69	1.42	1429.18	464.33
黑龙江	3	0.69	3	1.10	2	0.03	1451.10	693.42
上海	98	97.03	16	23.50	76	9.92	4987.52	793.77
江苏	652	88.47	630	320.26	1942	165.28	23046.28	8578.03
浙江	620	99.84	152	96.56	2401	128.91	14631.34	4282.11
安徽	143	16.98	74	29.71	568	27.18	9096.94	5915.99
福建	293	54.87	243	84.48	517	72.11	6213.98	2610.15
江西	86	12.22	61	6.67	239	12.65	4585.41	2923.61
山东	827	76.36	506	292.66	1696	113.78	21160.77	13168.69
河南	79	8.46	39	9.08	124	23.65	7495.33	3937.21
湖北	211	28.28	126	35.72	361	22.93	10089.84	4326.57
湖南	143	14.17	66	28.62	372	36.47	7003.90	3353.45
广东	199	19.13	171	235.01	794	204.19	13756.60	8879.39
广西	99	14.39	75	13.20	244	15.88	4494.95	2580.38
海南	11	7.05	2	1.20	59	1.35	961.77	505.69
重庆	402	70.53	444	41.72	240	13.27	3286.82	1828.91
四川	529	31.04	373	53.30	1167	47.74	7322.19	4357.37
贵州	159	22.65	92	14.60	501	28.65	2781.71	2736.77
云南	70	11.86	27	2.18	182	5.78	2515.57	2012.00
陕西	77	8.23	46	4.89	171	10.64	3978.60	2886.93
甘肃	18	3.20	9	1.13	30	1.25	1480.70	483.71
青海	3	2.91			2	0.01	300.30	67.97
宁夏	30	38.46	19	1.71	48	2.04	968.37	257.83
新疆	22	10.33	10	1.36	14	0.93	839.59	141.27

表 1-5　2016 年中国乡排水和污水处理

地区名称	对生活污水进行处理的乡		污水处理厂		污水处理装置		排水管道长度/km	排水暗渠长度/km
	个数/个	比例/%	个数/个	处理能力/万立方米·d⁻¹	个数/个	处理能力/万立方米·d⁻¹		
全国	984	9.04	441	25.70	2093	38.11	17912.38	12512.72
北京	6	40.00	2	0.12	11	0.11	21.66	32.40
天津	1	16.67	1		1		36.70	2.86
河北	19	2.21			38	0.15	1176.94	715.85
山西	3	0.48			2	0.10	653.71	478.78
内蒙古	4	1.66					253.79	221.03
辽宁	9	3.96	9	0.29	8	0.13	296.95	175.60
吉林	1	0.60					129.35	79.08
黑龙江							255.11	165.91
上海	2	100.00	1	0.04	1	0.01	15.00	5.80
江苏	36	56.25	40	8.01	59	1.78	729.87	357.44
浙江	260	98.86	11	0.70	893	6.23	775.75	422.77
安徽	40	13.61	18	0.55	145	1.28	1103.59	882.54
福建	116	42.80	117	4.08	189	4.18	782.70	440.68
江西	13	2.29	8	0.33	43	0.66	1635.01	1259.90
山东	21	28.77	14	0.49	28	0.73	449.51	376.36
河南	41	5.53	16	0.96	75	5.75	2791.09	1672.77
湖北	32	18.71	18	1.39	17	0.58	758.27	555.92
湖南	6	1.21	4	1.00	38	1.61	897.83	597.18
广东	3	21.43	1	0.20			58.41	40.35
广西	6	1.85	3	0.07	15	0.32	552.00	286.68
海南							12.21	3.91
重庆	76	38.38	73	2.47	42	0.84	304.57	278.07
四川	212	9.06	80	3.19	288	9.10	1420.44	1275.72
贵州	26	5.76	6	1.31	107	1.96	595.05	636.28
云南	10	1.71	4	0.12	27	1.76	917.78	981.25
陕西	1	4.17			1	0.05	40.15	35.25
甘肃	6	0.98	3	0.02	19	0.08	526.73	327.81
青海							78.92	79.14
宁夏	18	19.35	8	0.22	24	0.24	245.36	56.87
新疆	16	3.02	4	0.14	22	0.46	397.93	68.52

表 1-6　2016 年镇乡级特殊区域排水和污水处理

地区名称	对生活污水进行处理的镇乡级特殊区域		污水处理厂		污水处理装置		排水管道长度/km	排水暗渠长度/km
	个数/个	比例/%	个数/个	处理能力/万立方米·d⁻¹	个数/个	处理能力/万立方米·d⁻¹		
全国	166	21.42	135	24.75	162	17.99	6498.25	1500.70
河北	3	10.34	1	0.50	2	0.03	77.41	29.07
山西							0.42	3.10
内蒙古							100.05	33.90
辽宁	1	3.45	1	0.07	1	0.07	35.40	26.40
吉林							2.00	7.00
黑龙江	36	19.89	34	7.71	43	7.47	2393.46	610.09
上海	3	100.00					374.84	
江苏	1	10.00	1	0.40	2	0.40	90.47	24.61
浙江	3	100.00					39.38	1.20
安徽	1	4.00	1	0.02	1	0.02	61.20	80.29
福建	2	22.22	2	0.76	4	0.07	48.68	2.45
江西							68.34	58.53
山东	3	60.00	3	0.36	5	0.26	222.88	249.07
河南							11.59	3.80
湖北	4	10.53	2	0.10	4	0.02	188.89	80.54
湖南	1	4.00					28.42	8.00
广东	3	25.00	1	0.15	7	0.15	15.52	30.10
广西	1	25.00	1	0.30	1	0.30	19.26	20.41
海南					2	0.60	180.77	122.71
云南							28.03	5.88
甘肃								
宁夏	3	17.65	1	0.03	5	0.07	52.52	5.52
新疆	1	1.28					72.21	10.00
新疆生产建设兵团	100	68.97	87	14.35	85	8.53	2386.51	88.03

　　我国各省区的污水处理率差异十分明显。对于乡镇而言，上海、江苏、浙江、山东、重庆、福建的农村生活污水处理率较高。这些地区开展农村生活污水治理工作较早，目前已有较完善的农村污水处理机制，污水处理覆盖面较广。如江苏省 2008 年就开展农村环境连片整治，浙江省 2003 年提出农村环境整治计

划，并于 2014 年全面开展了农村生活污水治理工作。而黑龙江、吉林、青海、甘肃、内蒙古等地区的乡镇，农村污水治理水平仍然十分落后。其中，东北地区的污水处理起步较晚，经济相对落后、经济发展不平衡，并且寒冷地区的污水处理还要面对冬季低温等问题。2016 年，中国生活污水进行处理的行政村比例为 20%（图 1-6）。其中，上海、江苏、浙江、北京等省市的农村生活污水处理情况比较好，而黑龙江、吉林、甘肃、青海等省的农村生活污水处理情况较差。

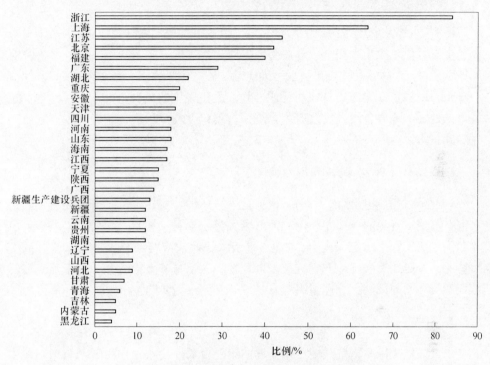

图 1-6　2016 年全国各地区村庄污水处理情况

　　总体而言，中国村镇污水分散、量大，尽管现在处理率有所提高，但整体速度还比较缓慢，污水处理设施建设远远落后于农村地区经济发展的速度。目前，我国还处在农村污水处理的初期阶段。

1.3　中国村镇生活污水处理国家相关政策法规和规划

1.3.1　法律法规

1.3.1.1　中华人民共和国环境保护法

　　《中华人民共和国环境保护法》是为了保护和改善环境，防治污染和其他公害，保障公众健康，推进生态文明建设，促进经济社会可持续发展。2014 年 4 月修订的《中华人民共和国环境保护法》，增加了"提高农村环境保护公共服务水平，推进农村环境综合整治"等条款，并提出针对农村污水治理的规定——"各级人民政府应当在财政预算中安排资金，支持农村饮用水水源地保护、生活污水和其他废弃物处理、畜禽养殖和屠宰污染防治、土壤污染防治和农村工矿污染治理等环境保护工作"。

1.3.1.2　中华人民共和国水污染防治法

《中华人民共和国水污染防治法》是为了保护和改善环境，防治水污染，保护水生态，保障饮用水安全，维护公众健康，推进生态文明建设，促进经济社会可持续发展。《中华人民共和国水污染防治法》"第四章 水污染防治措施"，第五十二条明确规定"国家支持农村污水、垃圾处理设施的建设，推进农村污水、垃圾集中处理。地方各级人民政府应当统筹规划建设农村污水、垃圾处理设施，并保障其正常运行"。

1.3.1.3　中华人民共和国水法

《中华人民共和国水法》是为了合理开发、利用、节约和保护水资源，防治水害，实现水资源的可持续利用，适应国民经济和社会发展的需要。《中华人民共和国水法》第二十三条规定，"地方各级人民政府应当结合本地区水资源的实际情况，按照地表水与地下水统一调度开发、开源与节流相结合、节流优先和污水处理再利用的原则，合理组织开发、综合利用水资源"。

1.3.2　中央一号文件

中央一号文件原指中共中央每年发的第一份文件，该文件在国家全年工作中具有纲领性和指导性的地位。"一号文件"中提到的问题是全年需要重点解决，也是国家亟须解决的问题。近五年的中央一号文件均对农村污水处理提出要求，也从侧面反映出解决农村污水问题的难度。

2014 年中央一号文件《关于全面深化农村改革加快推进农业现代化的若干意见》，提出"开展村庄人居环境整治"，要求"加快编制村庄规划，推行以奖促治政策，以治理垃圾、污水为重点，改善村庄人居环境"。

2015 年中央一号文件《关于加大改革创新力度加快农业现代化建设的若干意见》，提出"全面推进农村人居环境整治"，要求"继续支持农村环境集中连片整治，加快推进农村河塘综合整治，开展农村垃圾专项整治，加大农村污水处理和改厕力度，加快改善村庄卫生状况"。

2016 年中央一号文件《关于落实发展新理念加快农业现代化实现全面小康目标的若干意见》，提出"开展农村人居环境整治行动和美丽宜居乡村建设"，要求采取城镇管网延伸、集中处理和分散处理等多种方式，加快农村生活污水治理。

2017 年中央一号文件《中共中央 国务院关于深入推进农业供给侧结构性改革加快培育农业农村发展新动能的若干意见》，提出"深入开展农村人居环境治理和美丽宜居乡村建设"，要求"推进农村生活垃圾治理专项行动，促进垃圾分类和资源化利用，选择适宜模式开展农村生活污水治理，加大力度支持农村环境集中连片综合治理和改厕"。

2018 年中央一号文件《中共中央 国务院关于实施乡村振兴战略的意见》，提出要持续改善农村人居环境，实施农村人居环境整治三年行动计划，要求"以农村垃圾、污水治理和村容村貌提升为主攻方向，整合各种资源，强化各种举措，稳步有序推进农村人居环境突出问题治理。总结推广适用不同地区的农村污水治理模式，加强技术支撑和指导"。

1.3.3 国务院发布的有关文件

（1）2007 年 11 月 13 日，经国务院同意，原国家环保总局、发改委、农业部、建设部、卫生部、水利部、国土资源部、林业局发布了《关于加强农村环境保护工作的意见》（国办发〔2007〕63 号）。

农村污水作为需着力解决的突出农村环境问题，该意见第七条明确提出要大力推进农村生活污染治理。意见要求，因地制宜开展农村污水治理；逐步推进县城污水设施的统一规划、统一建设、统一管理；有条件的小城镇和规模较大村庄应建设污水处理设施，城市周边村镇的污水可纳入城市污水收集管网，对居住比较分散、经济条件较差村庄的生活污水，可采取分散式、低成本、易管理的方式进行处理。

（2）2009 年 2 月 27 日，经国务院同意，原环境保护部（现已改名为"生态环境部"）、财政部、发展改革委发布了《关于实行"以奖促治"加快解决突出的农村环境问题的实施方案》（国办发〔2009〕11 号）。

财政部和原环保部在 2008 年设立了中央农村环保专项资金，并在实施"以奖促治"政策的基础上，决定对农村环境治理重点实行整村推进、连片整治、集中资金、投入一批、见效一批、分批分片、滚动推进，使"以奖促治"政策取得更大成效。"以奖促治"的实施范围，原则上以建制村为基本治理单元。优先治理淮河、海河、辽河、太湖、巢湖、滇池、松花江、三峡库区及其上游、南水北调水源地及沿线等水污染防治重点流域、区域，以及国家扶贫开发工作重点县范围内，群众反映强烈、环境问题突出的村庄。

在整治内容上，"以奖促治"政策重点支持农村饮用水水源地保护、生活污水和垃圾处理、畜禽养殖污染和历史遗留的农村工矿污染治理等与村庄环境质量改善密切相关的整治措施。在农村污水处理方面，要求采取集中和分散相结合的方式，妥善处理生活污水，并确保治理设施长期稳定运行和达标排放。

（3）2014年5月16日，国务院发布《国务院办公厅关于改善农村人居环境的指导意见》（国办发〔2014〕25号）。

该意见的总体目标是，到2020年，全国农村居民住房、饮水和出行等基本生活条件明显改善，人居环境基本实现干净、整洁、便捷，建成一批各具特色的美丽宜居村庄。意见要求大力开展村庄环境整治，加快农村环境综合整治，重点治理农村垃圾和污水。推行县域农村垃圾和污水治理的统一规划、统一建设、统一管理，有条件的地方推进城镇垃圾污水处理设施和服务向农村延伸。离城镇较远且人口较多的村庄，可建设村级污水集中处理设施，人口较少的村庄可建设户用污水处理设施。要求推动政府通过委托、承包、采购等方式向社会购买污水处理等公共服务，建立污水处理等公用设施的长效管护制度，逐步实现城乡管理一体化。

（4）2015年4月2日，国务院印发了《水污染防治行动计划》（国发〔2015〕17号），简称为"水十条"。"水十条"提出要推进农业农村污染防治，加快农村环境综合整治。要求以县级行政区域为单元，实行农村污水处理统一规划、统一建设、统一管理，有条件的地区积极推进城镇污水处理设施和服务向农村延伸。深化"以奖促治"政策，实施农村清洁工程，推进农村环境连片整治。到2020年，新增完成环境综合整治的建制村13万个。

（5）2016年5月28日起实施的《土壤污染防治行动计划》（国发〔2016〕31号），要求减少生活污染，实施农村生活污水治理工程。

（6）2018年2月5日，中共中央办公厅、国务院办公厅印发了《农村人居环境整治三年行动方案》。

行动方案的目标是，到2020年，实现农村人居环境明显改善，村庄环境基本干净整洁有序，村民环境与健康意识普遍增强。要求东部地区、中西部城市近郊区等有基础、有条件的地区，农村生活污水治理率明显提高；要求中西部有较好基础、基本具备条件的地区，生活污水乱排乱放得到管控。

作为该行动方案的重点任务，要求梯次推进农村生活污水治理。根据农村不同区位条件、村庄人口聚集程度、污水产生规模，因地制宜采用污染治理与资源利用相结合、工程措施与生态措施相结合、集中与分散相结合的建设模式和处理工艺。推动城镇污水管网向周边村庄延伸覆盖。积极推广低成本、低能耗、易维护、高效率的污水处理技术，鼓励采用生态处理工艺。加强生活污水源头减量和尾水回收利用。以房前屋后河塘沟渠为重点实施清淤疏浚，采取综合措施恢复水生态，逐步消除农村黑臭水体。将农村水环境治理纳入河长制、湖长制管理。

同时，要求调动社会力量积极参与，鼓励各类企业积极参与农村人居环境整治项目，规范推广政府和社会资本合作（PPP）模式，通过特许经营等方式吸引社会资本参与农村垃圾污水处理项目；要求强化技术和人才支撑，健全农村生活垃圾污水治理技术、施工建设、运行维护等标准规范；要求各地区区分排水方式、排放去向等，分类制定农村生活污水治理设施建设和运行维护技术指南、排放标准等。

1.3.4 国家层面的规划

1.3.4.1 中华人民共和国国民经济和社会发展第十三个五年规划纲要

《中华人民共和国国民经济和社会发展第十三个五年规划纲要》要求"加快建设美丽宜居乡村，开展生态文明示范村镇建设行动和农村人居环境综合整治行动，对 13 万个村庄进行农村环境整治"。

1.3.4.2 全国农村经济发展"十三五"规划

由国家发展和改革委员会主导编制的《全国农村经济发展"十三五"规划》，专列篇章，要求努力建设美丽宜居乡村推动城乡协调发展，并指出农村污水垃圾治理工程是美丽宜居乡村建设的重大工程。要求建设农村地区污水收集处理利用设施，将城镇周边村庄纳入城镇污水管网处理，在离城镇较远且人口居住较集中的村庄建设村级污水集中处理设施，在人口分散的村庄建设户用污水处理设施；同时，要求继续实行"以奖促治"政策，推进农村环境综合整治；推行县域统一规划、统一建设、统一运行、统一管理的城乡污水治理；采取城镇管网延伸、集中处理和分散处理等多种形式，加快农村生活污水处理。

1.3.4.3 "十三五"生态环境保护规划

"十三五"生态环境保护规划（国发〔2016〕65 号）强调要加快农业农村环境综合治理，要求继续推进农村环境综合整治；深化"以奖促治"政策，以南水北调沿线、三峡库区、长江沿线等重要水源地周边为重点，推进新一轮农村环境连片整治，有条件的省份开展全覆盖拉网式整治。整县推进农村污水处理统一规划、建设、管理。积极推进城镇污水设施和服务向农村延伸，开展农村厕所无害化改造。到 2020 年，新增完成环境综合整治建制村 13 万个。

1.3.4.4 国家环境保护"十三五"科技发展规划纲要

由原环境保护部和科学技术部编制的《国家环境保护"十三五"科技发展规划纲要》，要求结合国家未来一个时期内污染控制的工作重点，突破长期制约中国环保工作和环保产业发展的技术瓶颈问题，建设完善一批国家环境保护工程技术中心，开展污染控制技术开发、示范、工程化应用和推广。其中水污染防治领域，就包括村镇生活污水处理与资源化等方向。

1.3.4.5 全国农村环境综合整治"十三五"规划

原环境保护部、财政部联合印发了《全国农村环境综合整治"十三五"规划》（环水体〔2017〕18号）。"十三五"期间，农村环境综合整治的主要任务包括农村饮用水水源地保护、农村生活垃圾和污水处理、畜禽养殖废弃物资源化利用和污染防治。

该规划目的在于，到 2020 年，新增完成环境综合整治的建制村 13 万个，确保已建农村环保设施长期稳定运行，示范带动更多的建制村开展农村环境整治。该规划在国家层面上对到 2020 年前农村污水处理的任务和措施进行了具体的布置。"十三五"期间，全国农村环境综合整治范围涉及各省（区、市）的 14 万个建制村（图 1-7），主要分布在浙江、河北、山东、四川、河南、湖北等省份。整治重点为"好水"和"差水"周边的村庄，涉及 1805 个县（市、区）12.82万个建制村，约占全国整治任务的 92%。

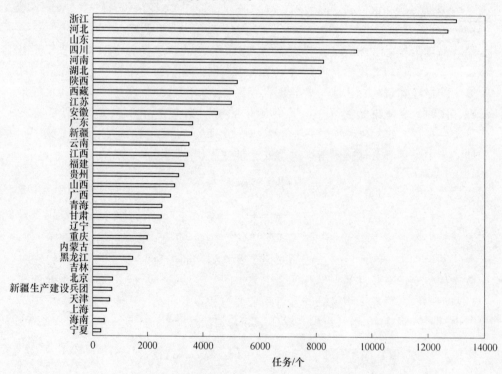

图 1-7　"十三五"期间各省（区、市）农村环境综合整治目标任务

该规划确定的农村生活污水处理的主要任务是：重点在村庄密度较高、人口较多的地区，开展农村生活污水污染治理。生活污水处理设施的建设内容，包括

污水收集管网、集中式污水处理设施或人工湿地、氧化塘等分散式处理设施。要求经过整治的村庄，生活污水处理率不低于60%。

采取的主要措施是：

（1）推进县域农村环保设施统一规划、建设和管理。以县级行政区为单元，实行农村生活污水处理统一规划、统一建设、统一管理，有条件的地区积极推进城镇污水处理设施和服务向农村延伸。

（2）鼓励在县级层面统一招投标，确定项目设计单位、施工单位和监理单位，吸引有信誉、有实力、较大规模的环保企业参与设施建设和运行管理，提高生活污水处理水平。

（3）因地制宜选取农村生活污水治理技术和模式。各地在选取农村环保实用技术时，要根据村庄的人口密度、地形地貌、气候类型、经济条件等因素合理确定技术模式；既要考虑建设成本，更要考虑运行维护成本；处理好技术实用性和技术统一性的关系，避免技术"多而杂、散而乱"。离城镇较近的村庄，污水可通过管网纳入城镇污水处理设施进行处理；离城镇较远且人口较多的村庄，可建设污水集中处理设施；人口较少的村庄可建设人工湿地、氧化塘等分散式污水处理设施。

（4）切实保障污染治理设施长效运行。要求按照《关于加强"以奖促治"农村环境基础设施运行管理的意见》，明确设施管理主体、建立资金保障机制、加强管护队伍建设、建立监督管理机制，切实保证设施"建成一个、运行一个、见效一个"。

（5）在资金投入上，鼓励社会资本投入。通过政府购买服务、政府和社会资本合作（PPP）等形式，推动市场主体加大对农村生活污水收集处理等设施建设和运行维护的投入。引入竞争机制和以效付费制度，合理确定建设成本和运行维护价格。

（6）鼓励农村生活污水处理技术研发，在不适宜集中开展污染治理的地区，研发环保、经济、实用的小型或家庭式治污技术和设备。制（修）订农村生活污水处理污染物排放标准、农村生活污水污染防治技术政策等。各地研究制定农村生活污水处理污染物排放等地方标准和技术规范。在此基础上，要求加大实用技术推广力度。加快推进农村环保科研成果转化，集成、筛选一批农村生活污水等实用技术。通过工程示范等方式，探索和创新适于农村地区的生活污水处理模式，推广农村环保实用技术和装备。

1.3.5 国家标准

经过40余年的发展，我国已形成两级五类的环保标准体系，分别为国家级和地方级标准，类别包括环境质量标准、污染物排放（控制）标准、环境监测类标准、环境管理规范类标准和环境基础类标准。截至"十二五"末期，中国累计发布国家环保标准 1941 项，废止标准 244 项，现行标准 1697 项。在现行环保标准中，环境质量标准 16 项，污染物排放（控制）标准 161 项，环境监测类标准 1001 项，管理规范类标准 481 项，环境基础类标准 38 项。但是，目前中国农村污水处理的国家标准体系还不健全，仍处于完善阶段。2018 年 10 月，生态环境部和住建部正式发布《关于加快制定地方农村生活污水处理排放标准的通知》（环办水体函〔2018〕1083 号），该通知主要从总体要求、适用范围、分类确定控制指标和排放限值及工作要求等几部分内容督促和指导地方政府制定农村生活污水处理排放标准。该通知明确农村生活污水处理排放标准的总体要求为"分区分级、宽严相济、回用优先、注重实效、便于监管的原则，分类确定控制指标和排放限值"，适用范围为"500m³/d 以下的农村生活污水处理设施"。该通知的发布将有效指导推动各地加快制定农村生活污水处理排放标准，提升农村生活污水治理水平。目前全国各省（市、自治区）的农村污水处理的标准编制还处于起步阶段。农村污水处理在很多方面与城市和工业的污水集中处理不同，需要在设计工艺、工程建设、出水水质等方面制定专门的标准。

1.3.5.1　农村污水排放标准

我国目前尚未出台针对农村生活污水排放的国家标准。据调查，除宁夏、山西、浙江、河北、重庆、陕西等个别省、市、自治区制订出台了地方农村生活污水排放标准外（表 1-7），其他各地农村生活污水的排放标准主要按照《农村环境连片整治指南》（HJ 2031—2013）的要求执行，其中集中式农村生活污水处理设施排放管理主要参考《城镇污水处理厂污染物排放标准》（GB 18918—2002），分散式农村生活处理设施排放标准主要参考《城市污水再生利用农田灌溉用水水质》（GB 20922—2007）。

表 1-7　我国农村生活污水处理地方标准比较

序号	污染物或项目名称	宁夏	北京[①]	山西	河北	浙江
1	pH 值	√	√	√	√	√
2	化学需氧量（COD$_{Cr}$）	√	√	√	√	√
3	生化需氧量（BOD$_5$）	√	√	√	√	×
4	悬浮物（SS）	√	√	√	√	×
5	总磷（以 P 计）	√	√	√	√	√
6	总氮	√	√	√	√	×
7	氨氮	√	√	√	√	√
8	阴离子表面活性剂	√	×	√	√	√

续表 1-7

序号	污染物或项目名称	宁夏	北京①	山西	河北	浙江
9	粪大肠菌群数/MPN·L⁻¹	√	×	√	√	√
10	蛔虫卵数/个·L⁻¹	√	×	×	×	×
11	全盐量	√	×	×	×	×
12	氯化物	√	×	×	×	×
13	动植物油	×	√	×	√	√
14	色度	×	×	×	√	×
合　计		12	8	9	11	7

①《农村生活污水处理设施　水污染物排放标准（征求意见稿）》。

　　宁夏回族自治区于 2011 年发布了中国第一个地方标准《农村生活污水排放标准》（DB64/T 700—2011）。该标准对主要指标制定了新的排放限值，根据受纳水体的不同分别采取一级、二级和三级标准，几级标准均低于《城镇污水处理厂污染物排放标准》同级的限值。

　　江苏省自 2011 年以来积极推进《江苏省太湖地区农村生活污水主要污染物排放标准》的制定，该标准综合考虑太湖流域主要水环境超标因子，拟将化学需氧量、氨氮、总氮、总磷作为控制指标，排放限制拟与《城镇污水处理厂污染物排放标准》（GB 18918—2002）的一级 B 标准相一致。

　　山西省环保厅于 2012 年 7 月发布了《山西省农村生活污水排放标准》（DB 14726—2013），该标准制定时不考虑农村经济水平，而是考虑标准实际执行的难易程度，同时为了规范农村环保市场，该标准仅考虑规模的影响，重点针对规模在 500t/d 以下的农村生活污水处理设施，各项指标限值均比《城镇污水处理厂污染物排放标准》（GB 18918—2002）宽松。

　　浙江省在 2015 年 7 月 1 日正式实施《农村生活污水处理设施水污染物排放标准》（DB 33/973—2015），该标准考虑了处理设施技术水平、经济发展水平和区域环境敏感性，选取 7 个指标作为控制指标，并进行分级（一级和二级标准）分区管控，最大限度保证标准的可操作性。

　　河北省在 2015 年 3 月 1 日实施的《农村生活污水排放标准》DB 13/2171—2015，根据村庄所处区位、人口规模、聚集程度、地形地貌、排水特点及排放要求，结合当地经济承受能力等具体情况，进行分级（一级、二级、三级标准，其中一级标准又分为 A 标准和 B 标准），选取 11 个指标作为控制指标，按经济条件和纳污水体性质分级控制。

　　2018 年 7 月 1 日，重庆市实施了《农村生活污水集中处理设施水污染物排放标准》（DB 50/848—2018），这是西部地区首个适用于农村生活污水排放的地方标准。该标准鼓励农村生活污水资源化利用，提出了雨污分流原则及要求，且明确了农村医疗机构废水预处理达标后才能进入农村污水处理设施。选择了 6 个指标，根据受纳水体的水域功能与排放规模等执行分级。对处理规模小于 500m³/d 的处理设施结合纳污水体水环境功能选择执行一级标准、二级标准。其中处理规模大于等于 500m³/d 时执行《城镇污水处理厂污染物排放标准》（GB 18918—2002）。

2018 年 5 月，陕西省环保厅公布《农村生活污水处理设施水污染物排放标准（征求意见稿）》，该标准适用于城镇建成区以外地区且设计规模小于 1000m³/d 的农村生活污水处理设施水污染物排放管理。标准中选取了 10 项控制指标，将排放限值分为一级标准、二级标准。一级标准参考《城镇污水处理厂污染物排放标准》一级标准 B 标准；二级标准参考《城镇污水处理厂污染物排放标准》二级标准。

北京市《农村生活污水处理设施水污染物排放标准（征求意见稿）》还处于征求意见阶段。意见稿采用处理规模、受纳水体水域环境功能、建设状态（现有、新建等）相结合的方式，分为一、二、三级标准。其中新（改、扩）建农村生活污水处理设施的一、二级标准，按处理规模进一步细分为 A 标准和 B 标准。

1.3.5.2　环境质量标准

与农村污水相关的国家环境质量标准主要有地表水环境质量标准、地下水质量标准、农田灌溉水质标准，作为污水处理项目技术选择与工程建设的参考标准。

1.3.5.3　设计、工程建设、技术、运营标准

我国常用的工程建设标准包括国家标准和行业标准。目前中国还没有构建完成农村污水治理在设计、工程建设、技术、运营等环节的标准体系，部分标准参考城镇污水的处理要求。现有的主要技术标准包括《农村生活污染控制技术规范》《村庄污水处理设施技术规程》《污水自然处理工程技术规程》和《镇（乡）村排水工程技术规程》等，见表 1-8。此外，住建部负责编制的《农村生活污水处理设施技术标准》目前仍处于征求意见阶段。

表 1-8　农村生活污水分散处理相关国家标准

分　类	标　准　名　称	标准编号	实施时间
污水排放 标准	污水综合排放标准	GB 8978—1996	1998-01-01
	城镇污水处理厂污染物排放标准	GB 89180—2002	2003-07-01
	城市污水再生利用农田灌溉用水水质	GB 20922—2007	2007-10-01

续表 1-8

分 类	标 准 名 称	标准编号	实施时间
环境质量标准	地表水环境质量标准	GB 3838—2002	2002-06-01
	地下水质量标准	GB/T 14848—2017	2018-05-01
	农田灌溉水质标准	GB 5084—2005	2006-01-01
	渔业水质标准	GB 11607—1989	1990-03-01
设计、工程建设、技术、运营标准	室外排水设计规范	GB 50014—2006	2006-06-01
	村庄整治技术规范	GB 50445—2008	2008-08-01
	美丽乡村建设指南	GB/T 32000—2015	2015-06-01
	城镇污水处理厂污泥泥质	GB 24188—2009	2010-06-01
	农用污泥污染物控制标准	GB 4284—2018	2019-06-01
	城镇污水处理厂工程质量验收规范	GB 50334—2017	2017-07-01
	农村环境连片整治技术指南	HJ 2031—2013	2013-07-17
	人工湿地污水处理工程技术规范	HJ 2005—2010	2011-03-01
	农村饮用水水源地环境保护技术指南	HJ 2032—2013	2013-07-17
	农村生活污染控制技术规范	HJ 574—2010	2011-01-01
	城镇污水处理厂污泥处理技术规程	GJJ 131—2009	2009-12-01
	城镇排水管渠与泵站运行、维护及安全技术规程	CJJ 68—2016	2017-03-01
	污水自然处理工程技术规程	CJJ/T 54—2017	2017-09-01
	村庄污水处理设施技术规程	CJJ/T 163—2011	2012-03-01
	镇（乡）村排水工程技术规程	CJJ 124—2008	2008-10-01
	小城镇污水处理工程建设标准	建标 148—2010	2011-02-01
	生活污水净化沼气池技术规范	NY/T 1702—2009	2009-05-01
	农村生活污水处理设施技术标准（征求意见稿）	建标工征〔2017〕36 号 拟代替 CJJ/T 163—2011	

注：GB 为国家标准；CJJ 为城镇建设行业标准；HJ 为环境保护行业标准；NY 为农业行业标准。

1.3.6 技术政策和技术指南

我国目前农村生活污水处理相关技术政策和技术指南见表 1-9。

表 1-9 农村生活污水处理相关技术政策和技术指南

名 称	主 要 目 标
分地区农村生活污水处理技术指南	为推进农村生活污水治理，住房和城乡建设部组织编制了东北、华北、东南、中南、西南、西北六个地区的农村生活污水处理技术指南（建村〔2010〕149 号）

名　称	主　要　目　标
农村生活污染防治技术政策	指导农村居民日常生活中产生的生活污水、生活垃圾、粪便和废气等生活污染防治的规划和设施建设（环发〔2010〕20号）
村镇生活污染防治最佳可行技术指南（试行）	适用于居住人口在1万人以下的乡镇、行政村、自然村的生活污染防治。包括生活污水、生活垃圾、人畜粪便和室内空气等污染防治（HJ-BAT-9）
分散式饮用水水源地环境保护指南（试行）	规定了分散式饮用水水源地选址、建设、污染防治和环境管理等要求，适用于分散式饮用水水源地（包括现用、备用和规划水源地）的环境保护工作。生活污水防治作为水源地污染防治的关键任务（环办〔2010〕132号）
农村生活污水处理项目建设与投资指南	作为农村生活污水处理项目建设与投资的参考依据，适用于农村地区生活污水处理项目，包括基础设施建设投资和运行维护管理费用
县（市）域城乡污水统筹治理导则（试行）	借鉴城乡污水统一管理、统一规划、统一建设、统一运行的经验（建村〔2014〕6号）

1.3.6.1　分地区农村生活污水处理技术指南

为推进农村生活污水治理，住建部组织编制了东北、华北、东南、中南、西南、西北六个地区的农村生活污水处理技术指南。各地区可根据地形地貌、气候特征、经济发展水平、现有处理设施情况等因素，结合各类农村生活污水处理技术的技术特征，从中选取适合本地区的污水处理技术。该指南在对中国不同地区农村生活污水特征与排放要求、排水系统进行分析的基础上，提出适用各地区的农村生活污水处理技术（类型和结构、设计事项、施工事项、造价指标、运行管理），并提供了农村生活污水处理设施的管理、工程实例。

此外，《分地区农村生活污水处理技术指南》还提出了全国分地区农村污水处理所需考虑的因素和特征。

东北地区：气候干旱、多风，冬季较长而寒冷。该区域农村村落规模通常较小，村落间的距离较远。由于地区差异，各地经济发展水平不同，目前大部分农村尚没有污水处理设施。该区域地理、气候与经济发展特征决定了冬季低温是影响农村污水处理技术效能的重要因素。

东南地区：年平均气温高、降雨充沛、水系发达。该区域经济发达，区域内人口密度大，很多村庄已达到小康型村庄的标准，农村的生活水平和方式已经和城市接近，可用作污水处理的土地有限。江苏、上海、浙江和广东的部分地区已开展了农村生活污水治理工作，取得了一定的成效。

华北地区：平原和高原地形，气候干旱、多风、冬季寒冷。该区域经济发展水平差异大，大部分农村还没有开展农村污水治理工作。华北地区属严重缺水地区，污水处理应与资源化利用结合，并应避免污染地下水和地表水。寒冷地区应采用适当的保温措施，保障污水处理设施在冬季正常运行。

西北地区：内陆干旱半干旱区，年平均降雨量少，蒸发量大，除陕西省外，其他各省区的年降雨量均低于全国平均水平。该地区土地总面积约占全国总面积的32%，而人口不到全国人口的8%，其中70%以上人口居住在农村。各省区国民生产总值和财政收入处于全国下游水平。该地区大多数农村经济欠发达，污水处理配套设施和处理能力较落后。

西南地区：地形复杂，气候类型多样，是旅游的热点区域。该地区经济在全国处于中下水平，农村人口众多，特别是少数民族众多，定居了中国近八成的少数民族人口。农村水污染控制较为薄弱，主要集中在经济发达的村落和旅游业发达的村落，大部分地区还没有开展农村污水治理工作。农村污水处理技术应选择投资较低、运行费用较低、便于运行管理的技术，并综合考虑污水治理与利用相结合。在对水环境要求较高的农村，应采用生物生态结合的工艺。

中南地区：地形地貌复杂，湖泊多，河流交错纵横。该区域农村人口数量、村镇数目、人口密度均较大，很多行政村位于重要水系流域，大量未经任何处理的农村生活污水直排，对水环境影响较大。该地区经济总量在全国处于中等偏下水平，区域内经济发展不平衡，农民生活方式、生活水平差异较大。

1.3.6.2 农村生活污染防治技术政策

由原环保部颁布的《农村生活污染防治技术政策》，适用于指导农村居民日常生活中产生的生活污水、生活垃圾、粪便和废气等生活污染防治的规划和设施建设，涉及农村污水治理，主要包括以下几点：

（1）农村雨水宜利用边沟和自然沟渠等进行收集和排放，通过坑塘、洼地等地表水体或自然入渗进入当地水循环系统。鼓励将处理后的雨水回用于农田灌溉等。

（2）对于人口密集、经济发达，并且建有污水排放基础设施的农村，宜采取合流制或截流式合流制；对于人口相对分散、干旱半干旱地区、经济欠发达的农村，可采用边沟和自然沟渠输送，也可采用合流制。

（3）在没有建设集中污水处理设施的农村，不宜推广使用水冲厕所，避免造成污水直接集中排放，在上述地区鼓励推广非水冲式卫生厕所。

（4）对于分散居住的农户，鼓励采用低能耗小型分散式污水处理技术；在土地资源相对丰富、气候条件适宜的农村，鼓励采用集中自然处理技术；人口密集、污水排放相对集中的村落，宜采用集中处理技术。

（5）对于以户为单元就地排放的生活污水，宜根据不同情况采用庭院式小型湿地、沼气净化池和小型净化槽等处理技术和设施。

（6）鼓励采用粪便与生活杂排水分离的新型生态排水处理系统。宜采用沼气池处理粪便，采用氧化塘、湿地、快速渗滤及一体化装置等技术处理生活杂排水。

（7）对于经济发达、人口密集并建有完善排水体制的村落，应建设集中式污水处理设施，宜采用活性污泥法、生物膜法和人工湿地等二级生物处理技术。

（8）对于处理后的污水，宜利用洼地、农田等进一步净化、储存和利用，不得直接排入环境敏感区域内的水体。

（9）鼓励采用沼气池厕所、堆肥式，粪尿分集式等生态卫生厕所。在水冲厕所后，鼓励采用沼气净化池和户用沼气池等方式处理粪便污水，产生的沼气应加以利用。

（10）污水处理设施产生的污泥、沼液及沼渣等可作为农肥施用，在当地环境容量范围内，鼓励以就地消纳为主，实现资源化利用，禁止随意丢弃堆放，避免二次污染。

（11）小规模畜禽散养户应实现人畜分离。鼓励采用沼气池处理人畜粪便，并实施"一池三改"，推广"四位一体"等农业生态模式。

1.3.6.3 村镇生活污染防治最佳可行技术指南

《村镇生活污染防治最佳可行技术指南》第三部分介绍了"村镇生活污水污染防治技术"，包括村镇生活污水污染负荷、收集系统、最佳可行技术体系等三方面。

按照村镇居民生活习惯和自然村落的基本情况，村镇生活污水收集系统可分为庭院污水单独收集系统、多户连片污水分散收集系统和污水集中收集系统三类。村镇生活污水污染防治最佳可行单元技术可分为：庭院式黑水预处理技术（三格式化粪池和沼气发酵池）、人工生态灰水处理技术（人工湿地、土地快速渗滤、稳定塘）和二级生物处理技术（厌氧滤池、生物接触氧化法、脱氮除磷活性污泥法、膜生物反应器）等三类。《村镇生活污染防治最佳可行技术指南》从技术说明、最佳可行工艺参数、污染物削减及排放、二次污染及防治措施、技术经济适用性等方面对各技术进行了指导。

1.3.6.4 分散式饮用水水源地环境保护指南（试行）

《分散式饮用水水源地环境保护指南（试行）》，强调生活污水防治作为水源地污染防治的关键任务。水源保护范围内生活污水应避免污染水源，根据生活污水排放现状与特点、农村区域经济与社会条件，按照《农村生活污染技术政策》（环发〔2010〕20号）及有关要求，尽可能选取依托当地资源优势和已建环境基础设施、操作简便、运行维护费用低、辐射带动范围广的污水处理模式。该指南提出生活污水防治的主要模式，包括分散处理、集中处理和接入市政管网统一处理等，各模式的优缺点及适用性，见表1-10。

表 1-10　分散式饮用水水源地生活污水防治模式及其适用性

污染防治技术	优 点	缺 点	适 用 性
分散处理	布局灵活、施工简单、管理方便	占地面积大，易受气温影响	适用于村庄布局分散、规模较小、地形条件复杂、污水不易集中收集的村庄污水处理
集中处理	占地面积小、抗冲击能力强、运行安全可靠、出水水质好	成本较高	适用于村庄布局相对密集、规模较大、经济条件好、村镇企业或旅游发达的单村或联村污水处理
接入市政管网统一处理	投资少、施工周期短、见效快、统一管理方便	受与市政管网距离和接管高程要求的限制	距离市政污水管较近（一般5km以内），符合高程接入要求的村庄污水处理

1.3.6.5　农村生活污水处理项目建设与投资指南

为指导农村环境整治工作，确保工作成效，原环保部组织制订了农村生活污水处理项目建设与投资指南。该指南作为农村生活污水处理项目建设与投资的参考依据，适用于农村地区生活污水处理。该指南涉及的投资估算，包括农村生活污水收集管网（入户管、收集支管、收集干管）、污水泵站、运行维护管理费用等基础设施建设投资，不同工艺污水处理厂（站）、大型人工湿地、污泥处理处置、运行维护管理费用等农村生活污水集中处理项目，以及农村生活污水分散处理项目（小型人工湿地、土地处理、稳定塘等）的投资费用。

1.3.6.6　县（市）域城乡污水统筹治理导则（试行）

2014 年，由住房城乡建设部村镇建设司组织编制完成《县（市）域城乡污水统筹治理导则（试行）》，该导则借鉴了江苏省常熟市及其他一些地方县（市）域城乡污水统筹治理好的经验，按照统一管理、统一规划、统一建设和统一运行的原则，提出县（市）域城乡污水统筹治理的导向要求，并在各地经验基础上提出农村污水治理适宜技术及选择。

2 世界村镇生活污水处理技术发展应用现状

世界范围村镇生活污水治理的发展进程及主要模式可以分为以下两类。一类是以欧美等老牌发达国家为代表的发展模式。由于发达国家的城市化进程起步较早，早在 20 世纪环境问题成为全球焦点之前，这些国家已基本完成城乡一体化建设，因此其村镇与城市的污水治理通常适用同一套法律体系。在 20 世纪 70~80 年代，这些国家对面源污染更加重视，对环境保护提出更高要求，进而针对村镇地区分散型污水的治理提出了一系列修正法案。这些法案在实施过程中更强调家庭或个人自主管理，国家通过一些项目和计划进行组织、管理和支持。

另一类是以日本为代表的发展模式。日本的经济在 20 世纪 50~60 年代后期才得以飞速发展，因此在村镇污水治理过程中，卫生健康问题、建设问题、环境问题同时存在。为了加速城乡一体化进程，规范和管理村镇地区的卫生、建设与环境保护等，日本建立了一套不同于城市的村镇污水治理法律体系，并采用了一种政府主导、居民参与的实施体系。

2.1 组织与管理

2.1.1 美国的三层级管理制度

美国村镇污水处理系统的组织与管理主要分为三个层级：联邦、州（民族地区）和地方政府。各层级在开发和执行污水处理系统管理项目上具有不同的分工，但共同的职责是颁布和执行与污水处理系统相关的法律法规、提供资金和技术支持、监督行政部门和其他管理实体对分散污水处理系统的管理工作。

在联邦政府层级，国家环保局的职责是通过执行《清洁水法案》《安全饮用水法案》和《海岸带法修正案》来保护水质。在这些法案下，国家环保局设立并管理分散式污水处理系统相关的计划和项目，包括水质标准项目、最大日负荷总量计划、非点源管理计划、国家污染排放削减系统计划和水资源保护计划等。州和民族地区政府则是通过各种行政部门来管理分散型污水系统。由于各州立法和组织结构的不同，管理能力、管辖范围以及当地政府管理分散型污水系统的权利不尽相同，通常是根据当地政府的能力和管辖范围来确定其最终的职责。州政府还可以根据需要设置特殊管理实体，负责实施某一区域（社区、县甚至全州）分散污水的治理。地方政府层级担负管理辖区内分散污水治理的职责。

确保美国分散型污水系统得到有效管理的另一个重要组成部分是私人管理实体，这些实体的责任是设计、安装、操作和维护分散型污水系统，通常由州公共事业委员会监管。负责分散型污水系统项目管理的部门可以同具有资质的私人管理实体签订合同来完成草案制定等工作，如位置评估、安装、监控、检测和维护等。私人营利性质的公司或者事业单位通过提供系统管理服务，帮助当地政府分担管理和财政的负担。随着组织管理和技术的进步，美国的分散污水处理的水质和经济性不仅可以达到城市集中治理的水平，而且在能源、环保、投资等方面还具有很多优势。

在法律法规、技术指南等政策文件方面，美国村镇污水治理和城市适用于相同的法律基础，但随着其越来越认识到乡村污水治理的重要性及其自身的独特性，美国在后期修订的法律条款内逐步增加了有关面源污染控制或者分散污水治理的内容，如1987年美国将治理面源污染的内容写进《水质量法案》，要求各州为分散污水治理建立计划和项目资助。

2.1.2　欧洲的责任划分制度

在村镇污水处理方面，欧盟有明确的责任划分。由于欧盟国家基础设施建设比较完善，良好的公路网络体系已经扩散到广大村镇地区，政府也投入大量财力在公路沿线铺设集中式的排污管道，因此，欧洲的村镇主要以集中纳管的方式处理污水，要求能够进入污水管网的农户都尽可能使用管道，治理的责任与组织管理也基本按照道路划分。

以意大利为例，城市与村镇的排水管网基本沿公路建设，各主体的承担责任也以公路级别进行划分。中央、大区和省政府分别负责国道、区道、省道污水管网的建设，基层政府负责干线到村镇支线管网的建设和投资，用户则承担将公共管道连接到自己私有土地上的费用。在法律法规、技术指南等政策文件方面，欧盟有明确的指令文件作为各成员国治理分散式污水的行动指南和统一标准。其最主要的农业污染防控法规是《饮用水指令》（1980）、《硝酸盐指令》（1991）和《农业环境条例》（1992）。这些指令和条例确定了饮用水中污染物的最高可容许浓度水平，要求各成员国必须制定切实可行的行动计划来控制动物粪肥和无机肥料的使用，规定动物粪肥中矿物质的最高允许施用率、硝酸盐禁用年限、动物粪肥储备和无机肥料的最大施用率等，并对如何通过给农户补偿来保护野生动植物和景观做出了一般原则性规定。欧盟各国在统一指令的基础上制定了针对性政策，例如丹麦施行了肥料使用控制政策来应对水体富营养化问题，该政策结合控制型措施和经济激励性措施，规定了粪肥的最大允许使用率、季节限制和最小储存量。

葡萄牙的乡村基础设施十分完善，村镇污水处理设施集中雨水收集措施、化粪池和污水处理设施的覆盖率达到 100%，大大减少了污水进入河道造成的污染。其完善的基础设施建设，主要得益于葡萄牙每个乡村地区具有科学、合理、长期的规划，并且政府部门严格按照责任划分和科学规划予以执行。所以葡萄牙乡村地区的生态环境要远远好于城镇地区，且仍具有较大的发展空间。

2.1.3 亚洲的多方参与制度

以日本、韩国等为代表的亚洲国家，村镇污水处理设施建设管理基本是政府为主体，多方参与的制度。

2.1.3.1 日本

日本建立了一套以政府为主导、用户和第三方服务机构（各类企业和 NGO 组织）共同参与的村镇污水治理模式。《下水道法》和《净化槽法》中严格的划分了各政府部门的责权范围，其中，农林水产省、总务省和环境省依据相关法律负责分散式排水设施、家庭式处理设施（多为净化槽）的推进与管理工作。

农林水产省负责农业、渔业、林业以及山区的村落排水项目的推进工作，原则是为 20 户以上（山村地区 3 户以上）的居民设立村落污水治理设施；20 户以下的污水治理设施归总务省管辖，包括 10 户以上 20 户以下的小规模集合排水以及家庭粪便污水治理。各基层自治体（市、村）以及家庭作为农村污水治理的责任主体，根据自身的特点，对照相关法律规定选择合适的污水治理方式。农村污水治理项目的落实采用申请、审批、监管模式。在农村污水治理设施建立时，用户需自行提出申请，县（市）级的行政机关及其指定的机构对该申请的设立、变更、废除具有审批权，同时对治理措施建设与运行的质量具有监管责任。

在法律法规、技术指南等政策文件方面，日本的城市和农村分别适用不同的污水治理法规体系，城市（人口大于 5 万人或者人口密度大于 40 人/hm² 的集中居住地）适用《下水道法》，农村地区主要适用《净化槽法》。20 世纪 50 年代，日本为改善城市公共卫生环境，制定了《清扫法》和《下水道法》。《下水道法》规范的集中污水治理相当于我国的城镇污水治理，主要由国土交通省管辖，由各地方市政机构负责实施，属于公营事业，符合《下水道法》规定的农村地区居民的生活污水排入城镇污水治理管网。20 世纪 60 年代，为应对日本农村地区改善生活与卫生条件的需求，很多公司推出适用于农村地区粪便处理的净化槽技术与设施。为规范市场与建设，日本出台了《建筑基准法》。1983 年日本正式制定《净化槽法》，对农村分散污水治理进行全面规定，成为目前日本农村污水治理的主要法律依据。《净化槽法》实施后，环境省也颁布了一系列相关的规则，如净化槽维护检查技术标准、清扫技术标准、使用准则、施工技术标准、出水技术标准等。

2.1.3.2 韩国

韩国的污水处理分为公共污水处理厂和私人污水处理设施两部分。其公共农村污水处理设施建设管理有以下两个特点。其一是以政府为主要建设主体，由韩国行政自治部、农林部和环保部三部门共同开展。政府在制定相关规划的基础上，根据环境污染严重程度和各地经济条件，因地制宜分批开展村镇污水处理设施建设，使其有限的资金获得环境、社会效益最大化。而对于新改扩建的村镇污水处理设施根据其所处位置、选用工艺、改扩建内容以及其紧迫性综合考虑。第二个特点是结合新村运动，即新农村建设，注重农民"自己办事、自己管事"，极大地发挥农民参与的积极性和主动性。

2.2 治理方法及技术标准

美国分散污水处理系统主要有两种形式：其一是原位处理系统，通常由化粪池和土壤沥滤场组成；其二是群集处理系统，用于两户或两户以上的污水收集和处理系统。德国分散污水治理采用的主要污水处理技术有化粪池+由介质层和植物组成的渗滤（湿地）系统以及各种标准化的生物反应器。欧盟各成员国常采用传统的生物处理系统（如氧化沟、生物接触氧化等工艺）进行农村污水处理，以保证系统运行稳定且运行效果良好。日本在村落排水及家庭粪便等污水处理中主要采用净化槽处理方式，并取得了较好的处理效果。澳大利亚由于人口密度低，农村污水处理以家庭/农场为单元，通常采用化粪池，或采用氧化塘和人工湿地组合的处理系统。马来西亚农村污水治理主要分为原位处理、就近处理及区域集中处理。其中，原位处理以安装简便、成本低的化粪池为主，就近处理以小型处理设备和土地处理为主，区域集中处理以污水处理厂为主。

2.2.1 以美国为代表的土地处理系统

2.2.1.1 化粪池-土壤吸收系统（Septic tank-soil absorption systems）

化粪池（图2-1）主要用于去除粪便污水或其他生活污水中的悬浮物、有机物和病原微生物。其至少有一个隔板分成两个隔室，有助于保留固体和浮渣。浮渣的主要成分是食用油和油脂，会浮到化粪池的顶部，而较重的颗粒则会沉到化粪池底部形成污泥层。

化粪池-土壤吸收系统将化粪池的出水送至渗滤槽或渗滤床，在此经过土壤渗透并进行处理。处理机制是土壤中的微生物在土壤孔隙中的氧气作用下进行生物降解。如果土地面积充裕，土壤厚且排水性能好，就没有必要对处理后的出水进行回用，这仍是出水安全排放比较有效和比较积极的方式。

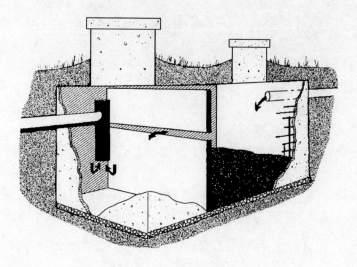

图 2-1　化粪池剖视图

A　渗滤槽

渗滤槽（图 2-2）是在一个沟渠内通过打孔的管道均匀分散化粪池的出水。出水流经砾石或其他介质被不饱和的土壤吸收，从而实现污染物处理。然而，如果土壤接近饱和，地下水就可能快速形成隔断层，难以去除对环境产生威胁的污染物。因此，使用渗滤槽要特别注意在安装这些系统之前保证土壤可以充分进行

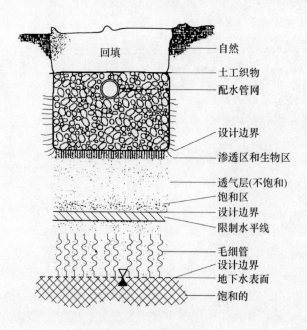

图 2-2　渗滤槽

场地渗滤处理。通过进行场地评估确定土壤的适用性来决定：

（1）适用的长期接受率（LTAR）；

（2）土壤厚度是否足够在槽底下方与地下水或不透水区之间维持 0.30m 隔断；

（3）有足够的面积可以容纳渗滤槽或渗滤床；

（4）与渗滤槽类似的渗滤系统。

B　渗滤室

渗滤室（图 2-3）适用于土壤合适进行渗滤处理但砾石层不合适的场地。该工艺设施轻便、易于管理且可以进行快速组件式安装。渗滤室通常放置于土壤层的上部，可以最大限度地利用土壤孔隙中的空气和植物根部蒸散的空气来氧化处理出水。

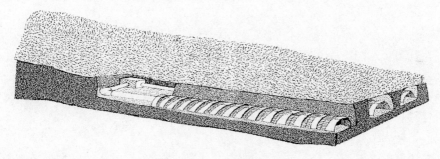

图 2-3　渗滤室

C　渗滤床

与渗滤槽（按照侧壁面积来确定大小）不同，渗滤床（图 2-4）是按照底部面积来确定大小的。渗滤床对于土壤厚度相对较薄的场地可能更具有优势。在安装的时候要注意渗滤床要有一定的坡度排放雨水，保证顶部不积水。另外，安装时还要注意保证渗滤床底部夯实。新开挖的渗滤床尽量不要踩踏（禁止重型设备进入），并且不要在雨天开挖。

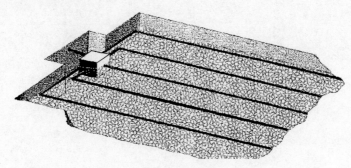

图 2-4　渗滤床

2.2.1.2 土丘系统（Mound systems）

土丘系统（图2-5）可以认为是抬高的渗滤床。通常用于地下水位高或者土壤渗透性较差的场地。化粪池出水经过泵送至由均质大沙粒建成的土丘。沙粒既能进行生物过滤（通过沙粒上附着的微生物），又能进行物理过滤。沙粒还可以通过毛细作用增强蒸散，也就是促使水分通过沙粒向上移动达到土丘的表面进行分散，其他则向下排放。

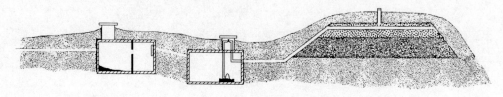

图2-5　土丘系统

土丘系统适用于小水流，且可以方便找到干净均质沙子的地方。修建土丘的场地要相对水平，如果化粪池位于土丘的上坡，系统可以设计采用非电式的虹吸配料系统而可以不用水泵。

2.2.1.3 砂滤系统（Sand filters）

砂滤系统是采用介质对污染物进行截留和生物降解的处理装置，其结构各异，灵活性大，适用范围广。砂滤系统按照结构可以分为地埋式、间歇式和循环式三种。地埋式砂滤系统通过在暗渠中铺设粗砾石，并覆盖沙子以处理污水，占地面积小、无异味；间歇砂滤器通过两个或两个以上的处理单元轮流装填污水，这种轮休机制能够保证砂滤器中保持好氧状态，有利于生物膜的生长，提高污染物去除率；循环式砂滤系统由化粪池、循环池和砂滤器（图2-6）组成，通过循环也可以增加污水中氧含量。

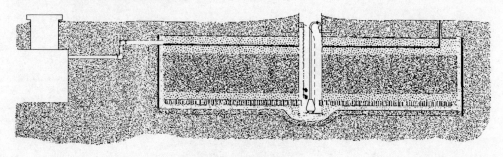

图2-6　砂滤器示意图

砂滤系统中常见的介质是砂石，现在也出现了一些替代性的新型填料，例如无烟煤、矿渣、底灰、椰壳（图 2-7）等。开发新型介质可用于去除一些特定污染物，例如新兴污染物和消毒副产物前体。对于砂滤系统而言，堵塞是其故障的主要原因，它会降低系统的渗透系数，严重时会导致系统完全失效。堵塞问题的探讨主要为成因分析，包括悬浮物的截留、生物膜生长、植被生长、化学效应等。然而砂滤系统的堵塞程度不容易被评估，尤其是地下的砂滤系统，以往通常采用过滤水头损失进行测定，目前也出现了对预警参数的研究。

图 2-7　椰壳泥炭土过滤器

2.2.1.4　滴灌系统（Sewage drip irrigation system）

滴灌系统是一种回用和分散技术，是一种应用广泛的非常有效和低成本的方法，可以直接回用废水用于灌溉植物。该项技术已经成功用于浇灌景观植物、草皮、果树和坚果树。其通过将废水直接滴入植物的根部区域发挥作用，尽量减少蒸发，从而节约重要的水资源；并利用污水中含有的氮、磷和其他微量营养物质，作为理想的化肥来源。

废水的滴灌系统与自来水的滴灌系统设计不同。因为污水具有生物活性，需要有一个简单的设施定期清洗滴灌的管子，通过将滴灌管子放置在密封的环状结构中，在运行条件下，环的端部的阀门是关闭的，迫使废水通过嵌入在滴灌管子的小发射器流出；在冲洗时，阀门打开，废水从管子中快速流过，达到清洗的目的。废水的滴灌系统通常是机械系统，使用与压力排水系统相同的废水泵。通常使用电磁阀控制输送废水到不同的区域，甚至可以自动控制冲洗。相比于渗滤槽中大量需要砾石，滴灌场地的材料成本低很多，同时安装费用的降低和废水回用带来的效益可以弥补水泵等设备的成本。

2.2.1.5　毛细渗滤系统（Capillary infiltration system）

毛细管土壤渗滤处理属于一种土壤处理分散系统，特别适用于污水管网不完备的地区，是一项处理分散排放的污水的实用技术。被输送到渗滤场的污水先经布水管分配到每条渗滤沟，渗滤沟中的污水通过砾石层的再分布，在土壤毛细管的作用下上升至植物根区，通过土壤的物理、化学、微生物的生化作用和植物的吸收和利用得到处理和净化。

该系统运行稳定、可靠、抗冲击负荷能力强，对 BOD$_5$、氮、磷去除率大；维护简便、基建投资少、运行费用低；整个系统在地下，不会散发臭味，地面草坪还可美化环境；大肠杆菌去除率高；污水的储存、输送等过程均在地下进行，热损失较少，在冬季仍能保持一定温度，维持基本的生化反应，保证较稳定的去除效果。但其对总氮的去除效果不显著；占地面积大；有可能污染地下水。

2.2.1.6 多介质土壤层系统 (Multi-media soil layer system)

多介质土壤层技术是 20 世纪 90 年代开发的一种土壤处理技术。多介质土壤处理系统是利用土地及其中微生物和植物根系对污水（废水）进行处理，同时又利用其中水分和肥分促进农作物、牧草或树木生长的工程设施。该系统通过土壤—植物系统的生物、化学、物理等固定与降解作用，对污水中的污染物实现净化并对污水及 N、P 等资源加以利用；该技术对各种污染物有较高的去除效率，并可以实现污水处理与利用相结合的目的，因此较适合在农村地区使用。

2.2.2 以欧美为代表的生物处理工艺

活性污泥法是国内外市政污水处理的支柱，可以处理几百吨/天至几十万吨/天的流量，在农村污水中的应用主要有序批式活性污泥法、延时曝气等。生物膜法是与活性污泥法并列的一类废水好氧生物处理技术，是一种固定膜法，处理技术有生物转盘、生物滤池（普通生物滤池、高负荷生物滤池、塔式生物滤池）、生物接触氧化设备和生物流化床等。

2.2.2.1 序批式活性污泥法 (Sequencing batch reactor activated sludge process)

序批式活性污泥法（SBR）是一种按间歇曝气方式来运行的活性污泥污水处理技术，该工艺根据反应器的设计和用途，按照不同的时间序列实现多个池子污水处理的组合，使曝气和沉淀在一个池子中完成，相比于活性污泥和延时曝气工艺大大缩减了占用面积，还可以进行水流均衡和初级澄清，通常用于处理小流量污水或间歇式污水。

序批式活性污泥法最重要的特点是工艺过程中的各工序可根据水质、水量进行调整，运行灵活；理想的推流过程使生化反应推动力增大，效率提高，池内厌氧、好氧处于交替状态，净化效果好；运行效果稳定，污水在理想的静止状态下沉淀，需要时间短、效率高。

序批式活性污泥法的缺点是自动化控制要求高，对于农村污水治理的管理要求较高；同时，工艺后处理设备规格要求大，如消毒设备很大，接触池容积也很大，排水设施如排水管道也很大。

2.2.2.2　延时曝气（Extended aeration）

延时曝气法是指长时间曝气，使微生物处于内源代谢阶段生长的活性污泥法废水生物处理系统。延时曝气工艺更适宜小流量污水处理系统，如图 2-8 所示，可以用于小型的分散式污水管理系统，比如医院、学校等。该系统简化了污泥处理工艺，通过增加不同的隔断（池子）进行均流、消毒和污泥消化，在某些情况下，还进行初级沉淀。以上功能全部都在一个钢制的罐体中一体化完成，在特定的情况下，可以单独作为一项工艺处理高流量和低有机负荷的污水。

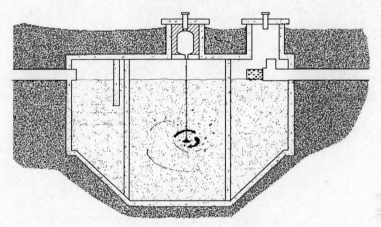

图 2-8　延时曝气示意图

2.2.2.3　生物转盘（Rotation biological contactor）

生物转盘与之前"悬浮式生长"好氧系统使用的池子不同，它是采用"附着式生长"，由一个大的转盘实现表面最大化，为形成生物膜提供空间。生物膜上的微生物可以降解有机物，并且这一过程通过转盘的定期旋转得以加强。大部分的生物转盘需要从外地运送，成本高；而且像其他机械二级处理系统一样，需要专业人员安装和运行维护，并需要配有连续电源，所以，生物转盘更适用于处理较大污水量且资源相对丰富的村镇地区。

2.2.2.4　生物接触氧化法（Biological contact oxidation process）

生物接触氧化法是从生物膜法派生出来的一种污水生物处理法，即在生物接触氧化池内装填一定数量的填料，利用栖附在填料上的生物膜和充分供应的氧气，通过生物氧化作用，将污水中的有机物氧化分解，达到净化目的。

生物接触氧化工艺适合农村单户、多户或村落污水处理，具有以下优点：（1）结构简单，占地面积小；（2）污泥产量少，无污泥回流，无污泥膨胀；（3）生物膜内微生物量稳定，生物相丰富，对水质、水量波动的适应性强；（4）操作简便、较活性污泥法的动力消耗少，对污染物去除效果好。但生物接触氧化池加入生物填料将导致建设费用增高，可调控性差；该工艺对磷的处理效果较差，对总磷指标要求较高的农村地区应配套建设出水的深度除磷设施。在冬季寒冷地区，生物接触氧化池应建在室内或地下，并采取一定的保温措施以保证冬季运行效果。

2.2.2.5　滴滤池（Trickling filter）

滴滤池（图2-9）是最早应用的废水生物膜法处理工艺，滴滤池一般指的是好氧滴滤池。影响滴滤池处理效果的几个关键因素是有机负荷、水力负荷、滤料、布水系统、充氧方式等。

滤料是滴滤池最重要的元件，由滤料组成的滤层是最关键的部位。滤料必须化学性质稳定，易于附着生物膜，比表面积较大，同时具备一定的孔隙率，易于通风充氧，不易堵塞。滴滤池一般采用自然通风，必要时也可鼓风充氧，必须保证充足的供氧量，因此滤池应通风良好。

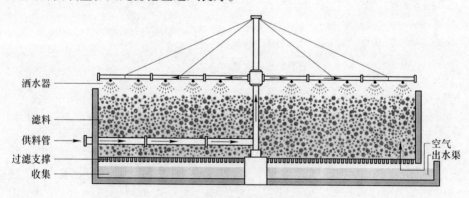

图2-9　滴滤池示意图

2.2.2.6　蚯蚓生物滤池（Vermibiofilt）

蚯蚓生态滤池是根据蚯蚓具有提高土壤通气透水性能和促进有机物质的分解转化等功能而设计，是一种既可高效、低能耗地去除城镇污水中的污染物质，又可大幅度降低剩余污泥处理和处置费用的全新概念的污水处理工艺。

生态滤池处理系统集初沉池、曝气池、二沉池、污泥回流设施以及供氧设施等于一身，可大幅度简化污水处理流程；运行管理简单方便，并能承受较强的冲击负荷；处理系统基本不外排剩余污泥，其污泥产率大幅度低于普通活性污泥法；通过蚯蚓的运动疏通和吞食增殖微生物，解决传统生物滤池的堵塞问题。但由于蚯蚓的生活习性受温度影响明显，低于或高于一定温度会冬眠或夏眠，故在蚯蚓冬眠或夏眠时处理效果不是很理想，滤池的填料易发生堵塞。蚯蚓生态滤池污水处理技术最早在法国和智利研究开发，国外已开始产业化应用。

2.2.3 以日本为代表的净化槽工艺

净化槽（日文名净化槽，音译 Johkasou，意译 Septic Tank）是一种在日本十分普及的分散型污水处理系统。净化槽主要采用厌氧滤床、接触曝气工艺，具有初期投资成本低、占地少、易安装、处理水和污泥便于回用等特点。大型净化槽处理能力可达 100t/d 以上，小型净化槽则适用于 10t/d 以内的家庭用水处理。截至 2009 年 3 月，净化槽的处理水量约占全日本生活污水总量的 8.8%，安装量近 300 万台。

日本净化槽的发展大致分为三个阶段，并对应三种类型的标准化净化槽：单独处理净化槽（粪尿净化槽）、合并处理净化槽、高度处理净化槽，见表 2-1。

表 2-1 日本标准化净化槽类型

基本类型	诞生时间	处理对象	处理工艺	处理效果
单独处理净化槽	1969 年	厕所污水	基本等同我国现在使用的玻璃钢化粪池	
合并处理净化槽	1975 年	全部生活污水	厌氧过滤、接触氧化、活性污泥、膜处理等常规生化处理工艺	主要是去除水中的有机物、悬浮物和杀灭病菌
高度处理净化槽	1995 年	全部生活污水	在合并处理净化槽基础上增加了去除 N、P 等营养物质的措施以及消毒杀菌功能	可以达到出水 $BOD_5<10mg/L$，$TN<10mg/L$，$TP<1mg/L$

净化槽在日本的广泛应用，一方面是由于其自身功能上对分散型污水处理需求的适合，另一方面也得益于相关法律法规、标准体系的健全。在构造标准上对每一个工艺单元都有具体规定，形成了类似于设计手册的标准体系，从而使净化槽产品的生产标准化并易于普及；同时，"净化槽法"是一套健全的法律体系，对行政部门、净化槽管理者、相关企业等参与者，以及设置（手续）、施工、维护点检、投入使用、安装后的水质监测、清扫、定期检查等各个环节都做了详细规定。健全、可行的法制监管制度保障了净化槽的规范建设和运行维护，逐渐形成了民间运作、政府监控的净化槽产业。

2.2.4 以欧美为代表的生态处理系统

2.2.4.1 人工湿地（Constructed wetland）

人工湿地系统水质净化技术是一种生态工程方法。其基本原理是在一定的填料上种植特定的湿地植物，从而建立起一个人工湿地生态系统，当污水通过系统时，经砂石、土壤过滤以及植物根际的多种微生物活动，污水的污染物质和营养物质被系统吸收、转化或分解，从而使水质得到净化。

常见的人工湿地三种类型分别是自由表面流人工湿地（图 2-10）、水平潜流人工湿地（图 2-11）和垂直潜流人工湿地（图 2-12），这些类型的人工湿地都可以达到去除固体物质和有机物质、降低病原体的效果，也可以通过植物根部去除营养物。这三种人工湿地都在农村污水控制中有所应用，类型选取时需要考虑选址的限制性、污染源的强度、土地类型及可应用的原材料等。

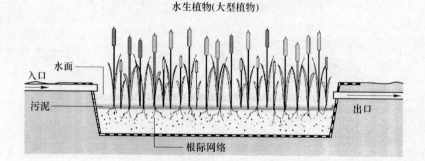

图 2-10 表面流人工湿地示意图

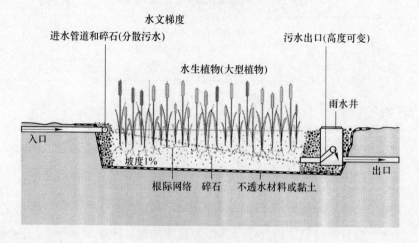

图 2-11 水平潜流人工湿地

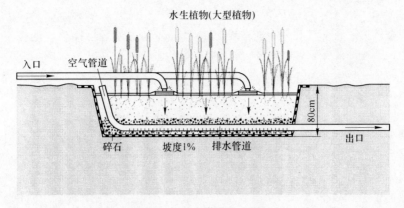

图 2-12　垂直潜流人工湿地

　　三类人工湿地的主要区别是在人工建设的池体中水流的方向不同。自由表面流人工湿地更适合污水量较大的情况，其将废水暴露在空气和阳光下；水平潜流人工湿地中水流人为地沿着缓坡通过种有植物的填充砾石的池体向下流，去除有机物质更为有效，占地较小，蚊虫和气味较少；垂直潜流人工湿地与水平潜流人工湿地不仅是水流的方向不同，而且配水的方式也不同。垂直潜流人工湿地通过每天三至四次间断性配水，促进氧气并加强污染物的好氧降解。与水平潜流人工湿地相比垂直潜流人工湿地有机物负荷较高。

　　人工湿地有效的去除效率和减少病原体的效果较好，但其存在建设费和运行管理费较高、占地较多、需要专业人员施工和运行管理等不利因素，这些因素导致了使用的限制性。然而，由于人工湿地具有一定景观效果，可以打造成为一个漂亮的绿地，同时也可为鸟类和小动物提供栖息地，故可以提供除净化污水外的额外的功效和价值。

　　韩国的农业用水是最大用水方面，占总用水量的53%；同时，韩国农村居民居住分散，兴建集中处理的污水系统造价太高，小型和简易的污水处理系统更适合在农村应用。因此，韩国常采用小型人工湿地作为分散式污水处理系统。韩国国立汉城大学农业工程系在田间对湿地污水处理系统进行了试验，用经过湿地系统处理后的污水灌溉水稻。实验表明，利用处理过的污水灌溉，对水稻的生长和产量无负面影响；同时，利用处理过的污水灌溉，并加施肥料，水稻产量比常规对比田高约10%。韩国试验研究的湿地污水处理系统，实质上也是一种土地-植物系统，至今已广泛用于欧洲、北美、澳大利亚和新西兰等。

2.2.4.2　稳定塘（Pond）

　　稳定塘也称氧化塘或生物塘，是一种利用天然净化能力对污水进行处理的构筑物的总称。其净化过程与自然水体的自净过程相似。通常是将土地进行适当的人工修整，建成池塘，并设置围堤和防渗层，依靠塘内生长的微生物来处理污水。稳定塘污水处理系统具有基建投资和运转费用低、维护和维修简单、便于操作、能有效去除污水中的有机物和病原体、无需污泥处理等优点。但稳定塘占地面积大，选用时需要考虑当地是否有足够的土地可供利用，可考虑采用荒地、废地、劣质地，以及坑塘、洼地建设稳定塘污水处理系统，并应对工程投资和运行费用作全面的经济比较。

国外稳定塘一般用于处理小水量的污水。美国 5000 多座稳定塘中，绝大多数小于 1136m³/d，仅 1353 座大于 3785m³/d。因此稳定塘处理适合我国村镇以生活污水为主的小水量污水处理。

氧化塘系统一般同时使用多个单元，以完成一级、二级、和三级处理。图2-13 演示了这种阶梯式系列。这些系统通常用于社区的废水管理，总体来说它们也是有效的分散式污水管理系统，适合在多种情况下应用，比如粪便管理。

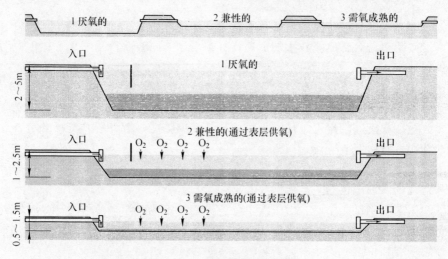

图 2-13 典型的废水稳定塘

A 厌氧塘（Anaerobic pond）

厌氧塘主要发生厌氧降解和沉淀有机物质与固体。不需要充氧、加热、搅拌，池深 2~5m。厌氧塘主要生化反应是产酸发酵和产甲烷，因此厌氧塘产生臭味，环境条件差，处理后出水不能达到排放要求。厌氧塘一般在污水 BOD_5 > 300mg/L 时设置，在有场地空间要求的情况下通常置于塘系统首端，关联兼性塘和氧化塘一起使用，其功能是利用厌氧反应高效低耗的特点去除有机物，保障后续塘的有效运行。当土地空间不足时，厌氧塘单独使用，在相同处理能力条件下比其他两种稳定塘占地面积小。

B 兼性塘（Facultative pond）

作为传统的废水稳定塘系列中的下一步，兼性废水稳定塘（FPs）通常用作市政和工业废水的二级处理。这些有衬层的土质水塘的挖掘深度为 1.5~2.0m，既不进行机械搅拌也不进行曝气。靠近表面的水层因为大气的复氧作用和藻类的呼吸而含有溶解氧，可以支持好氧和兼性生物的活动。污泥沉积在水塘的底部，厌氧生物生长茂盛。中间层被称为兼性区域，从靠近上部的好氧区到接近底部的厌氧区，支持两种类型的有机物和病原体的生物降解。

C 好氧塘（Aerobic pond）

好氧塘通过减少病原体和营养物水平来提供最后的处理，以完成废水稳定塘系列处理。也被称为熟化塘或深度处理塘，通常 1m 深。其因为风和波浪的扰动增加了复氧作用，并伴随着紫外线的辐射增强了藻类生长，溶解氧的浓度通常较高。藻类会改变水的 pH 值，超出大部分病原体可以忍受的范围，通常可通过打捞出藻类或让鱼类吃掉藻类去除磷和氮；否则，这些营养物排放时会威胁周围的水生栖息地。

D 曝气塘（Aerated pond）

曝气塘（图 2-14）主要是通过机械或扩散曝气，而不是通过藻类的光合作用。曝气塘通常按照搅拌的量来进行分类。部分搅拌系统仅提供系统需要的氧气量，而不保证所有的悬浮固体处于悬浮的状态；全搅拌系统可以保证所有的悬浮固体处于悬浮的状态，因此效率较高。曝气塘成本较高，系统耗电量尽管不是很高，通常是每立方米水 1~3W。与其他分散式污水处理系统相比，曝气塘的施工和运行维护需要较为专业的人员参与，因此在农村污水治理中的适应性稍差。

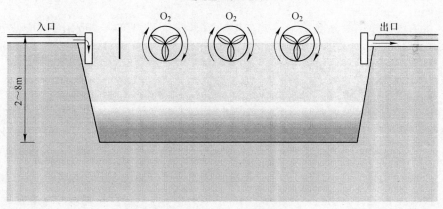

图 2-14 曝气塘

E 高效藻类塘（High-rate algal pond）

美国加州大学伯克利分校的 Oswald 提出并发展的高效藻类塘是对传统废水稳定塘的改进，其充分利用菌藻共生关系，对污染物进行处理。正因其最大限度地利用了藻类产生的氧气，塘内的一级降解动力学常数值比较大，故称为高效藻类塘。

高效藻类塘较传统的稳定塘停留时间短，占地面积少；建设容易，维护简便，基建投资少，运行费用低；BOD$_5$、NH$_4^+$-N、病原体等去除效率高；若高效藻类塘后接的是高等水生生物塘，则其中的水生生物不但可以除藻，降低出水的SS，而且能进一步去除水中的氮磷，同时收割的高等水生植物可以作为优良的饲料和肥料。缺点是受环境因素影响明显，温度影响生物的组成、营养物的需求、新陈代谢的特点和反应速率；pH 值影响生物的适应能力、离子输送和新陈代谢的速率；水体对光的吸收特性取决于 4 个方面：水体特性、腐殖质、藻类和非生物性的悬浮物；气温过高或较低时，藻类的生长受到抑制从而影响处理效果。目前高效稳定塘在以色列、摩洛哥、法国、美国、南非、巴西、比利时、德国、新西兰等国都有研究应用。

2.2.5 以中国等农业大国为代表的厌氧处理系统

对于分散式污水处理系统，生物消解主要用于处理畜牧业或者住户饲养家畜家禽所产生的生活污水，因为该过程需要高有机负荷的污水来产生大量可用的甲烷。亚洲和非洲的一些农民从几十年前就开始已经使用厌氧消化池来处理人类和农业废物，并取得了良好的效果。该系统需要持续的维护，但是产生的甲烷可供农民家庭的厨房使用。其主要包括以下几种形式。

2.2.5.1 净化沼气池（Biogas digester）

生活污水净化沼气池是分散处理生活污水的新型构筑物，适用于土地贫乏、管网不完善地区，以居民区或街道范围污水可以集中收集的单位建设。此外，也适用于污水管网以外的单位、办公楼、旅馆、学校和公共厕所等。

生活污水包括厨房炊事用水、沐浴、洗涤用水和冲洗厕所用水，其特点：一是冲洗厕所的水中含有粪便，是多种疾病的传染源；二是生活污水浓度低，其中干物质浓度为 1%～3%，COD 浓度仅为 500～1000mg/L；三是生活污水可降解性较好，COD/BOD 为 0.5～0.6，适用于厌氧消化制取沼气。生活污水净化沼气池是把污水厌氧消化、沉淀过滤等处理技术融于一体设计的处理装置。具有占地少、投资省、运行不耗能、可季节性和间歇性运行、无需专人管理、可能源回收等特点。

2.2.5.2 户用沼气池（Household anaerobic digesters）

户用沼气池利用家庭人畜粪便和农业废弃物等有机物厌氧发酵技术产生沼气，提供炊事照明用能源。建造厌氧发酵沼气池通过收集家庭人畜粪便，可解决粪便的环境污染。农村户用沼气池一般可按照以下四种方式进行分类：（1）按储气方式可分为水压式、浮罩式和气袋式，在实际应用中，水压式最为普遍，浮罩式次之；（2）按发酵池的几何形状分为圆筒形池、球形池、长方形池、方池、拱形池、圆管形池、椭圆形池、纺锤形池、扁球形状池等，其中，圆筒形和球形池最为普遍；（3）按建池材料分为砖结构池、塑料（或橡胶）结构池、抗碱玻璃纤维水泥结构池、钢结构等，在实际应用中，最为普遍的是混凝土结构池；（4）按沼气池埋设位置分为地上式、半埋式和地下式，在实际应用中，以地下式为主。除此以外，也有按照发酵工艺进行分类的。

实际应用最广的水压式沼气池，是指地下埋设、混凝土结构、圆筒形（或球形）的水压式沼气池。水压式沼气池具有构造合理、施工简单、造价较低、管理使用方便等优点。适合我国农村当前技术、经济水平和资源状况。

2.2.5.3　水解酸化池（Acid hydrolysis tank）

在水解酸化池内，利用水解和产酸菌，可将难降解的有机物降解为易降解的有机物、大分子物质分解成小分子物质，可提高污水的可生化性（污水经水解反应后，出水 BOD/COD 值有所提高）。因此，经过水解酸化处理，有机物在微生物的代谢途径上减少了一个重要环节，可加速有机物的降解。

将纤维填料填充在水解酸化池内，纤维填料均匀地分布在液相空间，形成微生物的附着载体，微生物呈立体网状结构附着在纤维上，形成生物膜，由于生物膜的表面积大，故有极强的消化能力，当污水从生物膜处流过时，污染物被分解消化，大分子有机物被分解为小分子有机物，同时实现自身的生长。

水解酸化池可应用于村镇生活污水的预处理，可与人工湿地、稳定塘等后续工艺组合，具有投资小、施工简单、无动力运行、维护简便等特点。池体埋于地下，其上方可覆土种植植物，美化环境。

2.2.5.4　厌氧折板流反应器（Anaerobic baffled reactor）

厌氧折板流反应器可以作为大型（升级型）的化粪池，其处理过程类似，但是具有更高的效率。图 2-15 所示为一个典型的 ABRs，污水首先通过颗粒污泥床向上流动，固体物质会被阻隔和被微生物分解消耗。ABRs 可以在污水流量较大时使用，出水水质较好。与化粪池类似，ABRs 的成本相对较低，可以依据当地的材料及劳动力进行建设，同样需要对污泥进行定期清理。

2.3　运营有保障

2.3.1　美国的五级加强模式

美国村镇污水处理市场中有较多的私人管理实体，负责村镇污水的设计、安装、操作和维护，能够高效专业地为私人营利性质的公司或者事业单位提供系统

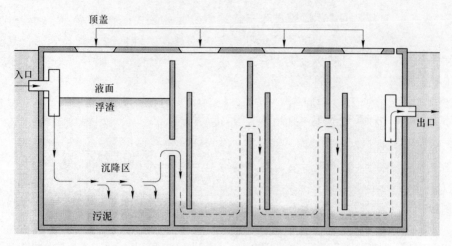

图 2-15　典型 ABR 系统配置

的管理服务。政府在污水处理项目上只需进行有效的监督管理工作，这样能够大大减少政府管理和财政的负担，但是需要承担监管不严带来的风险。

美国环保署在总结分散污水治理的教训时已经意识到，以用户自觉为主的管理方式不利于系统的稳定运行与维护。为了加强分散式污水处理系统的运行维护管理，有效指导各州和地方开展分散式污水治理，2003 年美国环保署发布了《分散式污水处理系统管理指南》，根据环境的敏感性和处理规模对分散式污水处理设施提出了五种管理程度初步加强的运行模式。管理模式的提出有助于通过利用合理的政策和行政程序来确定和统一立法机构，明确污水处理系统所有者、相关服务行业和管理实体的作用和责任，以保证分散处理系统在使用期内得到恰当管理。

（1）业主自主模式。该管理模式适用于环境最不敏感的地区，由业主自主运行与维护自己的污水处理系统。此模式只适用于管理要求很低的简单处理系统。为了确保系统得到及时养护，执法部门须定期向业主寄送保养提示及其他注意事项。

（2）协议维护模式。这一模式通过让业主与专业维护人员签订协议，由专业人员定期提供系统维护服务。此模式适用于工艺较为复杂的分散污水处理系统。

（3）许可运行模式。这一模式是给业主签发有期限的运行许可证，期满后必须由管理机构检查系统的状况，合格后才能重新许可运行。这一模式适用于水环境敏感区域，通过定期的审查确保持续正常运转。

（4）集中运行模式。这一模式是将设施的运行与维护许可证授权给专门的服务机构，业主必须聘请有资格的机构为其提供污水处理设施的运行管理服务。

该模式适用于环境敏感地区设施运行和维护要求高的情况。

（5）机构所有权模式。这一模式是由专门机构拥有分散系统的所有权，并负责系统的运行与维护，户主定期向专门的机构支付费用，与集中处理系统的管理机制相似。这一模式有利于运行与维护的管理，适用于环境最敏感的地区。

同时，美国政府出台了一系列配套政策，如社区污水系统综合管理计划，用以提供资金支持分散污水系统的长期维护，从而有效保障了分散式污水处理系统的有效运行。

2.3.2　日本的监管运营模式

日本在村镇污水治理的建设与运行中广泛采用第三方服务的模式。政府在村镇污水治理中扮演着"管家"的角色，由政府进行审批、指定第三方单位，履行质量、运行的监督管理，以此有效控制和管理污水处理系统的建设和运行，但增加了政府的人力、物力和财力的负担。

日本政府通过指定的机构对村镇污水治理设施的建设与运行的质量进行监管。监管有两种，一种相当于设施建成后的验收检查，主要对设施建成后的出水水质和运行状况进行评估；另一种是设施运行过程中的定期检查，相当于运行监管。

作为第三方的行业机构在分散污水治理中担负很重要的角色。这些行业机构包括设备制造公司、建筑安装公司、运行维护公司和污泥清扫公司。由具备资质的公司生产设备和其他配件，由专门的公司和经过培训的人员分别负责系统的安装、维护检修与运行保障工作，可确保村镇生活污水治理设施的建设、运行与维护的质量，并形成专业的服务体系。第三方机构的从业人员都必须通过培训和考试获取相应的专业证书。此外，还有专业性的行业协会和培训机构等，在开展分散污水治理技术的研究、推广、宣传教育、专业人才培养方面做出了很大贡献，每年可为该行业培训出足够的合格技术人员和管理人员。同时将专业服务公司分为两类：一类只负责日常维护、清理；另一类负责定期检查。这样对日常维护工作的评估更为客观。地方政府提供专业培训，并对专业人员和服务公司进行资质认证。

2.4　资金有保障

2.4.1　美国的滚动基金模式

美国村镇污水处理所需资金的来源主要经历了三个阶段，第一阶段以联邦拨款为主；第二阶段采用了联邦政府和州政府共同投入的滚动基金模式，也是美国村镇污水处理最主要的资金筹措模式；第三阶段采用了在滚动基金基础上结合了联邦、州以及地方政府提供的贴息贷款、税收减免、专项基金等多种财政政策补贴的综合模式。

美国 1987 年以前对于污水处理设施的建设费用大部分来自联邦拨款计划，该计划由美国国家环保局负责管理，每年给市政部门的拨款达数十亿美元。1990年，在联邦拨款计划结束时，该计划分配给污水处理工程的资金已超过 600 亿美元。1987 年开始实施的《清洁水法案》要求联邦政府用分配给各州的拨款建立水污染控制工程的周转基金，各州提供 20% 的匹配基金用于支持污水处理以及相关的环保项目。这就是清洁水州滚动基金计划，用以代替联邦拨款计划。

目前美国各州都已经有了比较完善的州滚动基金计划。在滚动基金中，资金来自联邦政府和州政府。这些资金作为低息或者无息贷款提供给那些重要的污水处理以及相关的环保项目。贷款偿还期一般不超过 20 年。所偿还的贷款以及利息再次进入滚动基金用于支持新的项目。2015 年，各州均已有比较完善的滚动基金计划，已向污水处理项目贷款 958 亿美元（分散式污水处理约占 4%）。

滚动基金计划的资金并不能完全满足农村和郊区的污水设施建设的需求，还要依靠其他的资金来源，包括国家环保局、农业部、房屋和城市发展部以及州政府的资助。马萨诸塞州出台三项财政政策，支持分散污水治理设施的建设与运行。首先是贴息贷款项目，社区污水治理设施最高可以获得 10 万美元建设贷款。其次为本地居民减免 3 年共 4500 美元的税收用于支付分散污水系统的维修费用。此外，社区污水系统综合管理计划提供资金支持分散污水系统的长期维护。

2.4.2 日本的受益者承担模式

在日本，通常将村镇生活污水治理中排水设施、净化槽等设施的建设费用分为两部分：建设资本金与维护管理费，一般采用"谁受益、谁承担"原则进行资金筹措。在此基础上，日本中央政府的各省厅（环境省、国土交通省、农林水产省）先后推出了补助制度，地方政府也积极采取措施，在国库补助的基础上，再由地方政府给予一定额度的补助，以推动村镇污水处理事业的发展。

日本自 20 世纪 60 年代中期开始对农村家庭生活污水采取分散式处理措施，直到 2004 年各地基本完成分散处理设施建设，日本一直保持着"居民自行建设并运行管理"的原则。在建设与处理过程中，除了政府给予的适当补助，居民需要承担污水治理设施建设与运行的主要资金责任。

目前日本村镇生活污水处理模式主要有三种，即公共下水道、农业村落排水设施和净化槽。公共下水道依据"谁受益、谁负担"的原则，其含义是因公共下水道而受益的居民要负担设施的建设及运营经费，基本上是由土地所有人负担。该项政策是为了保证税收用于让广大普通居民受益的公共事业上，而仅能给特定人群带来显著好处的经费则由该部分人承担，以此来保证公平性。日本农业村落排水设施的建设和运营资金主要由各级自治体以税收等方式筹集，国家给予财政支持。净化槽设施维护管理主体都是个人，运行成本中包含了根据《净化槽法》进行的维护检修、清扫、法定检查所需要的费用，原则上均由受益人承担，但是一部分自治体采取了向合理安装合并净化槽并进行合理维护管理的使用者支付补助金的措施。

随着合并净化槽的发展，由于政府对公共下水道与净化槽的补助额度相差很大，1987 年日本建立了由市町村对家庭设置者给予资金援助，再由国家对市、町、村进行补助的制度。具体可分为净化槽建设项目和净化槽市、町、村整备推进事业两个部分。净化槽建设项目是用于支持农村家庭将单独处理粪便的净化槽改造为合并处理净化槽，具体费用除地方和国家分别补助 40% 的 2/3、1/3，家庭需负担总费用的 60%。净化槽市、町、村整备推进事业是为推动水源保护地区、特别排水地区、污水治理落后区等的生活污水治理工作的开展，家庭只需负担净化槽建设费的 10%，国家承担 33%，剩余约 57% 通过发行地方债券筹措。另外，该计划还由市、町、村设立公营企业，承担净化槽的日常维护管理等业务。

2.4.3　欧美的税收支付模式

事实上，世界各国都将税收作为村镇污水治理资金来源的一部分，欧美各国把征收污染税作为污水治理的重要经费来源。例如荷兰的污染税、水利管理费，英国的排污费，美国针对产生污染物征收的产品税等。

荷兰《地表水法》规定任何向河流中排放废水的人或单位都必须缴纳污染税。污染税的计量标准以"污染单位"计算。一个污染单位指一个人 24h 内排放的废水量。企业公司等机构的污染税则以它们的实际排放废水量计算。排放量在水利管理委员会发放的排污许可证上均有规定。同时荷兰还征收水利管理费。水利管理费主要用于水量控制、水质管理及疏通河道；征收对象主要是居民、土地拥有者、使用者和房产主；征收标准按受益水平确定。据统计，荷兰水利管理委员会每年所需运转经费 20 亿荷兰盾（约合 12 亿美元）全部来自征收的水利管理费和污染税。

美国针对非点源污染采取的两个主要手段是对水体产生污染的产品征收产品税和运用气泡原则的排污权交易。美国采取的对水污染的产品征税主要是化肥税，而针对科罗拉多州狄龙水库的严重污染问题，在 USEPA 支持下，科罗拉多州政府制定了一项点源污染、非点污染源交易计划，设定了污染源的磷排放限额，并允许以 2∶1 的比率进行交易。

英国在向用户征收用水费的同时，还征收排污费，当垃圾泄漏造成水质污染时还向垃圾管理单位征收排污费。

意大利村镇污水管网的运营维护费用基本也由政府税收承担，但农村用户需要向政府支付污水处理费以实现运营成本的回收，考虑到农村地区支付能力较弱，农村地区的污水和垃圾处理一般只按城镇居民标准30%收取。对不能接上排污管道的农村居民由专门的服务公司帮助用户建立家庭式污水储存与净化池，用户每年缴纳一定的费用以支付专业人员一年一次的清理服务，保证设备持续有效运行。

2.5　对中国的启示

2.5.1　完善顶层设计

目前，我国针对农村污水处理尚未出台国家层面的排放标准，造成地方工艺确定和建设标准难以找到衡量的统一指标，有的地方照搬城市标准，造成建设成本高、无法正常运行等问题。我国农村生活污水的污染特征、技术经济条件与城镇不同，采用的污水处理工艺也与城镇存在很大差别，因此农村生活污水排放标准不能盲目套用《城镇污水处理厂污染物排放标准》（GB 18918—2002），应结合农村污水具体特点有针对性地制定排放标准。应根据农村不同区位条件、村庄人口聚集程度、污水产生规模、排放去向及受纳水体和人居环境改善需求，按照分区分级、宽严相济、回用优先、注重实效、便于监管的原则，分类确定控制指标和排放限值。

此外，我国农村污水处理行业存在技术五花八门、质量参差不齐、设备基本性能不达标及存在安全隐患等乱象，亟须逐步建立有效的评估认证机制，引导农村污水处理行业的规模化、产业化与标准化发展。从生活污水治理系统的制造、安装、维护、清理、检查等多方面建立完善的技术标准体系，如日本的《净化槽法》《建筑基准法》等。应首先建立国家的农村生活污水治理技术标准，该标准作为最低标准，不同地方政府可以根据实际情况制定本地农村污水处理规划、技术标准、规范、指南等政府指导性文件。农村生活污水治理，要以改善农村人居环境为核心，坚持从实际出发，因地制宜采用污染治理与资源利用相结合、工程措施与生态措施相结合、集中与分散相结合的建设模式和处理工艺。要推动城镇污水管网向周边村庄延伸覆盖；积极推广易维护、低成本、低能耗的污水处理技术，鼓励采用生态处理工艺；加强生活污水源头减量和尾水回收利用；充分利用现有的沼气池等污粪处理设施，强化改厕与农村生活污水治理的有效衔接，采取适当方式对厕所粪污进行无害化处理或资源化利用，严禁未经处理的厕所粪污直排环境。

浙江省的做法值得借鉴。浙江省发改委、环保厅为贯彻党中央、原环保部对全国农村环境保护工作的指示，积极响应省委、省政府部署开展一系列"811"环境保护行动的号召，为加快统筹城乡环境保护、改善农村生态环境、推进生态文明建设和社会主义新农村建设，并为开展农村环境保护提供基本依据，于2009年9月发布实施了《浙江省农村环境保护规划》，用于指导农村生活污水治理。

针对浙江省农村生活污水处理工程由于缺少规范的指导而引起的技术选用盲目、处理效果难以保证、监督管理难以开展等各种问题，浙江省环保厅设立了《浙江省农村生活污水处理技术规范编制研究》项目，并列入环保科研计划项目，由浙江省环境保护设计科学研究院承担课题研究工作。在《浙江省农村生活污水处理技术规范编制研究》科研成果的基础上，浙江省技术监督局于 2012 年 11 月发布了《农村生活污水处理工程技术规范》（DB 33/T 868—2012）。

2015 年 7 月，浙江省人民政府正式发布实施《农村生活污水处理设施水污染物排放标准》（DB 33/973—2015），用于除城镇建成区以外地区的农村生活污水处理设施水污染物排放管理，规定了农村生活污水处理设施的水污染物排放控制要求以及标准的实施与监督等要求。

为贯彻落实《浙江省人民政府办公厅关于加强农村生活污水治理设施运行维护管理的意见》（浙政办发〔2015〕86 号）的要求，做好农村生活污水治理设施运行维护管理工作，省住房和建设厅于 2017 年 11 月发布实施了《浙江省县（市、区）农村生活污水治理设施运行维护管理导则》，规范了县（市、区）农村生活污水治理设施运行维护各方的"维护管理责任"，并同时发布了《浙江省农村生活污水治理设施运行维护管理导则》（征求意见稿）对全省农村生活污水治理设施的"维护管理目标""维护管理体系"公开征求意见。省住房和建设厅于 2018 年 5 月发布了《农村生活污水治理设施标准化运行维护评价标准》（征求意见稿），以期促进农村生活污水处理设施运维标准化，具体评价指标包括户内设施运维标准化评价指标、管网设施运维标准化评价指标、终端设施运维标准化评价指标、运维记录评价指标、运维人员行为规范评价指标、运维服务机构管理评价指标、安全评价指标。

2.5.2 强化运营管理

在我国推广农村生活污水治理，不仅要因地制宜开发新技术，更重要的是要逐步建立相应的运营、管理、服务体系，才能确保污水处理系统的长效运行，达到改善农村水环境的目的。

第一，应借鉴在发达国家已经成熟的运营模式，提升分散式污水处理设施建设和运营的集中程度。目前，我国的农村污水治理大多数采用集中生活污水处理系统，其管网费用占总费用的 2/3 以上。与集中处理模式相比，分散处理系统更节约管网费用和日常运行的动力费用（如电费），对于我国大部分经济水平较低、布局分散、未铺设管网的农村来说，生活污水分散处理系统更具有推广的优势。然而，推广分散污水治理最大的困难在于其运行期间的质量不易得到保障，应积极借鉴各国针对此提出的措施，提升分散设施建设与运营的集中程度，以加强对其的管理。例如，美国为了保障村镇污水治理措施在运行期间的质量，提出了五种管理程度逐步加强的运行模式等。

第二，应坚持健全农村污水治理的市场机制，积极发挥政府、非政府组织和企业等多种力量的作用，引导社会力量广泛参与系统的运营维护。面对数量巨大的农村生活污水处理系统，由地方政府负责日常维护、清理、检查等工作，成本较大，较好的方式是将其承包给专业服务公司。在这一方面，日本的第三方服务系统已经形成了成熟的、可借鉴的经验模式，可供我国参考，我国应继续支持多种经营模式相结合的专业运维服务队伍的发展，培育农村污水处理设施建设和运行的市场机制，以保证农村污水处理设施持续稳定发挥其应有的效能。这方面我国浙江省一直走在前列，浙江省内有 11.5% 的县（市、区）采用第三方运营的模式。该模式下设施正常运行率基本能达到 90% 以上，从第三方运营模式在浙江省的实施情况来看，该模式比较适合在治理设施相对集中的连片农村地区采用。

第三，应充分借鉴国外在财政支持及融资手段等各方面的经验，拓宽农村污水治理的融资渠道。目前，我国各个省市正积极开展农村污水处理技术方案的示范研究，但普遍存在"重建设，轻管理，有钱建设，无钱运行"的问题。据统计，由于缺乏专业的运维人员和重组的维护资金，已建成的农村污水处理设施有效运行率不足 20%。美国政府为有效保障分散式污水处理系统的运行，出台了一系列配套政策，如社区污水系统综合管理计划，用以提供分散污水系统的长期维护资金支持。我国应充分借鉴此类经验，充分发挥各级政府的领导、管理和监督作用，给予农村污水治理的优惠政策，鼓励企业和民间资金投资于村镇污水处理建设。

2.5.3 建立后评估

应通过建立基于基础数据库的信息平台，收集项目开展全过程周期的基础数据，为做好村镇污水治理措施后评估工作提供保障。

第一，建立统一的信息平台有助于提高项目后期运营管理实际效果。信息平台可用于收集定期检查、系统维护的数据，例如新西兰的区域议会所建立的基础数据库，不仅可作为是否维护、检测的证明，也可作为评估生活污水处理系统的设计、安装是否合适的依据。

第二，信息平台可为制定适合本省、市的标准、规范提供重要的参考。我国目前还未制定分片区农村生活污水治理相关的技术标准，因此，需要在省、市级政府建立信息平台收集大量基础信息，如所采用的技术（研发成功的技术、不适宜该地区的技术）、治理效果（污染物去除率、水质监测等）、成本信息（建设成本、运行成本等），作为制定针对性标准、规范的合理依据。这样可以避免将某种技术作为统一标准在全国推广，以免出现美国等地由于技术适用性不符合当地环境而造成设施损坏严重的情况。

第三，信息平台可为建立各类后评估模型提供数据参考，例如我国部分学者以河北省为例建设的农村污水处理水平动态评估模型，不仅为节约农村污水处理费用提供了有效途径，还为环境保护部门量化分配农村环境整治任务、动态评估和跟踪整治水平提供了技术支持。

2.5.4　明确各方权利和义务

随着农村生活污水治理工作深入推进，农村生活污水处理设施数量必将迅速增加。面对快速增长的处理设施，亟须明确农村污水治理责任归属、完善治理的监管体系，以提升设施治理效果。

第一，需要通过法律法规的形式，明确各管理主体的强制性责任。目前，我国的农村污水处理主要依据《中央农村环境保护专项资金管理暂有办法》《全国农村环境连片整治工作指南（试行）的通知》等政策办法来推进，缺乏例如日本的《净化槽法》等具体的法律法规，一定程度上导致各主体在农村污水处理上责任边际模糊、责任意识不强，甚至责任主体缺乏等问题。欧盟在农村污水处理方面有明确的责任，例如意大利各主体的责任以公路级别进行划分。新西兰的国家环境标准具有强制性，所达到的政策效果是最好的。因此，我国各省需要加快农村污水处理相关法律、标准的制定，明确各主体的权责范围，这样才有利于污水处理工作有序和有效的推行。

第二，污水处理工程的建设需采取政府、用户合理分担的模式。例如，日本的农村污水治理由政府行政机关、第三方机构（各类企业和 NGO 组织）和用户共同承担责任。由于农村污水处理设施具有较强的混合公共物品的性质，因此在其建设方面仍然应该由政府主导，建设环节的责任分担主要体现在工程建设成本的分摊上；村落集中污水处理工程的建设宜由中央和地方两方承担，并通过财政上的转移支付为乡镇提供补贴；家庭式分散的污水处理设施的建设应由中央、地方和用户三方承担，家庭处理设施在财政上属于私人物品，适用用户付费政府补助的方式。另外，政府也可以通过低息贷款而非直接补助的方式为经济发达地区的农村提供建设资金，这有利于污水处理资金的持续运转。

第三，用户主要承担运营和处理的责任。例如，日本的《净化槽法》尤其强调排污者和使用者的主体责任。我国农村地区由于经济比较落后，让用户承担污水运营和处理责任时，需要充分考虑用户群体的承担能力，以培育用户的责任意识为主，成本回收为辅；不同地区可以针对不同情况采取多样化形式，例如，在经济条件较好的村庄可以尝试征收污水处理费，以回收运营成本；在经济基础薄弱的村落可以采取村民自行管护和政府补贴相结合、政府补贴额度和管护相关联等方式，使农村污水处理和农民、农村社区的切身利益挂钩，逐步激励农村用户自觉自愿地成为农村污水运营和维护的责任主体。

第四，市场主体承担服务提供者的角色。市场主体的责任是为农村污水设施从设计到建设到运营提供各种服务，并通过收费的方式实现合理成本回收与盈利。其优势在于：一是具备专业化的知识，服务质量有保障；二是形成有效的竞争，促进农村污水处理各环节的成本的下降。政府应该积极为市场的进入创造条件与空间。

这方面，浙江省住房和建设厅于 2017 年 11 月发布实施了《浙江省县（市、区）农村生活污水治理设施运行维护管理导则》，分别明确了县（市、区）人民政府、运行维护管理部门、乡镇政府（街道办事处）、行政村（社区）、农户在农村生活污水治理设施运行维护各方的维护管理责任。县（市、区）人民政府是治理设施运行维护管理的责任主体。运行维护牵头管理部门承担具体管理、监督、考核、指导、技术更新等管理职能，包括明确责任科室和工作人员、牵头制定运行维护专项规划、管理工作目标、问题整改清单、整改时间销号表和考核检查安排等主要内容的年度工作计划，做好治理设施的接收和移交相关单位维护工作，建立维护信息数据库和信息平台；乡镇政府（街道办事处）是治理设施运行维护管理的管理主体，是治理设施的业主单位和产权单位；行政村（社区）是治理设施运行维护管理的落实主体。农户是治理设施运行维护的参与和受益主体。

村镇生活污水产生收集排放

3.1 村镇排水系统规划设计

3.1.1 村镇生活污水的来源和分类

3.1.1.1 常规生活污水

常规的村镇生活污水主要可分为三类：洗涤污水、厨房污水、厕所污水。不同类型的生活污水的成分特征和污水水量存在很大差异（表3-1）。

表3-1 生活污水中污染物来源及其排放量

来源	污水量/%	BOD /kg·(人·年)$^{-1}$	COD /kg·(人·年)$^{-1}$	氮 /kg·(人·年)$^{-1}$	磷 /kg·(人·年)$^{-1}$
厕所	26	9.1	27.5	4.4	0.70
厨房	16	11.0	16.0	0.3	0.07
洗衣/洗浴	46	1.8	3.7	0.4	0.10
其他	12				
总计	100	21.9	47.2	5.1	0.87

（1）洗涤污水主要由农村居民洗漱、洗浴、洗衣等污水组成。这类生活污水的主要特征是排放量大，含有大量的氮、磷污染物，易造成水体富营养化，其污水产生量占农村生活污水总量的1/2以上。

（2）厨房污水由洗碗水、涮锅水、淘米水、洗菜水等组成，其污水总量约占生活污水总量的1/5。其中，洗碗水和涮锅水中BOD、COD含量很高，是生活污水中BOD、COD的主要来源；淘米水和洗菜水中含有米糠、菜屑等有机物，有条件的地方在水处理阶段要考虑上层漂浮物的去除。近几年农村经济快速发展，人民生活水平不断提高，农村居民肉类食品以及油类的食用不断增加，使生活污水中动植物脂肪含量以及油水混合物含量增加，生活污水成分愈加复杂。

（3）厕所污水是指冲洗人的粪尿所产生的污水。由表3-1可知，厕所污水排放量约占每人每天污水排放量的1/4，污水中的COD、氮、磷等污染物每人每年排放量分别占每人每年各污染物排放总量的58.3%、86.3%、80.5%，远高于其他环节污染物排放量。农村生活污水与城市生活污水不同，很少有工业废水汇入，因此，厕所污水是农村生活污水中污染物最主要的来源。随着社会主义新农村建设的大力推进，目前农村地区水冲式厕所覆盖率较高，从而产生大量的冲厕污水。有学者对厕所污水中的污染物来源做了深入的研究，相关结果见表3-2。从表3-2可知，厕所污水中的COD、TSS主要来自于粪便，氮主要来自于尿液，磷的排放量两者相差不大。

表 3-2　人体排泄物中污染物含量

参　数	粪便/mg · g^{-1}	尿液/mg · mL^{-1}
COD	287.00	17.500
NH$_3$-N	1.50	2.490
NO$_3$-N	0.03	0.012
PO$_4$-P	5.80	5.500
TSS	208.00	21.000

3.1.1.2　非常规生活污水

村镇地区非常规生活污水包括庭院养殖（不含规模养殖）污水、农家乐餐饮含油污水、农村小型农产品加工废水。

（1）农村地区在自家庭院蓄养家禽是一种传统，而家禽产生的粪尿污水污染物浓度较高，如果将含有大量有机污染物的高浓度禽畜养殖污水排入附近水体中，由于氮、磷含量较高，易造成水质恶化，水体严重富营养化，使对有机物污染敏感的水生生物逐渐死亡，严重时会导致鱼塘及河流丧失使用功能。此外，由于农村个体养殖户养殖科学技术水平不高，因此部分农户可能将违禁添加剂放入饲料中，使得禽畜粪尿污水中还会含有少量有毒有害物质。畜禽废弃物污水有毒、有害成分进入地下水中，会使地下水溶解氧含量减少，水体中有毒成分增多，严重时使水体发黑、变臭，造成持久性的有机污染，导致原有水体丧失使用功能，极难治理、恢复。在污水处理设施较不完善的农村地区，一般对禽畜粪便进行简单堆肥处理或作为厩肥使用，但是如果厩肥中大量可溶性碳、氮、磷化合物还未与土壤充分作用前就出现径流，可能造成比化肥更严重的污染；在经济条件稍好的农村地区，禽畜粪便往往会经简单的化粪池或沼气池预处理后再利用或排放，若预处理后直接排放依然会对水体造成污染。

（2）随着现代城市生活节奏的加快，越来越多的城市居民渴望回归大自然，农家乐旅游迅速发展起来。农家乐一般位于山村或城郊区域，污水管网不健全，处理设施亦不到位。相比常规农村生活污水，农家乐污水瞬时水量大，富含各类食物纤维、淀粉、脂肪、动植物油脂和各种洗涤剂，因此其悬浮物、COD、BOD等污染物含量较高。若农家乐污水不经预处理直接送入污水管网，会堵塞管网及对污水处理设施造成较大冲击，而若将农家乐污水直接就地排放，日积月累更会造成严重的环境污染。

（3）农副产品加工是农村居民的一项重要经济来源，但是由于其生产的不确定性和无规律性，使得这些家庭作坊直排的生产废水对农村水环境造成较大冲击。比如，一些竹制品加工会使用毒性较大的染料；淀粉、米粉等各类农作物食品加工废水有机物浓度较高，其生产废水 COD 浓度可达 10000mg/L 以上；一些豆制品加工作坊的生产废水会给农村污水带入大量高蛋白物质，容易产生大量泡沫并产生恶臭；农村腌制副食品加工废水会给环境带来大量的氯离子，如不能有效进行处理，会使污水处理系统产生让人无法忍受的恶臭；在沿海区域，渔民家中的海鲜水产品冲洗水和农家乐少量的海鲜水产加工水导致其生活污水中的磷、氯离子、总氮指标高于陆地区域的生活污水。高浓度的氯离子会对生物处理系统产生负面作用，对设备腐蚀性强。高浓度的磷含量也会导致常规的生活污水除磷脱氮工艺无法达标处理；甚至在我国东南地区，某些家庭作坊生产模具、五金、塑料、打火机等，使得家庭作坊生产废水日益复杂化。

村镇生活污水也可分为黑水和灰水两类，黑水通常是指高浓度的冲厕污水以及庭院养殖产生的禽畜粪尿污水；灰水是指洗涤污水、厨房污水及其他较低浓度混合污水。总体来说，污水中主要包含人的排泄物和生活废料，一般不含或少含有毒物质，往往含有氮、磷等营养物质，此外，还有大量的病毒、细菌和寄生虫卵。

3.1.2 村镇生活污水的水量水质

根据《分地区农村生活污水处理技术指南》，按照农村经济条件划分，全国各地区用水量参考值见表 3-3。在实际确定农村居民日用水量时，仍需在调查当地居民的用水现状、生活习惯、经济条件、发展潜力等情况的基础上酌情确定。

表 3-3　全国各地区农村居民日用水量参考值

地区	村 庄 类 型	用水量/L·(人·d)$^{-1}$
东北	经济条件好，有水冲厕所、淋浴设施	80~135
	经济条件较好，有水冲厕所、淋浴设施	40~90
	经济条件一般，无水冲厕所，有简易卫生设施	40~70
	无水冲厕所和淋浴设施，主要利用地表水、井水	20~40
东南	经济条件很好，有独立淋浴、水冲厕所、洗衣机，旅游区	120~200
	经济条件好，室内卫生设施较齐全，旅游区	90~130
	经济条件较好，卫生设施较齐全	80~100
	经济条件一般，有简单卫生设施	60~90
	无水冲式厕所和淋浴设备，无自来水	40~70

续表 3-3

地区	村 庄 类 型	用水量/L·(人·d)⁻¹
华北	户内有给水排水卫生设备和淋浴设备	100~145
	户内有给水排水卫生设备，无淋浴设备	40~80
	户内有给水龙头，无卫生设备	30~50
	无户内给水排水设备	20~40
西北	有自来水、水冲厕所、洗衣机、淋浴间等，用水设施齐全	75~140
	有自来水、洗衣机等基本用水设施	50~90
	有供水龙头，基本用水设施不完善	30~60
	无供水龙头，无基本用水设施	20~35
西南	经济条件好，有水冲厕所、淋浴设施	80~160
	经济条件较好，有水冲厕所、淋浴设施	60~120
	经济条件一般，无水冲厕所，简易卫生设施	40~80
	无水冲厕所和淋浴设施，主要利用地表水、井水	20~50
	游客（住带独立淋浴设施的标间）	150~250
	游客（住不带独立淋浴设施的标间）	80~150
中南	经济条件好，有独立淋浴、水冲厕所、洗衣机，旅游区	100~180
	经济条件较好，有独立厨房和淋浴设施	60~120
	经济条件一般，有简单卫生设施	50~80
	无水冲式厕所和淋浴设备，水井较远，需自挑水	40~60

注：东北地区包括黑龙江省、吉林省、辽宁省和内蒙古自治区大部；东南地区包括江苏省、上海市、浙江省、福建省、广东省、海南省、山东省南部地区；华北地区包括北京市、天津市、河北省、山西省、山东省大部、河南省北部和内蒙古局部地区；西北地区包括陕西省、甘肃省、青海省、宁夏回族自治区、新疆维吾尔自治区和内蒙古西部；西南地区包括四川省、云南省、贵州省、重庆市、广西壮族自治区和西藏自治区部分地区；中南地区包括河南省、湖北省、湖南省、安徽省和江西省。

全国各地区农村污水水质水量均有其地方特色，但是总体具有如下特点：

（1）人口少、污水排放规模小。村镇的人口规模、自来水的普及率和工农业发展的结构与水平，决定了村镇的污水排放量基本分布在 $10 \sim 10000 \mathrm{m}^3/\mathrm{d}$ 的规模范围内。事实上，相当大的一部分小城镇，其污水排放量在 $500 \sim 5000 \mathrm{m}^3/\mathrm{d}$ 的规模范围内；而相当大的一部分农村，其污水排放量在 $50 \sim 300 \mathrm{m}^3/\mathrm{d}$ 的规模范围内。

（2）排放量总体呈上升趋势。随着农民生活水平的不断提高，农村生活方式的不断改变，同时供水一体化的实施，使自来水安装正逐步到村到户，因此，生活污水的产生量也不断增加，农村生活污水处理设施亦需逐步到位。

（3）污水排放变化系数大、水质波动大。大部分农村地区没有建设污水排放管网，污水排放比较分散、不稳定。一般排放量早晚大于白天，夜间排放量极小，甚至会断流，一年内的不同时期污水排放量也不同。由于庭院、农田对居民一般生活与粪尿排水的消纳，农村污水的排放系数一般在0.3~0.6之间，远低于城镇0.8左右的排放系数。

农村污水水质波动较大，受季节影响明显。现有的村镇排水系统一般都采用合流制的排水体制，这种排水体制造成了污水水质水量受降雨的影响较大。雨季时，原有污水被大量雨水稀释，污染物浓度降低。因此，村镇污水处理设施需具有较好的耐冲击性。

（4）污水可生化性好。农村生活污水主要来自厨房排水、厕所排水和洗浴排水。表3-4为《分地区农村生活污水处理技术指南》中规定的水质参考取值范围，由该表可知，农村生活污水氮、磷含量较高；B/C值较高，可生化性好；此外，由于较少或不含有重金属污染物，对微生物几乎无危害性，因此农村生活污水适合采用生物膜法和生态法处理。

表3-4　全国六大区域农村居民生活污水水质参考取值　　　　（mg/L）

地区	pH值	SS	COD	BOD$_5$	NH$_3$-N	TP
东北地区	6.5~8.0	150~200	200~450	200~300	20~90	2.0~6.5
东南地区	6.5~8.5	100~200	150~450	70~300	20~50	1.5~6.0
华北地区	6.5~8.5	100~200	200~450	20~300	20~90	2.0~6.5
西北地区	6.5~8.5	100~300	100~400	50~300	3~50	1.0~6.0
西南地区	6.5~8.5	15~200	150~400	100~150	20~50	2.0~6.0
中南地区	6.5~8.5	100~200	100~300	60~150	20~80	2.0~7.0

3.1.3　村镇生活污水的收集和排放

3.1.3.1　排水体制介绍

A　雨污合流制

雨污合流制是指将污水和雨水采用同一排水管网收集，根据污水、废水、降水径流汇集后的处置方式不同，可分为直流式合流制和截流式合流制。

直流式合流制（图3-1）管渠系统的布置就近坡向水体，分若干排出口，混合的污水未经处理直接泄入水体。该排水体制在早期农村排水体制建设中被普遍采用，由于对水体造成严重污染，目前一般不建议采用。

截流式合流制（图3-2）排水系统是指通过建造截流干管，并设置溢流井和污水厂，使旱季时雨污合流水全部输送至污水处理厂处理后排放至水体中，雨季

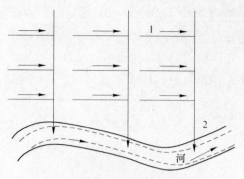

图 3-1　直排式合流制

1—合流支管；2—合流干管

时超过管道输送和污水处理厂处理能力的部分合流污水直接排入水体中。截流式合流制排水系统可以将旱季时排往被保护水体的所有污水充分收集；雨季时，雨水冲刷地面带来的面源污染及雨水与污水的合流水，在一定流量范围内可全部收集，超过输送能力部分的雨污水溢流进入水体。但是，当雨季降雨强度大或历时过长时，部分雨污水混合后直接排入水体，会造成水体的污染。对于大部分农村污水来说，其有机物浓度不高，受纳水体存在一部分的环境容量，雨季的合流水直排不会造成太大影响。目前，农村地区排水管网普遍采用的是截流式合流制。

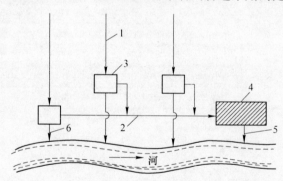

图 3-2　截流式合流制

1—合流干管；2—截流主干管；3—溢流井；4—污水处理厂；

5—出水口；6—溢流出水口

B　雨污分流制

雨污分流制排水系统包括污水排水系统和雨水排水系统。根据雨水排除方式的不同，可分为完全分流制、截流式分流制和不完全分流制。

完全分流制排水系统（图 3-3）既有污水排水系统，又有雨水排水系统。生活污水、工业废水通过污水排水系统排至污水厂，经过处理后排入水体；雨水则通过雨水排水系统直接排入水体。近年来对雨水径流水质的调查发现，雨水径流特别是初期雨水径流对水体的污染相当严重，因此提出对雨水径流也需严格控制。

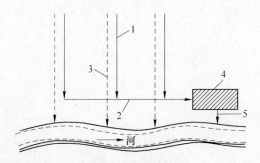

图 3-3　完全分流制
1—污水干管；2—污水主干管；3—雨水干管；4—污水处理厂；5—出水口

截流式分流制（图3-4）亦称半分流制，排水系统既有污水排水系统，又有雨水排水系统。其中雨水排水系统在雨水干管上设雨水跳越井，可截留初期雨水和街道地面冲洗废水进入污水管道。雨水干管流量不大时，雨水和污水一起引入污水处理厂；雨水干管的流量超过截留量时，跳越截留管道经过雨水出流干管排入水体。截流式分流制可以克服完全分流制的缺点，能够降低雨水径流对水体的污染程度，由于仅接纳污水和初期雨水，截流管的断面小于截流式合流制，进入截流管内的流量和水质相对稳定，可降低污水泵站和污水处理厂的运行管理费用。

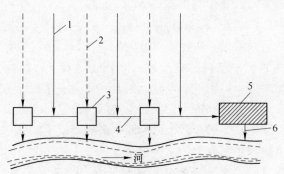

图 3-4　截流式分流制
1—污水干管；2—雨水干管；3—截流井；4—截流干管；
5—污水处理厂；6—出水口

不完全分流制排水系统（图3-5）只设污水排水系统，没有完整的雨水排水系统，生活污水、预处理达标的工业废水通过污水排水系统送至污水厂，经过处理后排入水体；雨水则通过地面漫流进入不成系统的明渠或小河后排入水体。不完全分流制具有投资省的优点，主要用于有合适的地形、比较健全的明渠水系的地区，以顺利排泄雨水。对于常年少雨、气候干燥、年均降雨量300mm以下的城市可采用这种体制，而对于地势平坦、多雨易造成积水的地区，则不宜采用。

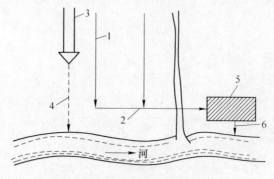

图 3-5　不完全分流制

1—污水干管；2—污水主干管；3—原有管渠；

4—雨水管渠；5—污水处理厂；6—出水口

在考虑村镇排水体制时，应结合当地经济发展条件、自然地理条件、居民生活习惯、原有排水设施以及污水处理和利用等因素综合考虑确定。

对于居住比较分散、地形起伏较大的丘陵山地的农村生活污水的收集，可以考虑分户处理就近排放，不设污水收集管道。

新建村庄可采用有污水排水系统的不完全分流制，污水经污水管道进入污水处理设施进行处理，雨水通过沟渠或地表径流排放。

经济条件较好、有工业基础的村庄可采用有雨污水排水系统的完全分流制。

经济较为发达但是居民家中施工难度大的农村集镇地区，可采用主体雨污分流、庭院雨污合流制。在农村的集镇，大部分居民家是独门独院，考虑到工程量、工期、施工难度等因素影响，集镇居民户内部不进行雨污分流的排水改造，其内部排水由出户管负责转输进入管网，出户管的建设以实地条件、工程实施可行、就近接入和庭院雨水混入量最小化为原则选择管道或暗沟等形式。但较大单位内部和主体街道排水系统改造为雨污分流制。

经济条件一般且已经采用直流式合流制的村庄，近阶段宜采用截流式合流制。虽然截流式合流制的排水体制在雨季时有一部分混合污水未经处理直接溢流排放，但是从排水管道管理和维护的角度考虑，合流制排水体制在大部分农村地区有明显优势。主要原因是农村人口密度小，生活污水的设计流量小。根据室外排水的设计规范，同时考虑管道维护的因素，街坊最小管径一般不小于200mm，如果采用分流制势必存在设计流速偏低、管道容易淤塞的问题；如果采用合流制可以利用雨季大流量雨水的冲刷过程对排水管道进行不定期的维护。对于部分混合污水未经处理直接排放的问题，从混合污水的浓度已经达标以及村镇环境富余容量较大的特点考虑，应该不是制约合流制应用的主要矛盾。因此，建议经济条件一般的全国大部分农村地区排水体制优先考虑截流式合流制。

3.1.3.2　农村庭院生活污水排放

根据《分地区农村生活污水处理技术指南》，不同地区的农村庭院内部结构有所区别，因此其污水的收集方式也需因地制宜。不同的收集方式主要区别在于是否使用化粪池收集并预处理。当农户家中使用旱厕且无庭院养殖废水产生时，可不设化粪池预处理，直接将产生的各类污水排入污水管网后集中处理，或直接进入单户污水处理设施进行处理。对于经济发展较好的地区，如东南、中南、华北等地区的较发达农村，农民生活水平高，室内卫生设施齐全，水冲厕所普及率高，使用水冲厕所的农户建议采用化粪池或沼气池收集和预处理污水。将厕所、厨余污水和庭院养殖废水经化粪池或沼气池处理后再排入排水管道。化粪池或沼气池不仅作为污水收集池，同时也是污水的预处理单元，其出水可农用或进一步处理以达到达标排放的要求。化粪池可单户设置，也可相邻住户集中设置。化粪池须进行防水处理，并应定期清淘维护，清淘出的固形物可堆肥处理后施用农田，有机肥有利于改良土壤，提高土壤保水力。当不做农肥使用时，宜接污水设施或纳入村落管网处理后再排放。

从农户厕所废水到化粪池前的排水管径宜在 110mm 以上，厨房排水管宜在 75mm 以上，并应在入水口设置格网，在转弯处设置检查清扫口。目前建筑内广泛使用的排水管道是硬聚氯乙烯塑料管，室外庭院生活污水排水管也可采用硬聚氯乙烯塑料管或其他管材的管道。

目前，大部分经济不发达的农村地区，农户洗衣废水一般排向房屋外周边的明沟，即使农村地区环境容量大，但是农户生活水平的提高会使得洗衣废水污染物浓度升高，久而久之会超过环境自净能力，富含表面活性剂、三聚磷酸钠等污染物的洗涤废水直排会造成水体富营养化。建议有条件的地区，农户使用户外洗衣设施时，洗衣污水宜纳入排水系统，通过管道或明渠进入化粪池。

3.1.3.3　村落生活污水排放

依据不同地区的经济发达程度，以及为确保地区生态可持续发展，农村污水系统形式的选择与建设建议参考以下原则：

（1）村落排水工程要服从城镇总体规划。城镇及村庄总体规划中的设计规模、设计年限、功能分区布局、人口的发展、居住区的建筑层数和标准以及相应的水量、水质资料等，是排水工程规划的主要依据。

（2）近期、远期规划与建设相结合。排水工程一般按远期规划设计，分期建设。

（3）考虑现状，从实际出发。充分考虑到不同村落经济能力和污水的实际污染情况，有区别地进行排水规划，确定排水区域与排水体制。

（4）距离城镇较近的村落，经技术与经济比较后，可将村落污水统一收集，就近排入城镇排水系统集中处理。

（5）规划设计要考虑到管道施工、处理设备运行和维护的方便，规划方案应尽可能经济和高效。雨水应充分利用地面径流和沟渠排除，污水通过管道或暗渠收集处理后排放；雨、污水均应尽量考虑自流排水。

（6）排污管道管材可根据情况选择混凝土、塑料管等不同材料。污水管道应依据地形坡度铺设，坡度应根据排水管管径和排水量确定（不应小于 0.2%），以满足污水重力自流的要求；同时应防止因地形坡度过大，冲刷管道或管道露出地面。污水管道铺设应尽量避免穿越场地、公路和河流，并应设置检查口。村落生活污水排水管径应在 150mm 以上。

总之，村落排水系统在参考基本原则的基础上，还应尽量依据当地地形、气候等因素因地制宜，探索不同村落地区的最为经济有效的排水方式。

华北地区多为平原地区，村落较为集中，部分山区村落沿河流分散布置，村落排水管渠的布置应根据村落的格局、地形情况等因素来确定。对于新建农村集中居住区，污水和雨水的收集应实行分流制；旧村庄改扩建时，已建合流制管网的，可采用截流方式将污水送入处理设施，新建改建部分在污水处理设施前应尽可能实行分流制。

西北地区的地域广阔，大部分地区水资源短缺，因此，村落排水应考虑尽量充分收集，综合利用。排水工程建设应以批准的村镇规划为主要依据，充分利用现有条件，因地制宜地选择投资较少、管理简单、运行费用较低的排水系统。新建农村集中居住区，污水和雨水的收集应实行分流制，通过管道或暗渠收集生产生活污水进行集中处理后资源化利用，雨水应充分利用地面径流和明渠排至就近的池塘或水窖。

西南地区村落受地形影响，村落一般沿河流、公路等布置，根据当地地形和经济的状况可因地制宜采用合流制或分流制，污水收集宜优先采用分流制，通过管道或暗渠收集处理后排放。西南地区村落宜利用重力自流排水。

3.1.3.4　常用管材及辅助构筑物

排水系统中占投资比重最大的一部分是污水收集管道的铺设，这其中涉及管材和各种辅助构筑物的选用。

A　常用管材

农村排水系统所用管材的选用原则如下：

（1）农村地区相比较而言，对管道承压要求相对低，故在选材上尽可能选择耐用、造价低的管材；

（2）必须具备足够的强度，以承受外部荷载和内部水压；

（3）排水管渠还应具有抵抗污水中杂质冲刷和磨损作用，也应该具有抗腐蚀的性能；

（4）排水管必须不透水，以防污水渗出和渗漏；

（5）排水管内壁应整齐光滑，水流阻力应尽量小；

（6）排水管应就地取材，并考虑预制管件及快速施工的可能。

目前，市场上常用的排水管主要有以下几种：

（1）混凝土管和钢筋混凝土管（图3-6）。混凝土管适用于排除雨水、污水，可以在工厂内预制，也可以现场浇铸。分为混凝土管、轻型钢筋混凝土管、重型钢筋混凝土管3种，管口有承插式、企口式、平口式。其具有原材料来源广、生产工艺简单、产品外压荷载高、能承受0.10MPa的内水压力、耐化学腐蚀性强、使用寿命长、维修费用低等优点，被广泛地用于城镇、公路、铁路等的排水和农田水利排灌工程，是排放雨水、污水、废水和灌溉的主要管道。

图3-6　钢筋混凝土管

（2）塑料管。目前应用最广泛的塑料管材有PVC管（图3-7）、UPVC管、PE管（图3-8）以及管材结构上有所创新的双壁波纹管等。

聚氯乙烯（PVC）管具有非常高的抗腐蚀性，所以被广泛应用在工业建筑排水系统中。同时，该种类型的管道具有非常高的阻燃性，抗老化能力强，重量轻，并且管道内壁光滑，制作成本较低。但是，该种材质的管道对使用温度有一定的要求，一旦使用温度过低，该种管道非常容易发生断裂的情况。

UPVC管又称硬PVC管，是指在制造PVC的原料中未添加塑化剂生产的PVC管。它具备一般聚氯乙烯管的性能，又增加了一些优异性能，具有耐腐蚀性和柔软性好的优点，因而特别适用于供水管网。其产量在我国塑料管行业占到

50%左右，是我国应用最为广泛、应用较早、用户最为熟悉的塑料管材。它质轻、光洁、美观、水阻小，组配灵活，安装省时省力，很受设计、施工单位及用户青睐。

图3-7　PVC管

图3-8　PE管

聚乙烯（PE）管在实际运用的过程中对温度没有过高的要求，只要温度在−70~100℃，该种材料的管道都能够正常运行，并且使用质量较高，不容易发生断裂。但是，PE管道对于使用环境的要求较高，一旦管道出现裂缝，不能用热熔技术进行维修，只能通过安装管件的方式对其进行维修。

双壁波纹管是经挤出成型方式加工而成的具有波纹结构的塑料管材，其管壁截面为双层结构，内壁光滑平整、外壁为梯形或弧形波纹状肋，内壁和外壁波纹间为中空的异型管壁管材，主要有UPVC双壁波纹管和高密度聚乙烯（HDPE）双壁波纹管（图3-9）两种。双壁波纹管具有如下优点：

1）密封性能好，抗不均匀沉降性强。双壁波纹管为柔性管材，接口采用弹性橡胶圈承插连接（图3-10），接头密封性能好，能适应较大角度变位，抗不均匀沉降性强。根据接头的水压试验，直线接头防渗压力可达0.2MPa。接头的转角变形试验表明，该管可有效消除不均匀沉降对管道接口的不利影响（DN315、DN200管发生渗漏的平均转角分别为7°47′和9°6′）。

图3-9　HDPE双壁波纹管

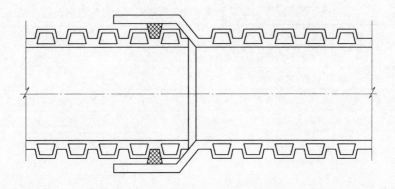

图 3-10 双壁波纹管接口示意图

2）内壁光滑、过流量大。双壁波纹管内壁粗糙系数 $n = 0.010$，水泥管的 $n = 0.014$，由此可知在相同水力坡降条件下，双壁波纹管的过水流量是相同内径钢筋混凝土管的 1.4 倍。在相同的设计流速和充满度的条件下双壁波纹管的坡度仅是钢筋混凝土管的 1/1.96，由此不但可以减少下游排水管的埋设深度、降低工程综合造价和缩短工期，而且可适当减少污水提升泵站的数量、节省大量的运行管理费用和降低污水处理成本。

3）质量轻、施工快。双壁波纹管密度 $\leqslant 1.5 g/cm^3$，其施工不需大型吊装设备，因而可降低安装人员的劳动强度；双壁波纹管标准长度为 6m/节（而钢筋混凝土管一般为 2m/节），因此接口数量少，并且管道连接时用手动葫芦拉管插进承口胶圈深度即可，一般 3~4 人只需 5~8min 即可完成一节 DN500 管的接口安装，比同口径水泥管的安装可节省时间 50% 以上。

4）工程造价低。由于该管材不需要做混凝土基础、施工成本低以及安装工序简单，使得 $DN300$ 以下双壁波纹管的工程总造价比钢筋混凝土管的低，虽然对大口径双壁波纹管来说，因其挤压成型的生产工艺难度大，成本相对要高一些，但是双壁波纹管的使用年限可达 50 年，所以双壁波纹管还是比较经济的。

农村地区现有的排水管道基本是钢筋混凝土管，该种管道水头损失较大，农村地区排水水量不稳定，当水量较小时容易导致管道淤塞。如今，越来越多的城市排水系统应用了 HDPE 双壁波纹管等新型塑料材质管道，这些材料的粗糙系数一般远小于传统的钢筋混凝土管，不仅可减小水头损失、增加排水能力，同时也可增加管道的输送能力。此外，这类管子具有重量轻、耐腐蚀、耐低温、耐磨性好、工程综合造价低等优点，因此适合应用于农村地区。HDPE 双壁波纹管与钢筋混凝土管的性能比较见表 3-5。

表 3-5　高密度聚乙烯双壁波纹管与钢筋混凝土管的性能比较

序号	比较性能	管　材	
		高密度聚乙烯双壁波纹管	钢筋混凝土管
1	管材性质	柔性管道	刚性管道
2	管材结构	受负载时能在不破坏结构下变形和移动	受负载时的变形量很小
3	水利条件	水力条件好，易达到最小流速	水力条件差，需满足最小坡度
4	密封性	连接密封性好，管道无渗漏，不会对环境造成二次污染	密封性较差，连接处易漏水，会对环境造成二次污染
5	运输情况	运输便利，调运容易	运输不便，调运困难
6	施工特点	柔性好，对基础处理的要求低；施工不受季节、温度限制；管道的可弯曲性良好；重量轻，施工便捷工期短	刚性大，对基础处理要求较高；弯曲部位不易处理；质量大，配套施工工具与辅助设备多，工期长
7	现场管理	安全性高，搬运过程中破损的可能性少；施工管理较容易；系统闭水试验操作简单，损耗小	安全保障性差，易损坏，施工管理较为复杂；系统闭水试验操作复杂，材料仍费用消耗大
8	使用特点	埋设后系统运行的安全性高；维修方便，操作简单	埋设后系统运行的安全性低；维修不便，工作量大
9	使用寿命	使用寿命约 50 年左右	使用寿命约 20 年左右

B　检查井

检查井是在铺设地下管线时每隔一定距离修建的竖井，用以连接排水管道的部件，是污水收集管网的重要组成部分。检查井由井座、井筒、井盖或防护盖座和检查井配件组成。

检查井井体可分为现浇混凝土检查井、砖砌检查井（包含青砖、粉煤灰砖、预制混凝土模块等砌块）和新型检查井（塑料检查井、预制检查井）。由于现浇混凝土耗时大、施工控制要求高，目前普遍使用的是砖砌检查井、塑料检查井及装配式预制钢筋混凝土检查井。

（1）砖砌检查井（图 3-11）。由于砖砌检查井密封性与耐腐蚀性较差，普遍存在易渗漏、易腐蚀、维护不方便的缺点，加之实心黏土砖的生产严重破坏土地资源环境，沈阳、四川、北京、江苏、广东等省市已经从 2004 年开始陆续全面禁止使用砖砌检查井，但未将预制混凝土模块检查井归类到砖砌检查井。预制混凝土模块检查井所使用的砌块可避免烧制黏土砖过程中对土地和能源的消耗，实现管道装配快速施工需要，模块四面设置的凹凸槽结构在砌筑后形成链锁，中空结构模块用现浇混凝土灌芯后形成网状结构，可保证了砌体结构的整体性和稳定性，提高砌体结构的强度和耐久性，它已在北京、天津、南京等地推广。

（2）装配式预制钢筋混凝土检查井（图 3-12）。装配式预制钢筋混凝土检查

图 3-11　砖砌检查井

井在时间控制、密闭性能、使用寿命、维护成本等方面优势突出。但其井壁预留孔位置、方向由设计预定，在现场施工连接支管时改动较为困难，在已有的检查井中接入支管开孔的难度及工作量较大。由于生产模具价格限制，制造管径800mm以下的检查井价格较不经济；又由于其重量较大，起重设备较为庞大，受操作空间限制，故不宜在小的支路街巷使用。因此，建议排水大管道（管径≥800mm）检查井井体采用装配式预制钢筋混凝土检查井，在经济条件允许下，逐步推广到各类管线大管道（管径≤600mm）上，例如居住集中、规模较大的村镇排水系统的合流制管道或分流制中的雨水管管道。由于装配式预制钢筋混凝土检查井井壁厚度较大，改动支管接入难度较大，故须注意优化检查井的壁厚和接口。

图 3-12　预制钢筋混凝土检查井

（3）塑料检查井。塑料排水检查井以高分子树脂为原料，采用组合结构，一般由井座、井筒、井盖等组成（图 3-13、图 3-14），分为污（废）水检查井和雨水检查井。污水井一般设有流槽，便于污物排放顺畅；雨水井一般设有供泥砂沉淀的沉泥室，以方便后期的清理和维护。塑料检查井各部件之间及其与排水管的连接一般采用粘接或橡胶圈连接，井筒位于塑料检查井井座之上，可根据井盖高度进行调整。井座、井筒、井盖和塑料内盖的性能均能够满足拉伸强度、荷载、承压、抗负压和温度的要求。塑料检查井一般设计使用寿命为 50 年。

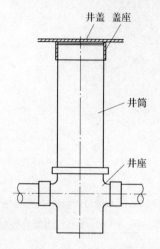

图 3-13　无防护盖座、有沉泥室检查井

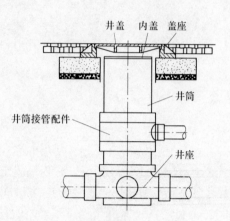

图 3-14　有防护盖座和内盖检查井

　　塑料检查井在时间控制上具有明显优势，且不需防腐处理。其施工灵活高效、施工工艺简单，是目前国家重点推广的新型节能环保产品，但考虑到其自重小，雨天沟槽积水后容易上浮，需要采用抗浮措施，且其生产模具价格高；同时受原材料的加工性能和注塑机的功率限制，制造管径 600mm 以上的塑料检查井价格较不经济。因此，建议排水小管道（管径≤600mm）检查井井体采用塑料材质。新农村建设中雨水管道管径一般为 300~400mm，污水管道管径一般为 150~300mm，因此塑料检查井适合应用于农村排水系统中。

　　塑料检查井（图 3-15）优点总结如下：

　　1）水力条件好。塑料检查井承载强度高、抗冲击性能好、耐腐蚀性强；井内壁光滑流畅，污物不易滞留，减少了堵塞的可能；雨污排放率是传统检查井的1~3 倍。

　　2）施工安装简便。塑料检查井质量轻，与塑料管材连接方便可靠且不易渗漏。由于采用整体预制成型，井筒高度可在现场根据实际情况进行切割、调整，可以适应各种安装深度的要求，具备较好的互换性和整体结构性，能够大大加快施工进度，施工效率是传统检查井的 5 倍以上。

　　3）占地面积小。住宅小区内采用的塑料检查井井径常用规格为 315~450mm，改变了传统检查井受制作方法局限而使井径均在 700mm 以上的应用惯例，减小了检查井的占用空间。

4）节约能源。塑料检查井主要以高分子树脂（HDPE、UPVC、PE、PP）为加工原料，可节省黏土资源，符合国家可持续发展的基本国策。同时，由于采用整体预制成型，故其自身密封性能好，可避免雨水渗入污水系统的现象，降低污水处理成本，从而节约能源。

5）节约材料。塑料检查井由于井体壁薄和材料密度小，其材料质量不足传统检查井的1/2；建筑小区所用塑料检查井井径规格比传统检查井小，所配套使用的井盖也相应较小，在非车行道上可安装轻便井盖而无需厚度较大的防护井盖，因此，使用塑料检查井能明显节约材料和降低成本。

图 3-15　塑料检查井

目前，检查井井盖主要可分为铸铁井盖与复合材料井盖，其中铸铁井盖可分为灰铸铁井盖、球墨铸铁弹簧锁闭井盖和防沉降球墨铸铁井盖；复合材料井盖主要可分为玻璃钢井盖、再生树脂复合材料井盖和钢纤维混凝土井盖（图 3-16）。

复合材料检查井盖的抗压、抗弯、抗冲击强度等性能相对较低，不适用于机动车道，但其经济性较好，短期可适度在无车行驶的人行道上使用。球墨铸铁井盖（图 3-17）具有高强度、高硬度和良好的抗腐蚀性、抗冲击性、防盗性，适合机动

图 3-16　钢纤维混凝土井盖

车道上使用，但须把握好不同路面上的井盖适用性：混凝土路面适宜球墨铸铁弹簧锁闭井盖，沥青路面适宜防沉降球墨铸铁井盖，人行道上适宜使用下沉式方形球墨铸铁井盖。

图 3-17　球墨铸铁井盖

C　溢流井

雨水和污水的排除方式主要有合流制和分流制两种类型。截流式合流制因其具有节省投资的优点，常用于农村地区排水管网建设中。截流井是截流式合流制管道中一个重要的附属构筑物，其主要功能是将旱流污水和初期雨水截流入污水截流管，以免水体受到严重的污染。截流井需保证在雨季时截流水量尽可能恒定，以免增大污水处理厂水量负荷；以及保证在设计流量范围内，合流管道内的雨水排泄通畅。截流井一般建在合流管道入河口前，其设置地点应充分考虑污水截流干管位置、合流管渠位置、周围地形、排放水体的水位高程及排放点周围环境等因素。根据《室外排水设计规范》的规定，新建、改建、扩建合流制排水系统中污水截流井的设计应遵循以下规程：

（1）污水截流井应能将污水和初期雨水截流入污水截流管，并保证在设计流量范围内雨水排泄通畅。

（2）截流井在管道高程允许条件下，应选用槽堰式截流井。当选用堰式截流井时，宜选用正堰式截流井。

（3）污水截流井设置地点应根据污水截流干管或污水管道位置、周围地形、排放水体的位置高程、排放点的周围环境而定。

（4）污水截流井溢流管出口高程，宜在水体洪水位以上。

目前，国内常用的污水截流井有堰式、槽式、槽堰式等，其中堰式截流井包括侧堰式和跳跃堰式等。农村地区需新建截污管道时建议采用跳跃堰式截流井，对已建污水管道进行截流改造，宜采用槽式或槽堰式截流井。

（1）侧流堰式截流井。侧流堰式截流井在合流制截污系统中的应用是较为成熟的一种。它通过堰高控制截流井水位，可保证旱季最大流量时无溢流和雨季时进入截污管道的流量控制在一定的范围内。其结构如图 3-18 所示。

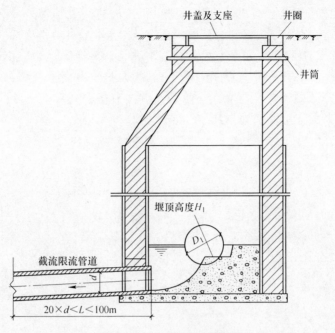

图 3-18 侧流堰式截流井

（2）跳跃堰式截流井。跳跃堰式截流井是一种主要的截流井形式。井内中间固定堰高度可根据运行时实际水量进行相应调节。在下游排水管道为新敷设的管道时一般可采用该种形式截流井。而对于已建合流制管道，不宜采用跳跃堰式截流井。其结构如图 3-19 所示。

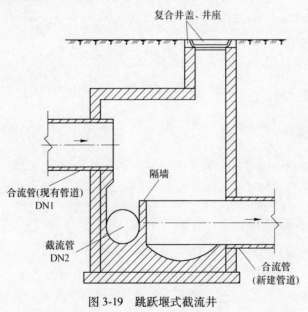

图 3-19 跳跃堰式截流井

（3）槽式截流井。槽式截流井一般只用于已建合流制管道。该截流井不用改变下游管道，它可以由已建合流制管道上的污水检查井改造而成。但由于其截流量难以控制，在雨季时将会有大量的雨水进入截流管道，会增加污水处理厂的负荷，因此在使用中受到一定的限制。其结构如图 3-20 所示。

（4）槽堰式截流井。槽堰式污水截流井兼有槽式井和堰式井的优点，即井内不积泥砂、截流效果好等。其结构如图 3-21 所示。从工程应用实践来看，在高程允许条件下可广泛采用该种形式的截流井。

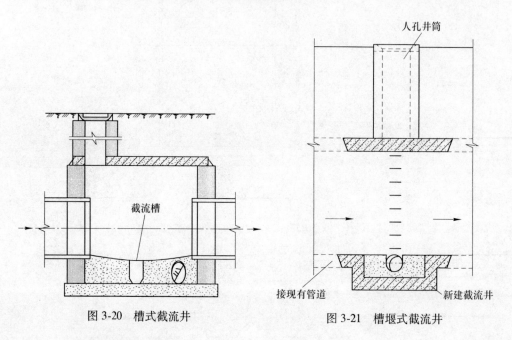

图 3-20　槽式截流井

图 3-21　槽堰式截流井

3.2　村镇排水系统建设

3.2.1　常用管材的施工技术

3.2.1.1　埋地塑料管道

由中华人民共和国建设部批准的《埋地塑料排水管道施工》中制定了塑料管道的施工方案，塑料管道包括硬聚氯乙烯双壁波纹管、硬聚氯乙烯单壁管、硬聚氯乙烯加筋管、硬聚氯乙烯钢塑复合缠绕管、聚乙烯双壁波纹管、聚乙烯缠绕结构壁管、钢带聚乙烯螺旋波纹管等。

A　一般规定

（1）管道工程的施工测量、降水、开槽、沟槽支撑和管道交叉处理、管道合槽施工等技术要求，应按现行国家标准《给水排水管道施工及验收规范》（GB

50268）和有关规定执行。

（2）管道应敷设在原状土地基或经开槽后处理回填密实的地基上。

（3）管道穿越铁路、高速公路路堤时应设置钢筋混凝土、钢、铸铁等材料制作的保护套管。套管内径应大于塑料排水管道外径 300mm。套管设计应按铁路、高速公路的有关规定执行。

（4）管道应直线敷设。当遇到特殊情况需利用柔性接口转角进行折线敷设时，其允许偏转角度应由管材制造厂提供。一般情况下 $d_e \leqslant 315mm$ 时转角不宜大于 2°、$315mm < d_e \leqslant 630mm$ 时不宜大于 1.5°，$d_e > 630$ 时不宜大于 1°；当需要利用管材柔性进行弧形敷设时，在 20℃温度下其最小曲率半径 R 不得小于 $20d_e$。

B　沟槽

（1）沟槽槽底净宽度可按管径大小、土质条件、埋设深度、施工工艺等确定。

（2）开挖沟槽时，应严格控制基底高程，不得扰动基面。

（3）开挖中，应保留基底设计标高以上 0.2~0.3m 的原状土，待铺管前用人工开挖至设计标高。如果局部超挖或发生扰动，应换填 10~15mm 天然级配砂石料或 5~40mm 的碎石，整平夯实。

（4）沟槽开挖时应做好降水措施，防止槽底受水浸泡。

C　管道基础

（1）管道应采用土弧基础。对一般土质，当地基承载力特征值 $fak \geqslant 80kPa$ 时，基底可铺设一层厚度为 100mm 的中粗砂基础层；当地基土质较差其地基承载力特征值 $55kPa \leqslant f_{ak} < 80kPa$ 或槽底处在地下水位之下时，宜铺垫厚度不小于 200mm 的砂砾基础层，也可分二层铺设，下层用粒径为 5~40mm 的碎石，上层铺设厚度不小于 50mm 的中粗砂；对软土地基（指淤泥、淤泥质土、冲填土或其他高压缩性土层构成的软弱地基）地基承载力特征值 $f_{ak} < 55kPa$，或因施工原因地基原状土被扰动而影响地基承载力时，必须先对地基进行加固处理，在达到规定地基承载能力后，再铺设中粗砂基础层。基础表面应平整，其密实度应达到 85%~90%。

（2）在管道设计土弧基础范围内的腋角部位，必须采用中粗砂回填密实。回填范围不得小于设计支撑角 $2\alpha + 30°$（180°），回填密实度应达到 95% 以上。

（3）管道基础中在承插式接口、机械连接等部位的凹槽，宜在铺设管道时随铺随挖。凹槽的长度、宽度和深度可按接口尺寸确定。接口完成后，应立即用中粗砂回填密实。

D　管道安装及连接

（1）下管前，必须按管材管件产品标准逐节进行外观检验，不合格者，严禁下管敷设。

（2）下管方式应根据管径大小、沟槽形式和施工机具装备情况，确定用人工或机械将管材放入沟槽。下管时须采用可靠的吊具，平稳下沟，不得与沟壁、槽底激烈碰撞，吊装时应有两个吊点，严禁穿心吊装。

（3）承插式连接的承口应逆水流方向，插口应顺水流方向敷设。

（4）接口的黏合剂必须采用符合硬聚氯乙烯材质要求的溶剂型黏合剂，该黏合剂应由管材生产厂配套供应。

（5）承插式密封圈连接、套筒连接、法兰连接等采用的密封件、套筒件、法兰、紧固件等配套件，必须由管材生产厂配套供应。热熔、电熔、焊接连接采用的专用电器设备、挤出焊接设备和工具，当施工单位不具备符合要求的设施和技术时，应由管材生产厂提供并进行连接技术指导。管道连接时采用的润滑剂等辅助材料，亦应由管材生产厂提供。

（6）机械连接用的钢制套筒、法兰、螺栓等金属管件制品，应根据现场土质并参照相应的标准采取防腐措施。

（7）雨季施工应采取防止管材上浮的措施。若管道安装完毕后发生管材上浮时，应进行管内底高程的复测和外观检测，如发现位移、漂浮、拔口等现象，应及时返工处理。

（8）管道安装结束后，为防止管道因施工期间的温度变形使检查井连接部位出现裂缝渗水现象，需复核施工期间的温度变形量并采取预防措施。

$$\Delta L = \alpha L \Delta t$$

式中　ΔL——施工期间埋设管道的温度变形量，mm；

　　　α——塑料排水管材的线膨胀系数，mm/（m·℃），其中，PVC-U：0.08；PE：0.13；PP：0.13；

　　　L——两座检查井之间的管段长度，m；

　　　Δt——管道安装与使用期间可能出现的最大温差，℃。

预防措施包括以下几种：

1）选用承插式橡胶圈密封连接工艺，由于管道连接处存在一定的缝隙，能消除施工期间温度变形的影响。

2）对电熔、热熔、粘接和机械连接的管道，特别是外壁光滑的管道在管道敷设后、密闭性检验前，除接头部位可外露外，管道两侧和管顶以上的回填高度不宜小于0.5m，以减少施工期间温度变形的影响。

3）与检查井连接处设置可伸缩接头。

（9）寒冷地区冬季施工注意事项：

1）尽量选用低温抗冲击性能佳的PE排水管材和管件。

2）管材堆放有防冻措施，管材装卸、搬运、下管时应轻抬轻放。

3）管道安装尽量安排在白天温度较高时施工，管道敷设后密闭性检验前除接头部位可外露外，管道两侧和管顶以上的回填高度不小于 0.5m。

E 管道与检查井的连接

管道与检查井的连接有刚性连接和柔性连接两种连接方式。

（1）刚性连接。管道与检查井的刚性连接有四种做法：

1）当覆土厚度≤3m 时，对外壁平整的管材，如玻璃纤维增强塑料夹砂管 UPVC 平壁管等，为增加管材与检查井的连接效果，需对管道伸入检查井部位的管外壁预先作粗化处理。即用同一管材的树脂制作的黏结剂、粗砂预先涂覆于管外壁，经固化后，再用水泥砂浆砌入检查井壁内。如图 3-22 所示。

2）当覆土厚度>3m 时，对外壁平整的管材，如 PE 缠绕结构壁管等，当管道敷设到位，在砌筑检查井时，宜采用现浇混凝土包封插入井壁的管端。混凝土包封的厚度不宜小于 100mm，强度等级不得低于 C20。为防止现浇混凝土因收缩导致连接处渗水，管端处设遇水膨胀橡胶圈以确保连接处密封。如图 3-23 所示。

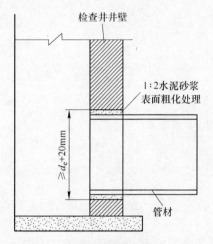

图 3-22 管道与检查井连接（一）

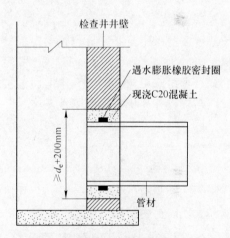

图 3-23 管道与检查井连接（二）

3）若检查井砌筑先于管道敷设，应在井壁上按管道轴线位置预留洞口。预留洞口的内径不宜小于管材外径加 100mm。连接时用 1：2 水泥砂浆将管端与洞口间的缝隙填实，砂浆内宜掺入微膨胀剂。砖砌井壁上的预留洞口应沿圆周砌筑砖拱圈。如图 3-24 所示。

4）对外壁异型的结构壁管材，如双壁波纹管、加筋管、缠绕结构壁管、钢塑复合缠绕管等，砌筑检查井时，井壁内预埋管件或短管，承口向外，便于插口连接。采用该种连接方式时，水泥砂浆应饱满。如图 3-25 所示。

（2）柔性连接。柔性连接是在砖砌检查井上安放带承口的预制混凝土圈梁，圈梁内径与管插口外留有一定孔隙，允许管端的橡胶圈与圈梁相接后产生一定的转角，以适应检查井与管道间的不均匀沉降和变形要求。如图 3-26 所示。

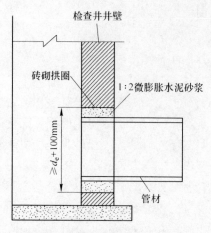

图 3-24　管道与检查井连接（三）

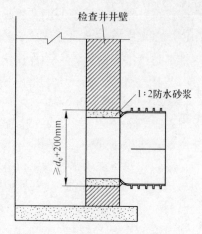

图 3-25　管道与检查井连接（四）

（3）当管道敷设在软土地基或不均匀地层上时，检查井与管道连接可设过渡段。过渡段由不少于 2 节短管柔性连接而成，每节短管长 600～800mm。可采用承插式、套筒式等橡胶圈接头。柔性连接过渡段与检查井连接宜采用刚性连接。

F　回填

（1）一般规定。

1）管道敷设后应立即进行沟槽回填。在密闭性检验前，除接头外露外，管道两侧和管顶以上的回填高度不宜小于 0.5m。

2）从管底基础至管顶 0.5m 范围内，沿管道、检查井两侧必须采用人工对称、

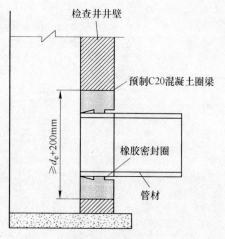

图 3-26　管道与检查井连接（五）

分层回填压实，严禁用机械推土回填。管两侧分层压实时，宜采取临时限位措施，防止管道上浮。

3）管顶 0.5m 以上沟槽采用机械回填时，应从管轴线两侧同时均匀进行，做到分层回填、夯实、碾压。

4）回填时沟槽内应无积水。不得回填淤泥、有机物和冻土，回填土中不得含有石块、砖及其他带有棱角的杂硬物体。

5）当沟槽采用钢板桩支护时，在回填达到规定高度后方可拔桩。拔桩应间隔进行，随拔随灌砂，必要时也可采用边拔桩边注浆的措施。

（2）回填材料。从管底基础面至管顶以上 0.5m 范围内的沟槽回填材料可用碎石屑、粒径小于 40mm 的砂砾、高（中）钙粉煤灰（游离 CaO 含量在 12%以

上）、中粗砂或沟槽开挖出的良质土。良质土是指粒径小于 0.075mm 的细粒土含量小于 12% 的粗颗粒土、中砂、粗砂、砂夹石、土夹石；对细粒土含量大于 12% 的粗粒土、液限 $WL<50\%$ 的黏性土和粉性土应根据管道埋设条件通过试验确定。

（3）回填要求。

1）管基支撑角 2α 加 $30°$（$180°$）范围内的管底腋角部位必须用中砂或粗砂填充密实，与管壁紧密接触，不得用土或其他材料填充。

2）沟槽应分层对称回填、夯实，每层回填高度不宜大于 0.2m。

3）回填土的密实度应符合设计要求。

4）在地下水位高的软土地基上，在地基不均匀的管段上；在高地下水位的管段和在地下水流动区内应采用铺设土工布的措施。

G　管道密闭性检验

（1）管道敷设完毕且经检验合格后，应进行密闭性检验。

（2）管道密闭性检验时，管接头部位应外露观察。

（3）管道密闭性检验应按井距分隔，长度不宜大于 1km，带井试验。

（4）管道密闭检验可采用闭水试验法。检验时，经外观检查，不得有漏水现象。管道的渗水量应满足下式要求：

$$Q_s \leqslant 0.0046d_i$$

式中　Q_s——每 1km 管道长度 24h 的渗水量，m^3；

　　　d_i——管道内径，mm。

H　管道变形检验

（1）沟槽回填至设计高程后，在 12~24h 内应测量管道竖向直径的初始变形量，并计算管道竖向直径初始变形率，其值不得超过管道直径允许变形率的 2/3。

（2）管道的变形量可采用圆形心轴或闭路电视等方法进行检验，测量偏差不得大于 1mm。

（3）当管道竖向直径初始变形率大于管道直径允许变形率的 2/3，且管道本身尚未损坏时，可按下列程序进行纠正，直至符合要求为止：

1）挖出沟槽回填土至露出 85% 管道高度。管顶以上 0.5m 范围内必须采用人工挖掘；

2）检查管道，有损伤的管材应进行修复或更换；

3）重新夯实管道底部的回填材料；

4）采用合适的回填材料，按要求的密实度重新回填密实；

5）复核竖向管道直径的初始变形率。

3.2.1.2　钢筋混凝土管

钢筋混凝土管主要有四种：承插式柔性接口混凝土排水管道、平基法安装混凝土排水管道、四合一法安装混凝土排水管道、垫块法安装混凝土排水管道。

钢筋混凝土管施工首先应进行沟槽开挖及验槽，具体内容如下：

（1）测量放线参照由测量队制订的市政工程施工测量专项方案执行。

（2）沟槽降水、沟槽开挖、边坡设置及沟槽支护等参照"管线基坑明挖土方"施工。

（3）验槽：基底标高、坡度、宽度、轴线位置、基底土质应符合设计要求。

四种钢筋混凝土排水管道的具体施工工艺如下。

A　承插式柔性接口混凝土排水管道

（1）管道基础。

1）土弧基础。采用土弧基础的排水管道铺设如图 3-27 所示。开槽后应测放中心线，人工修整土弧，土弧的弧长、弧高应按设计要求放线、施工，以保证土弧包角的角度。

2）砂砾垫层基础。采用砂砾垫层基础的排水管道铺设如图 3-28 所示。在槽底铺设设计规定厚度的砂砾垫层，并用平板振动夯夯实。夯实平整后，测中心线，修整弧形承托面，并应预留沉降量。垫层宽度和深度必须严格控制，以保证管道包角的角度。中粗砂或砂砾垫层与管座应密实，管底面必须与中粗砂或砂砾垫层及管座紧密接触。中粗砂或砂砾垫层与管座施工中不得泡水，槽底不得有软泥。

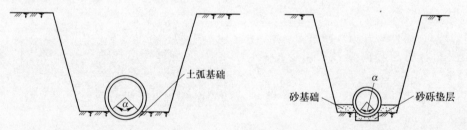

图 3-27　采用土弧基础的排水管道铺设　　图 3-28　采用砂砾垫层基础的排水管道铺设

3）四点支撑法。采用四点支撑法的排水管道铺设如图 3-29 所示。按设计要求在槽底开挖轴向凹槽（窄槽），铺设砂砾，摆放特制混凝土楔块，压实砂砾垫层（压实度同砂砾垫层基础），复核砂砾垫层和混凝土楔块高程。

（2）下管、稳管。

1）管道进场检验。管节安装前应进行外观检查，检查管体外观及管体的承口、插口尺寸，承口、插口工作面的平整度。用专用量径尺测量并记录每根管的承口内径、插口外径及其椭圆度，承插口配合的环向间隙应能满足选配的胶圈要求。

2）管道下管。采用专用高强尼龙吊装带，以免伤及管身混凝土。吊装前应

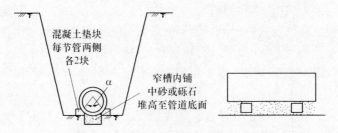

图 3-29　采用四点支承法的排水管道铺设

找出管体重心，做出标志以满足管体吊装要求。下管时应使管节承口迎向流水方向。下管、安管不得扰动管道基础。

3）稳管。管道就位后，为防止滚管，应在管两侧适当加两组 4 个楔形混凝土垫块。管道安装时应将管道流水面中心、高程逐节调整，确保管道纵断面高程及平面位置准确。每节管就位后应进行固定，以防止管子发生位移。稳管时，先进入管内检查对口，减少错口现象。管内底高程偏差在 ±10mm 内，中心偏差不得超过 10mm，相邻管内底错口不能大于 3mm。

（3）挖接头工作坑。在管道安装前，在接口处挖设工作坑，承口前不小于600mm，承口后超过斜面长，两侧大于管径，深度不小于 200mm，保证操作阶段管子承口悬空，如图 3-30 所示。

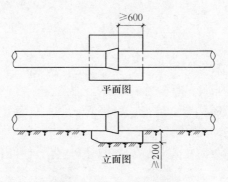

图 3-30　接口工作示意图

（4）对口。

1）清理管腔、管口。清除承插口内的所有杂物，并擦洗干净，然后在承口内均匀涂抹非油质润滑剂。

2）清理胶圈。将胶圈上的黏接物清擦干净，并均匀涂抹非油质润滑剂。

3）插口上套胶圈。密封胶圈应平顺、无扭曲。安管时，胶圈应均匀滚动到位，放松外力后，回弹不得大于 10mm，把胶圈弯成心形或花形（大口径）装入承口槽内，并用手沿整个胶圈按压一遍，确保胶圈各个部分不翘不扭，均匀一致卡在槽内。橡胶圈就位后应位于承插口工作面上。

4）顶装接口：①顶装接口时，采用龙门架，对口时应在已安装稳固的管子上拴住钢丝绳，在待拉入管子承口处架上后背横梁，用钢丝绳和倒链连好绷紧对正，两侧同步拉倒链，将已套好胶圈的插口经撞口后拉入承口中。注意随时校正胶圈位置和状况。②安装时，顶、拉速度应缓慢，并应有专人查胶圈滚入情况，如发现滚入不均匀，应停止顶、拉，用凿子调整胶圈位置，均匀后再继续顶、拉，使胶圈达到承插口的预定位置。③管道安装应特别注意密封胶圈，不得出现"麻花""闷鼻""凹兜""跳井""外露"等现象。倒链拉入法安管如图3-31、图3-32所示。

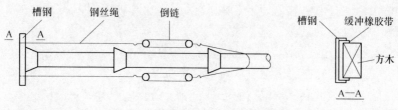

图 3-31　倒链拉入法安管示意图

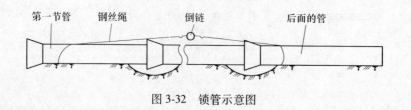

图 3-32　锁管示意图

5）检查中线、高程。每一管节安装完成后，应校对管体的轴线位置与高程，符合设计要求后，即可进行管体轴向锁定和两侧固定。

6）用探尺检查胶圈位置。检查插口推入承口的位置是否符合要求，用探尺伸入承插口间隙中检查胶圈位置是否正确。

7）锁管。铺管后为防止前几节管子的管口移动，可用钢丝绳和倒链锁在后面的管子上。锁管如图3-32所示。

B　平基法安装混凝土管

（1）浇筑混凝土平基。在验槽合格后应及时浇筑平基混凝土。平基混凝土的高程不得高于设计高程，不得低于设计高程超过 10mm，并对平基混凝土覆盖养生。

（2）下管。平基混凝土强度达到 5MPa 以上时，方可下管。大直径管道采用吊车下管，小直径管道也可采用人工下管。

（3）安管。安管的对口间隙，直径大于等于 700mm 时为 10mm，直径小于700mm 时可不留间隙。

（4）浇筑管座混凝土。浇筑管座混凝土前平基应凿毛冲洗干净，平基与管子接触的三角部位应用与管座混凝土同强度等级混凝土填捣密实，浇筑管座混凝土时应两侧同时进行，以防管子偏移。

（5）抹带。

1）水泥砂浆抹带。抹带及接口均用 1：2.5 水泥砂浆。抹带前将管口及管外皮抹带处洗刷干净。直径小于等于 1000mm 时，带宽 120mm；直径大于 1000mm 时，带宽 150mm，带厚均为 30mm。抹带分两层做完，第一层砂浆厚度约为带厚的 1/3，并压实使管壁粘接牢固，在表面划出线槽，以利于与第二层结合。待第一层初凝后抹第二层，用弧形抹子捋压成形，初凝前再用抹子赶光压实。抹带完成后，立即用平软材料覆盖，3~4h 后洒水养护。

2）钢丝网水泥砂浆抹带。带宽 200mm，带厚 25mm，钢丝网宽度 180mm。抹带前先刷一道水泥浆，抹第一层砂浆厚约 15mm，紧接着将管座内的钢丝网兜起，紧贴底层砂浆，上部搭接处用绑丝扎牢，钢丝网头应塞入网内使网表面平整。第一层水泥砂浆初凝后再抹第二层水泥砂浆，初凝前赶光压实，并及时养护。

3）预制套环石棉水泥接口。套环应居中，与管子的环向间隙用木楔背匀。填油麻位置要正确，宽为 20mm，油麻打口要实。填打油麻时，要少填多打，一般直径大于等于 600mm 时，用四填六打，即每次填灰 1/3，共三次，每次打四遍，最后用填灰找平，打两遍；直径小于 600mm 时，用四填八打，即每次填灰 1/3，共三次，每次打两遍，最后用灰找平，打两次。养护用湿草袋或湿草绳盖严，1h 后洒水，养护时间不少于 3d。

C 四合一法安装混凝土管

（1）支模、下管、排管。由于"四合一"施工法要在模板上滚运和排放管子，故模板安装应特别牢固。模板材料一般使用木模和组合钢模板，底模可用 150mm×150mm 的方木，模板内部可用方木临时支撑，外侧用铁钎支牢。若管道为 90°管座时，可一次支设组合钢模板，支设高度略高于 90°基础高度；如果是 135°及 180°管座基础，模板宜分两次支设，上部模板应待管子铺设合格后再安装。如图 3-33 所示。

（2）浇筑平基混凝土。平基混凝土应振捣密实，混凝土面作弧形，并高出平基面 20~40mm（视管径大小而定）。混凝土坍落度一般采用 20~40mm，稳管前在管口部位应铺适量的抹带砂浆，以增加接口的严密性。

（3）稳管。将管子从模板上移至混凝土面，轻轻揉动至设计高程，如果管子下沉过多，可将管子撬起，在下部填补混凝土或砂浆，重新揉至设计高程。

（4）管座混凝土。若平基混凝土和管座混凝土为一次支模浇筑，管子稳好

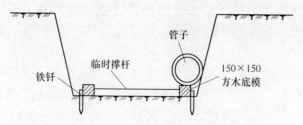

图 3-33 "四合一"法安管支模排管示意图

后，直接将管座的两肩抹平；分两次支设模板时，在管子稳好后支搭管座模板，浇筑两侧管座混凝土，补填接口砂浆，捣固密实，抹平管座两肩，同时用麻袋球或其他工具在管内来回拖动，拉平砂浆。

（5）抹带。管座混凝土浇筑完毕后立即进行抹带，使带和管座连成一体。抹带与稳管至少相隔 2~3 节管子，以免稳管时碰撞管子影响接口质量。抹带完成后随即勾捻内缝。

D 垫块法安装混凝土管

（1）预制混凝土垫块。垫块混凝土的强度等级同混凝土基础。垫块长等于管径的 0.7 倍，高等于平基厚度，允许偏差为 +0~-10，宽大于或等于高。每根管垫块个数一般为 2 个。"垫块法"安装管道如图 3-34 所示。

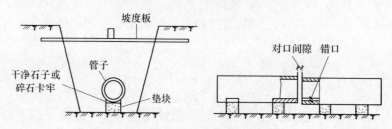

图 3-34 垫块法安管示意图

（2）在垫块上安管。垫块应放置平稳，高程符合要求；安管时，应及时将管子固定，防止管子从垫块上滚下伤人。

（3）管道其他做法同平基法施工。

E 闭水试验或闭气试验

（1）一般规定。管道闭水或闭气试验必须在沟槽回填土前进行。井室砌筑完成后，进行闭水试验的管段两头应用砖砌管堵，在养护 3~4d 达到一定强度后方可进行闭水试验。闭水试验的水位应为试验段上游管内顶以上 2m。闭水过程中同时检查管堵、管道、井身，无漏水和渗水，再浸泡 1~2d 后进行闭水试验。

（2）允许渗水量应符合表 3-6 的规定。

表 3-6 允许渗水量

序号	管径/mm	每 24h 允许渗水量 /m³·km⁻¹	序号	管径/mm	每 24h 允许渗水量 /m³·km⁻¹
1	≤150	6	15	1500	42
2	200	12	16	1600	44
3	300	18	17	1700	46
4	400	20	18	1800	48
5	500	22	19	1900	50
6	600	24	20	2000	52
7	700	26	21	2100	54
8	800	28	22	2200	56
9	900	30	23	2300	58
10	1000	32	24	2400	60
11	1100	34	25	2600	64
12	1200	36	26	2800	68
13	1300	38	27	3000	72
14	1400	40			

（3）混凝土管闭气检验方法。在缺水地区可采用闭气试验代替闭水试验对承插式柔性接口钢筋混凝土管道进行检验。管道密封后，向管道内充气至 2000Pa 以上，用喷雾器喷洒发泡液检查管堵对管口的密封时，不得出现气泡。管堵充气胶圈达到规定压力值后 2~3min，应无压力降。

（4）混凝土排水管道闭气试验闭气时间应符合表 3-7 的规定。

表 3-7 排水管道闭气试验标准

序号	管径/mm	管内压力/Pa		规定闭气时间/s
		起点	终点	
1	300			105
2	400			135
3	500			160
4	600			180
5	700	2000	≥1500	210
6	800			240
7	900			275
8	1000			320
9	1100			385
10	1200			480

F 沟槽回填

（1）回填前具备的条件。钢筋混凝土排水管道铺设后应在混凝土基础强度、接口抹带的接缝水泥强度达到 5MPa，闭水试验或闭气试验合格后进行。

（2）回填土料的要求。回填土料宜优先利用基槽内挖出的土，但不得含有有机杂质，不得采用淤泥或淤泥质土作为填料。回填土料应符合设计及施工规范要求，最佳含水率应通过试验确定。

（3）工作坑回填。管道安装就位后，应及时对管体两侧同时进行回填，以稳定管身，防止接口回弹，宜用最佳含水率的过筛细土填塞，采用人工方式夯打密实，当设计另有规定时，按设计要求填实两侧。管道承口部位下的工作坑应填入中粗砂或砂砾，用人工方式夯打密实。管道基础为弧土基础时，管道与基础之间的三角区应填实。

（4）回填按基底排水方向由高至低管腔两侧同时分层进行，填土不得直接扔在管道上。沟槽底至管顶以上 500mm 的范围均应采用人工还土，超过管顶 500mm 以上可采用机械还土，还土时分层铺设夯实。

（5）回填土虚铺厚度。回填土压实的每层虚铺厚度根据设计要求进行，如设计无要求，可通过试验段确定。

（6）夯实。回填土的夯实可采用人工夯实和机械夯实两种方法。夯实时，管道两侧同时进行，不得使管道位移或损伤。回填压实应逐层进行，管道两侧和管顶以上 500mm 范围内采用薄铺轻夯夯实，管道两侧夯实面的高差应不大于 300mm，管顶 500mm 以上回填应分层整平和夯实。采用木夯、蛙式夯等压实工具时，应夯夯相连，采用压路机时，碾压的重叠宽度不得小于 200mm。

（7）压实度的确定。沟槽回填土的压实度符合设计规定，如设计无规定，可通过试验段确定。

G 季节性施工注意事项

（1）冬期施工。

1）挖槽及砂垫层。挖槽捡底及砂垫层施工，下班前应根据气温情况及时覆盖保温材料，覆盖要严密，边角要压实。

2）管道安装。为了保证管口具有良好的润滑条件，最好在正温度时施工，以减少在低温下涂润滑剂的难度；在管道安装后，管口工作坑及管道两侧应及时覆盖保温，避免砂基受冻；施工人员在管上进行安装作业时，应采取有效的防滑措施；冬期施工进行石棉水泥接口时，应采用热水拌合接口材料，水温不应超过 50℃；管口表面温度低于-3℃时，不宜进行石棉水泥接口施工；冬期施工不得使用冻硬的橡胶圈。

3）闭水试验。闭水试验应在正温度下进行，试验合格后应及时将管内积水清理干净，以防止受冻。管身应填土至管顶以上约 0.5m，暴露的接口及管段应用保温材料覆盖。

4）回填土。胸腔回填土前，应清除砂中冻块，然后分层填筑，每天下班前均应覆盖保温，当气温低于-10℃时，应在已回填好的土层上虚铺300mm松土，再覆盖保温，以防土层受冻，在进行回填前如发现受冻，应先除掉冻壳，再进行回填。当最高气温低于0℃时，回填土不宜施工。

（2）雨期施工。

1）雨天不宜进行接口施工。如需施工时，应采取防雨措施，确保管口及接口材料不被雨淋。

2）沟槽两侧的堆土缺口，如运料口、下管马道、便桥桥头均应堆叠土埂，使其闭合，防止雨水流入基坑。

3）堆土向基坑的一侧边坡应铲平拍实，并加以覆盖，避免雨水冲刷。

4）回填土时要从两集水井中间向集水井分层回填，保证下班前中间高于集水井，有利于雨水排除，下班时必须将当天的虚土压实，分段回填，防止漂管。

5）采用井点降水的槽段，特别是过河段在雨季施工时，要准备好发电机，防止因停电造成水位上升出现漂管现象。

6）应在基槽底两侧挖排水沟，每40m设一个集水坑，及时排除槽内积水。

3.2.2 辅助构筑物的施工技术

3.2.2.1 砖砌检查井

A 施工原则

井底基础应与管道基础同时浇注。

砌筑井室时，用水冲净基础后，先铺一层砂浆，再压砖砌筑，必须做到满铺满挤，砖与砖间灰缝保持1cm。

排水管道检查井内的流槽应与井壁同时砌筑，当采用石砌时，表面应用砂浆分层压实抹光，流槽应与上下游管道接顺，管内底高程应符合工艺质量标准的要求。

砖砌圆形检查井应随时检测直径尺寸，当需要收口时，如为四面收进，则每次收进不应大于30mm；如为三面收进，则每次收进不应大于50mm。砌筑检查井的内壁应采用原浆勾缝，在有抹面要求时，内壁抹面应分层压实，外壁用砂浆搓缝并应压实。

砖砌检查井的踏步应随砌随安，踏步安装后在砌筑砂浆或混凝土未达到规定抗压强度前不得踩踏。

砖砌检查井的预留管应随砌随安，预留管的管径、方向、标高应符合设计要求，管与井壁衔接处应严密不得漏水，预留支管口应用低强度等级砂浆砌筑封口抹平。

当砖砌井身不能一次砌完，在二次接高时，应将原砖面的泥土杂物清理干净，再用水清洗砖面并浸透。

砖砌检查井接入圆管的管口应与井内壁平齐，当接入管径大于 300mm 时，应砌砖圈加固。管子穿越井室壁或井底，应留有 30~50mm 的环缝，用油麻、水泥砂浆、油麻-石棉水泥或黏土填塞并捣实。

砖砌检查井砌筑至规定高程后，应及时浇注或安装井圈，盖好井盖。

雨期砌筑检查井时，应在管道铺设后一次砌起井身。为了防止漂管，必要时可在检查井的井室底部预留进水孔，但还土前必须砌堵严实。

冬期砖砌检查井应有覆盖等防寒措施，并应在两端管头加设风挡，必要时可采用抗冻砂浆砌筑。对于特殊严寒地区，管道施工应在解冻后砌筑。

B　施工工艺

（1）施工准备。施工前应由现场测量人员现场复测，检查高程、尺寸是否符合设计要求；要求进场的所有材料有试验部送检的报告，MU15 砖吸水率不大于 20%，采用 425 水泥。黄沙含泥量不大于 5%。一旦发现不合格材料，不得使用，及时更换合格材料。

（2）砌筑井身。

1）砌筑之前用水冲净基础后，先铺一层砂浆，厚 1cm，再压砖砌筑。

2）砖砌体之间必须做到满铺满挤，砖与砖间灰缝保持 1cm。外缝应用砖渣嵌平。平整大面向外，砌完一层后，再灌一次砂浆，使缝隙内砂浆饱满，然后再铺浆砌筑上一层砖，上下两层砖之间竖缝错开。井内壁砖缝应采用缩口灰，井身砌完后，应将表面浮灰残渣扫净。

3）砌筑井身的同时，应同时安装包塑爬梯。不能直接安装在水平缝内，应保证连接处砂浆饱满、位置准确，踏步安装后，在砌筑砂浆未达到规定抗压强度前不得踩踏。包塑爬梯应保持在同一直线上，用线锤确保爬梯均在一条直线之上。

4）在砌筑检查井井身时，应预先预留管道洞口，由现场测量人员确定预留洞口的位置、标高，预留洞口的四周要用砂浆抹平。

5）检查井与管道相连接的上方，砌筑一圈砖拱圈。砌筑前应预先用水浸润砖块，使其在砌筑时具有足够的湿度。砌筑拱圈时，辐射方向的砌缝越向外越宽，最内圈的缝宽宜为 0.5~0.8cm，最外圈缝宽不宜超过 2cm。

6）管道检查井内的流槽应与井壁同时砌筑，当采用石砌时，表面应用砂浆分层压实抹光，流槽应与上下游管道接顺，管内底高程应符合工艺质量标准的要求，砌体不得有竖向通缝，必须为上下错缝，内外搭接。砖砌圆形检查井时，随时检测直径尺寸。当砖砌井身不能一次砌完，在二次接高时，应将原砖面的泥土杂物清理干净，再用水清洗砖面并浸透。

7）井室砌筑高度为管径 $D+1.8m$，自管底标高开始。井室砌筑完成后安装预制钢筋混凝土盖板。盖板安装时采用 1∶3 水泥砂浆座底，砂浆摊铺要平整均匀。盖板安装位置要准确，预留井口与井室一边对正，不允许出现错位或翘动现象。盖板安装完成后，开始砌筑井筒。

8）砌筑井筒时，井筒的高程要低于道路的结构层。

9）若检查井分多次砌筑，应在井口设置安全措施。井口要用板块或者钢板封住，同时四周要设置警戒的标志。防止闲杂的人靠近井口。

（3）抹面。

抹面前先用水浇湿砖面，然后采用二遍法抹面。分段抹面时，接缝要分层压茬。为了保证抹面三层砂浆整体性，因此分层时间最好在定浆后，随即抹下一层，更不得过夜，如间隔时间过长，应刷素浆一道，以保证接茬质量。抹面完成后，井顶应覆盖草袋，防止干裂。

C 质量标准

井壁砂浆必须饱满，灰缝平整，抹面压光不得有空鼓、裂缝等现象；井内流槽平顺，不得有建筑垃圾等杂物；井圈井盖必须完整无损、牢固平稳。

3.2.2.2 塑料检查井

塑料检查井施工工艺流程可参照如下步骤。

A 测量放线

采用全站仪进行施工控制测量，另外配置经纬仪和水准仪进行施工放样测量。开工前，首先根据监理人员提供的测量基准点及基本资料和数据，与监理人员共同进行复核测量，校对无误后，按工程的施工精度要求测量。

B 开挖井坑与铺设基础

井坑与管沟同时开挖，开挖时井座主管线应与管沟中管道在同一轴线；井坑边坡应与管沟边坡一致；井坑底开挖净尺寸不应小于技术规程中的相应规定；有沉泥室的雨水检查井井坑应根据选用的规格局部开挖沉泥室深度；井坑开挖应根据选用的规格，考虑井座主管线偏置因素，偏置端的坑壁应与管端齐平；管坑基底处理，按规范进行高程、平整度、地基承载力等项目的检查，垫层注意控制高程和水平；地下水位较高的地区或雨季施工，应有排水降低水位措施。塑料检查井设置位置的基坑开挖最小宽度应符合表 3-8 要求。基坑开挖应平整，不得扰动地基。

表 3-8　塑料检查井设置位置基坑开挖最小宽度　　　　　　（mm）

塑料检查井直径	基坑开挖最小宽度
200	400~500
315	500~600
400	600~800
500	1000~1200
600	1100~1300
700	1200~1500
1000	1500~1700

C　井座安装

（1）按照总平面施工图检查井坐标位置在施工现场对检查井定位；

（2）使用测锤确定井座的位置，使之与排水管成一直线，便于排水支管的连接；

（3）在确定了安装位置后应再确认坡度，试安装井座，并量测排水管的长度；

（4）井座应按排水管的坡度设置，井座安装应保持检查井的垂直度；

（5）先从接入管上游段起始安装，逐渐向下游支管、干管延伸，以井→管→井→管顺序安装。

D　接管安装

检查井与排水管安装应符合下列规定：

（1）用纱布擦干净连接管道的承口和插口，并除去端部的油、水、砂、泥等；沿管轴垂直面画切断标识线，用割刀切割管材；对照承口长度标记插入管子的标识线。

（2）当使用黏接连接时，用毛刷在承口内面和插口外面的标识线范围均匀地涂上黏合剂，并对准所接承口将插口一直插入到标识线位置，然后保持一段时间，溢出的黏合剂用纱布擦去。

（3）当使用橡胶圈连接时，应在橡胶圈承口内面及排水管表面涂敷润滑剂，并将排水管插入到橡胶圈承口的底部。

（4）采用溶剂型黏合剂，润滑剂采用非油性润滑剂，黏合剂、橡胶圈、润滑剂应使用指定产品。

（5）井座接头与管道连接施工方法应与同类型接头的管道连接的施工方法一致。

（6）当整个排水系统实施分段施工，检验和验收时，对连接下一项管段的接口应做临时封堵。

井座及接管安装如图 3-35 所示。

图 3-35　井座及接管安装图

E　井筒下料安装

检查井井筒的安装应符合下列规定：

（1）井座安装后立即安上井筒，上口应作临时封堵。

（2）按检查井的埋深需要在成品管材上切割的井筒，切口应平整，且与管轴线垂直。

（3）井筒插接时，不得使用重锤敲打，应采用专用收紧工具。

（4）测量从检查井承口下部到地面（或设计地面）的高度，再扣除井盖的有效高度，以这个尺寸切割井筒。并应使用倒角机对管外周进行倒角，再用墨水等标记插入标识线。

（5）应用纱布擦拭井筒的下部和塑料检查井承口部分，并除去井筒下部和塑料检查井承口部分的油、水、砂、泥等。

井筒下料及安装如图 3-36 所示。

F　马鞍开孔

当井筒安装完毕后，在井筒壁上进行开孔，便于排水管道接入，开孔采用专用开孔机进行，开孔前需要测量好接入位置和高程，并在井筒上做好标记，钻孔完毕后安装马鞍。当接入口有多个且位置不是很好时，可选用专用的汇合接头进行过渡接入井筒内。有些时候接入管道高程很低，可采用管底下部接入法，直接采用专用多口底座。

井筒开孔、马鞍安装如图 3-37 所示。

G　井盖安装

安装井盖应按检查井的输送介质确定，污水井盖与雨水井盖不得混淆。有防护盖座的污水检查井井筒上还应安装内盖。井盖安装完毕后应该杜绝挖掘机等施

图 3-36　井筒下料及安装图

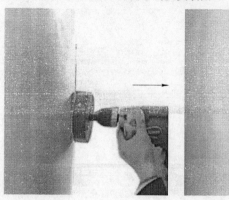

图 3-37　井筒开孔、马鞍安装图

工车辆碾压破坏，注意成品保护。

井盖安装如图 3-38 所示。

H　闭水试验

在管道、检查井安装验收合格后进行闭水试验，闭水试验的试验水头按埋地塑料管道工程的闭水试验方法进行。

I　井坑回填

（1）回填应在排水管线（含管道和检查井等）验收合格后进行；

（2）回填土时应使用砂和好土，每层虚铺厚度 300mm，分层夯实，并应回填至盖与地面相平；

（3）回填每一层都应对称夯实，保证井筒不致倾斜，其密实度应与管道回填一致；

（4）回填土不得回填淤泥、垃圾和冻土等，不得夹杂石块、砖及其他带有棱角的硬块物体。

图 3-38　井盖安装图

3.2.2.3　沉泥井

雨水井可按照井底是否落地分为落底式和不落底式。落底式雨水井也称沉泥井，是指连接管位于井底上部一定距离处，连接管以下区域可以截流污泥杂物等，防止管道淤塞。图 3-39 所示为圆形砖砌沉泥井剖面图（《06MS201-3 排

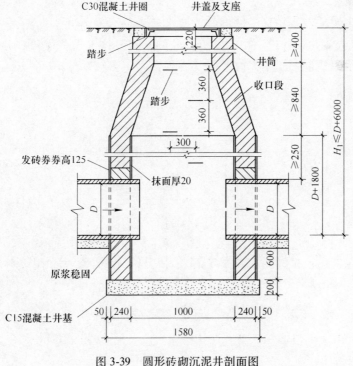

图 3-39　圆形砖砌沉泥井剖面图

水检查井》图集），连接管距井底 600mm。图 3-40 所示为塑料沉泥井井座实物图。

图 3-40　塑料沉泥井井座

3.2.2.4　溢流井

图 3-41 所示为《矩形钢筋混凝土蓄水池》堰式溢流井剖面图，一般新建管道中的堰式溢流井设计进、出水管标高相同，施工技术与普通检查井基本一致。图 3-42 所示为塑料溢流井实物图。

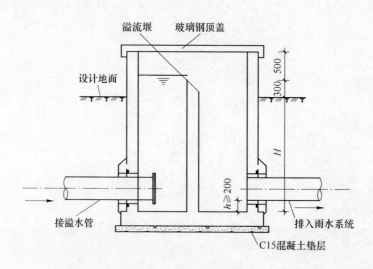

图 3-41　溢流井剖面图

图 3-42　塑料溢流井

3.3　村镇生活污水预处理方法

3.3.1　化粪池

3.3.1.1　化粪池工艺介绍

化粪池是一种利用沉淀和厌氧微生物发酵原理，以去除粪便污水或其他生活污水中悬浮物、有机物和病原微生物为主要目的的污水初级处理设施。污水通过化粪池的沉淀作用可去除大部分悬浮物（SS），通过微生物的厌氧发酵作用可降解部分有机物（COD 和 BOD_5），池底沉积的污泥需定期清掏，可用作有机肥。通过化粪池的预处理可有效防止管道堵塞，亦可有效降低后续处理单元的污染负荷。

该工艺具有结构简单、建造与运行成本低、维护管理简便、耐冲击负荷能力强等优点，但是化粪池处理效果有限，出水水质差，需经后续好氧生物处理单元或生态净水单元进一步处理。

化粪池可广泛应用于东南、华北、西北、西南、中南地区农村污水的初级处理，特别适用于水冲式厕所粪便与尿液的预处理。

3.3.1.2　化粪池类型

化粪池根据池子形状可以分为矩形化粪池和圆形化粪池。根据池子格数可以分为单格化粪池、两格化粪池、三格化粪池（图 3-43）和四格化粪池等，相同体积下，化粪池格数越多，工艺越细化，处理效果也越好，通常三格化粪池就可满足处理要求，是目前最常用的化粪池种类。其处理过程如下：污水首先由进水口排到第一格,在第一格里比重较大的固体物及寄生虫卵沉淀下来,利用池水中的厌氧细菌开始初步的发酵分解,经第一格处理过的污水可分为糊状粪皮、比较澄清的粪液和固体状的粪渣三层。经过初步分解的粪液流入第二格,同时漂浮在上面的粪皮和沉积在下面的粪渣留在第一格继续发酵。在第二格中,粪液继续发酵分解,虫卵继续下沉,病原体逐渐死亡,粪液得到进一步无害化,产生的粪皮和粪渣厚度比第一格显著减少。流入第三格的粪液一般已经腐熟,其中病菌和寄生虫卵已基本杀灭。第三格主要起暂时储存沉淀已基本无害粪液的作用,最后,经过沉淀的粪液通过排水管流入下一处理单元。

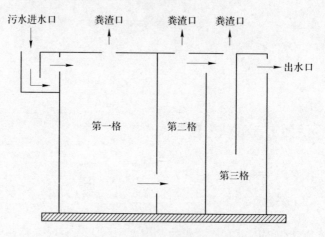

图 3-43 三格化粪池典型结构

化粪池根据建筑材料和结构的不同主要可分为砖砌化粪池(图 3-44)、现浇钢筋混凝土化粪池、预制钢筋混凝土化粪池(图 3-45)、玻璃钢化粪池(图 3-46)和塑料化粪池(图 3-47)等。

图 3-44 砖砌化粪池

图 3-45 预制钢筋混凝土化粪池

| 图 3-46　玻璃钢化粪池实物图 | 图 3-47　塑料化粪池 |

　　砖砌化粪池是由现浇钢筋混凝土底板、砖砌中间墙体、现浇顶板和预制顶板、人孔及其他小部件组成。由于它的中间部位都是砖砌体，随着时间推移，砖强度会下降，变得易碎；还有在寒冷地区受冻涨影响，保护层会脱落，这些都会产生渗漏问题。

　　预制钢筋混凝土化粪池的底板和池体是一体浇筑的，同时和现浇顶板、预制顶板、人孔还有小部件共同组成。由于它的整体性好，渗漏要比砖砌化粪池小得多。

　　玻璃钢化粪池是采用整体式玻璃钢池体，直接吊放到位。它的优点是施工速度快、整体性好、不易渗漏；缺点是内部结构没有砖砌和现浇化粪池合理，水处理效果不如砖砌和现浇化粪池好，此外，它的质量取决于池体玻璃钢的质量，如用劣质材料，则化粪池易坍塌，发生危险。对地下水防渗、上部承压有较高要求的农村地区可以使用增强型玻璃钢化粪池。

　　塑料化粪池是指由塑料材质（如聚乙烯（PE）、硬聚氯乙烯（UPVC）等）制成的一类化粪池，从化粪池的综合比较看，农村地区常用的砖砌化粪池已不能适应现在的环保要求，而塑料化粪池耐酸性、抗腐蚀，消除了砖砌池易渗漏、不适应酸性土质等的状况。其优点主要表现为：

　　（1）严密性好。新型材料整体化粪池密封性好，无渗漏、无污染，可保证地下水的纯洁性，提高环境保护功能。

　　（2）占地面积小。新型化粪池是砖砌化粪池面积的 45% ~ 55%，池内化粪容积约为砖砌化粪池的 1/3，而化粪功能可达到砖砌化粪池的 2/3，可大大节约建设成本，增加绿化面积，美化环境。

　　（3）选址灵活。新型化粪池更能适应目前住宅区工程煤气、上下水管、雨水、电话、电力、有线增多的状况，而且特别适宜旧城建筑区内化粪池的更新改造及迁移。

（4）耐酸抗碱。PE材料能耐酸抗碱，彻底消除了砖砌化粪池不耐酸抗碱的状况，加强了防腐功能，强度上也能满足5t的荷载要求，坚固耐用。

（5）质轻方便。易于安装施工和老城区化粪池的改造重建，易地搬迁十分方便。

（6）总成本低。新型化粪池物美价廉，经济成本与土建砖砌混池相比，总成本要低25%～55%。

农村地区要求化粪池易施工、成本低、耐用性强，因此可以考虑采用塑料化粪池进行污水收集与预处理。

3.3.1.3　塑料化粪池施工技术

塑料化粪池施工可参照如下步骤：

（1）土方开挖。开挖坑槽尺寸应根据化粪池容量大小进行开挖，施工方法应根据土壤类别实施，坑槽深度应根据室外管道标高确定。

（2）基层处理。将基底土层整平夯实后，浇筑10cm厚混凝土作为化粪池的基层，或者采用砖、木板。

（3）吊装化粪池及抗浮。将化粪池吊入坑内后，调整化粪池的平衡，进行安装进出水管，然后将化粪池灌水至排水口水平线。还需加挂抗浮耳线或埋设抗浮锚件。

（4）分层夯实回填。用周围的土将坑内所余空间填满至顶端。严禁使用建筑垃圾作为土壤回填，回填土中的石块应剔除，回填土应分层夯实，每层按30mm进行。宜用人工夯实，回填时切忌局部猛力冲击（如气夯等），必须使池子周围回填土密实。

（5）砌筑检查井。在化粪池进水口、检查口、清理口、出水口位置砌筑检查井至室外地面标高。

（6）地面处理。回填完毕后应立即对一体化塑料化粪池周围做高于路面的混凝土层，面积要求大于开挖面积。

3.3.2　沼气池

3.3.2.1　沼气池工艺介绍

污水净化沼气池（图3-48）通过采用厌氧发酵技术和兼性生物过滤技术相结合的方法，在厌氧和兼性厌氧的条件下将生活污水中的有机物分解转化成甲烷、二氧化碳和水，达到净化处理生活污水的目的，并实现资源化利用。农村沼气的推广不仅能有效解决农村生活燃料问题，而且能治理环境、恢复生态、促进农业和农村经济的发展。沼气池建设的经济效益在于沼气的综合利用，在新农村建设中，沼气在农业的可持续发展、村容村貌的改变、农民增收等方面具有积极的作用。

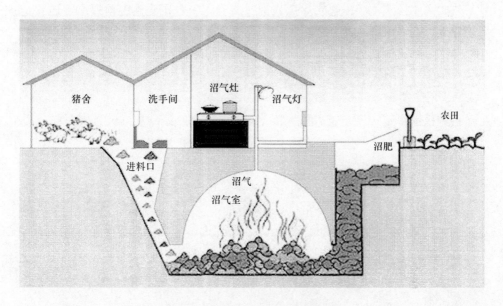

图 3-48　典型污水净化沼气池示意图

　　沼气池副产品沼渣和沼液是含有多种营养成分的优质有机肥，如果直接排放会对环境造成严重的污染，可回用到农业生产中，或后接污水处理单元进一步处理。沼液回用于农田时，北方地区贮存时间应不低于90d，南方地区贮存时间应不低于30d。沼渣进行堆肥时，沼渣经固液分离后含水率需小于85%，堆肥时间不小于2周。堆肥通常包括前处理、好氧发酵、后处理和贮存等过程。发酵前需与发酵菌剂、秸秆等混合，同时调节水分、碳氮比等指标，发酵过程中应不断翻堆，以促使其腐熟。粪便堆肥处理合适的有机物含量在20%~60%之间，含水率在40%~65%，温度50~65℃，初始碳氮比（20~40）:1，pH值中性或者弱碱性，堆肥时间10~30d，翻堆频率2~10d，发酵过程不少于7次。

　　污水净化沼气池与化粪池相比较，污泥减量效果明显，有机物降解率较高，经过厌氧发酵、上流式污泥床、生物过滤、沉淀、自然通风跌水曝气等多级处理，经历厌氧、兼性、好氧多种条件改变，处理效果更好。管理方便，投资少、见效快。该技术适用于一家一户或联户的分散式污水处理与资源化利用。

3.3.2.2　沼气池类型

　　生活污水净化沼气池排列大致有条型、矩形、圆形三种，可根据场地和地形情况选择不同的排列方式。

　　根据各地使用要求和气温、地质等条件，家用沼气池有固定拱盖的水压式池、大揭盖水压式池、吊管式水压式池、曲流布料水压式池、顶返水水压式池、分离浮罩式池、半塑式池、全塑式池和罐式池之分。形式虽然多种多样，但是归结起来大体均由水压式沼气池、浮罩式沼气池、半塑式沼气池和罐式沼气池 4 种基本类型变化形成。

A 固定拱盖水压式沼气池

固定拱盖水压式沼气池有圆筒形（图 3-49）、球形（图 3-50）和椭球形（图 3-51）三种池型。这些池型的池体上部气室完全封闭，随着沼气的不断产生，沼气压力相应提高。这个不断增高的气压，迫使沼气池内的一部分料液进到与池体相通的水压间内，使得水压间内的液面升高，从而使水压间的液面跟沼气池体内的液面产生一个水位差，这个水位差就称为"水压"（也就是 U 形管沼气压力表显示的数值）。用气时，沼气开关打开，沼气在水压下排出；当沼气减少时，水压间的料液返回池体内，使得水位差不断下降，沼气压力也随之相应降低。这种利用部分料液来回窜动，引起水压反复变化来贮存和排放沼气的池型，就称为水压式沼气池。

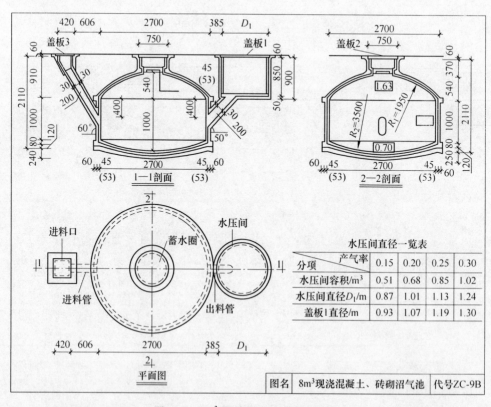

图 3-49 8m³ 圆筒形水压式沼气池型

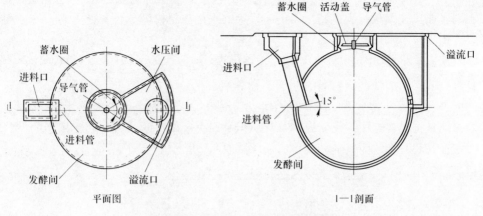

图 3-50　球形水压式沼气池构造简图

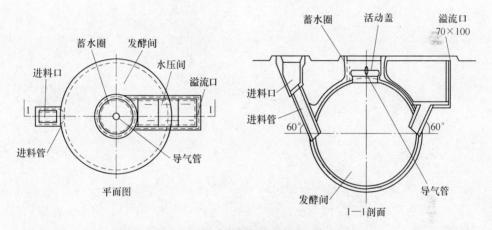

图 3-51　椭球形水压式沼气构造简图

水压式沼气池型有以下几个优点：

（1）池体结构受力性能良好，可以充分利用土壤的承载能力，所以省工省料，成本比较低。

（2）适于装填多种发酵原料，特别是大量的作物秸秆，对农村积肥十分有利。

（3）为便于经常进料，厕所、猪圈可以建在沼气池上面，粪便随时都能打扫进池。沼气池周围都与土壤接触，对池体保温有一定的作用。

水压式沼气池型同时也存在一些缺点：

（1）由于气压反复变化，而且一般在 4~16kPa（即 40~160cm 水柱）压力之间变化，对池体强度和灯具、灶具燃烧效率的稳定与提高都有不利的影响。

（2）由于没有搅拌装置，池内浮渣容易结壳，又难于破碎，所以发酵原料的利用率不高，池容产气率（即每立方米池容积一昼夜的产气量）偏低，一般产气率每天仅为 0.15m³/m³ 左右。

（3）由于活动盖直径不能加大，对发酵原料以秸秆为主的沼气池来说，大出料工作比较困难。因此，出料的时候最好采用出料机械。

B　中心吊管式沼气池

中心吊管式沼气池（图3-52）将活动盖改为钢丝网水泥进出料吊管，使其具有一管三用的功能（代替进料管、出料管和活动盖），简化了结构，降低了建池成本，又因料液使沼气池拱盖经常处于潮湿状态，故有利于其气密性能的提高；而且，出料方便，便于人工搅拌。但是，由于新鲜的原料常和发酵后的旧料液混在一起，导致原料的利用率有所下降。

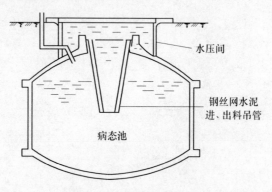

图3-52　中心吊管式沼气池

C　曲流布料水压式沼气池

曲流布料水压式沼气池（图3-53）不用秸秆作发酵原料，全部采用人、畜、禽粪便。原料的含水量在95%左右（不能过高）。该池型有如下特点：在进料口咽喉部位设滤料盘；原料进入池内由布料器进行半控或全控式布料，形成多路曲流，增加了新料扩散面，充分发挥池容负载能力，提高了池容产气率；池底由进料口向出料口倾斜；扩大池墙出口，并在内部设隔板，塞流固菌；池拱中央、天窗盖下部的吊笼输送沼气入气箱，并利用内部气压、气流产生搅拌作用，可缓解上部料液结壳；把池底最低点放在水压间底部，在倾斜池底作用下，发酵液可形成一定的流动推力，实现进出料自流，可以不打开天窗盖把全部料液由水压间取出。

D　无活动盖底层出料水压式沼气池

无活动盖底层出料水压式沼气池取消了活动盖，把沼气池拱盖封死，只留导气管，并且加大水压间容积，这样可避免因沼气池活动盖密封不严带来的问题。无活动盖底层出料水压式沼气池的构造如图3-54所示。沼气池为圆柱形，斜坡池底。它由发酵间、贮气间、进料口、出料口、水压间、导气管等组成。

该池型进料口与进料管分别设在猪舍地面和地下。厕所、猪舍及收集的人畜

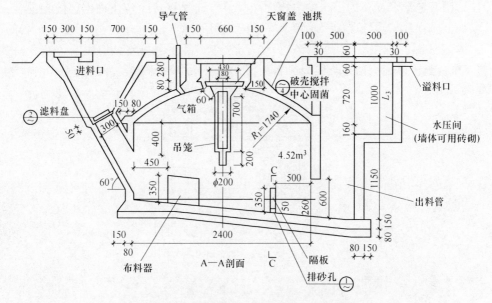

图 3-53 曲流布料水压式沼气池剖面图（单位：mm）

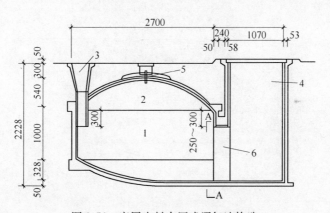

图 3-54 底层出料水压式沼气池构造

1—发酵间；2—贮气间；3—进料口；4—出料口、水压间；5—导气管；6—出料口通道

粪便由进料口通过进料管注入沼气池发酵间。出料口与水压间设在与池体相连的日光温室内，其目的是便于蔬菜生产施用沼气肥，同时出料口随时放出二氧化碳进入日光温室内促进蔬菜生长。水压间的下端通过出料通道与发酵间相通。池底呈锅底形状，在池底中心至水压间底部之间建造 U 形槽，下返坡度 5%，便于底层出料。出料口必须设置盖板，以防人、畜误入池内。

E 其他各种变形的水压式沼气池

除以上池形外，各地还根据各自的具体使用情况，设计了多种其他变形的水压式沼气池形。如：为了减少占地面积、节省建池造价、防止进出料液相混合、增加池拱顶气密封性能的双管顶返水水压式沼气池（图3-55）；为了便于出料的大揭盖水压式沼气池（图3-56）；便于底层出料的圆筒形水压式沼气池（图3-57）；为了多利用秸草类发酵原料而采用弧形隔板、干湿发酵的水压式沼气池（图3-58）。

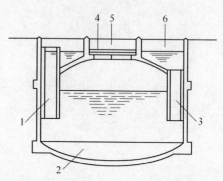

图 3-55　双管顶返水水压式沼气池简图
1—进料管；2—发酵池；3—出料联通管；4—活动盖；5—导气管；6—水压间

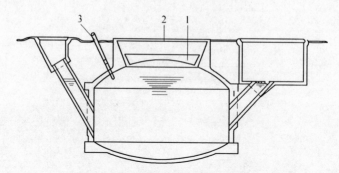

图 3-56　大揭盖水压式沼气池简图
1—大直径活动盖；2—蓄水池盖板；3—导气管

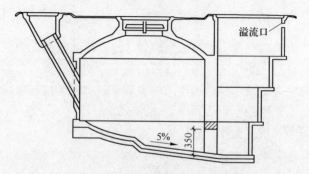

图 3-57　圆筒形水压式沼气池简图

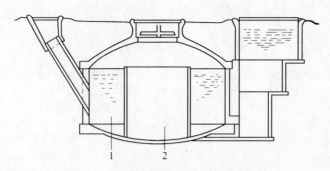

图 3-58　干、湿发酵水压式沼气池简图
1—湿发酵区；2—干发酵区

3.3.3　隔油池

隔油池属于重力分离法，它利用油和水的密度差及油和水的不相溶性，在静止或流动状态下实现油水、悬浮物与水分离。分散在水中的油珠在浮力作用下缓慢上浮、分层，油珠上浮速度取决于油珠颗粒的大小，油与水的密度差，流动状态及流体的黏度。

隔油池主要用于村镇地区农家乐等厨房洗涤废水的前处理。农家乐排放的厨房洗涤废水中主要有三类物质：各种剩菜、米饭、碎骨头、污泥、沙子及各类杂物等大颗粒固体废弃物；高浓度的动植物油脂；高浓度的可溶性有机物，如纤维素、淀粉、糖类和脂肪蛋白质等。通过简单沉淀过滤作用可去除第一类固体废弃物，在废水中留下难降解有机物的油脂和高浓度水溶性有机物，故在农家乐污水处理系统前设置隔油池作为预处理设备是有必要的。去除油脂后，BOD_5/COD 约为 $0.45 \sim 0.62$，可生化性较好。

因农家乐污水量小，设备维护专业需求高，很少用到大型有动力的隔油设备，一般可使用人工除油的简易平流隔油池（图 3-59）、斜板斜管隔油池（图 3-60），定期清理，清出的含其他有机杂质废油脂掺拌煤渣后可统一由垃圾处置系统处置。

3.3.4　逆流共聚气浮池

逆流共聚气浮池（图 3-61）是一种新型的气浮装置，它采用气液混合泵代替普通气浮池中的压力溶气气浮装置设备，气液混合泵具有边吸气边吸水的功能特点，通过泵内高速旋转的叶轮实现气体分散、气液混合和加压溶解。与现有技术相比，气液混合泵的功能相当于加压泵、空气压缩机、高压溶气罐等复杂设备，从而大大简化了装置结构，降低了噪声并缩减了电费成本，使之更适合单户使用,适用于单户家庭洗涤废水的处理回收以及农家乐商户的餐饮含油废水的处理。

图 3-59 平流式隔油池

图 3-60 斜板隔油池

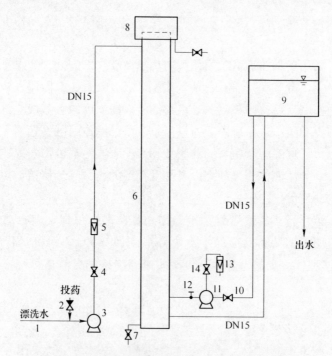

图 3-61 逆流共聚气浮工艺处理装置示意图

1—进水管;2—絮凝剂投加管;3—进水提升泵;4—进水阀门;

5—进水流量计;6—气浮反应器;7—排空管;8—集渣槽;

9—集水箱;10—回流水进水阀门;11—气液混合泵;

12—减压截止阀;13—进气量转子流量计;14—进气量调节阀

3.4 村镇生活污水治理模式

3.4.1 模式分类

根据调研情况，针对我国农村特点，本书提出四种污水治理的基本模式，在具体设计时可选择一种或多种模式的组合。

3.4.1.1 城镇纳管模式

如图3-62所示，将距离市政污水管网较近，且具备施工条件的农村生活污水通过村庄内部污水管道收集后接入市政管网，由市政污水处理厂统一处理。

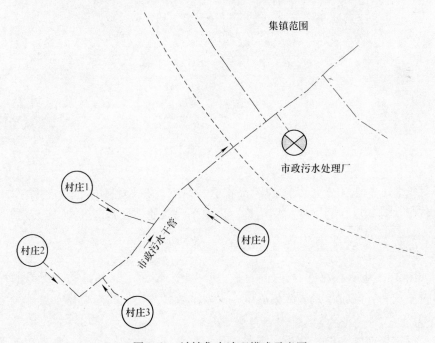

图 3-62 城镇集中治理模式示意图

该模式由于污水接入市政污水处理厂处理，农村污水水量占市政污水厂的比例很小，投资基本可以忽略不计，因此此种模式可省去末端站的建设费用，但是需要建设长距离的污水管道。

3.4.1.2 村庄自建集中模式

如图3-63所示，对集中居住的中心村、集居区或人口较多的自然村的农户产生的污水，通过村庄配套管网收集系统收集后通过村庄末端污水处理设施统一处理。该模式具体实施时又可分为全部集中与分片集中两种方式。

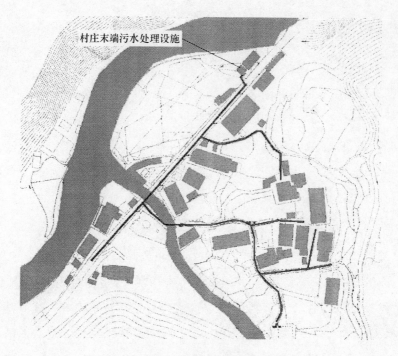

图 3-63　村庄自建集中治理模式示意图

该模式不需要建设长距离的污水管道，只需要建设村庄内部的污水收集系统，将污水收集后，通过在村庄附近建设末端污水处理设施即可。

3.4.1.3　村庄自建区域联片集中治理

如图 3-64 所示，邻近的几处村庄合建一处末端污水治理设施，周围的村庄通过村庄配套管网收集系统收集后统一进入区域联片建设的末端污水处理设施统一处理。

该模式是前两种模式的折中方案，几个距离较近的村庄合建一座末端处理设施，各个村庄的污水管道接入污水处理设施进行统一处理。村庄采用何种模式与村庄距离市政污水处理厂或其他村庄的距离有着直接的关系，需要进行分析计算。

3.4.1.4　分散模式

将单户或多户的污废水收集后，先经过化粪池预处理后，再通过渗沟土地处理。该模式投资适中，但需要住宅附近有一定场地，同时地下水位满足下渗要求。该模式适合不易铺管，无农肥需求的村庄。

单户粪便污水进入室外双瓮厕所处理，生活废水通过单独的渗井处理。该模

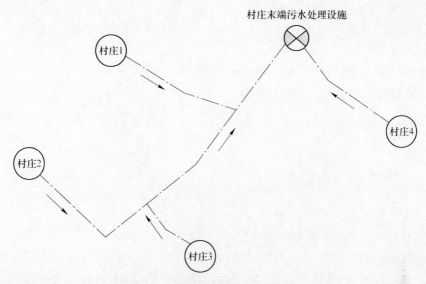

图 3-64　村庄自建区域联片集中治理模式示意图

式投资最小，相比第二种模式用地需求更小，但地下水位需满足下渗要求。该模式适合不易铺管，有农肥需求的村庄。

3.4.1.5　过渡模式

对于部分存在大片老房区，需逐步拆除重建的村庄，由于农村住宅的拆建往往缺乏统一规划，随拆随建，如果采用前面的治理模式，设施将缺乏长效性。因此，建议增设若干公厕，对粪便污水进行集中收集，生活废水通过单独的渗井处理。该模式投资小，既可满足治污要求，又能保证系统的长效性，适合作为老房区污水治理的过渡模式。

3.4.2　模式选择

3.4.2.1　村庄分类

模式的选择与村庄类别紧密相关，下面从 6 个方面对目标村庄进行分类，以探讨各类模式的适用范围。

A　人口规模

人口规模往往决定了村庄的发展前景，规模大的村庄对系统的长效性提出更高的要求；同时，这类村庄经济发展水平较高，可采用比较先进的有动力的处理设施。规模小的村庄则相反，根据村庄布点规划还可能逐渐萎缩或迁并，因此，可偏向采用过渡的治理模式。根据《村镇规划标准》，村庄按其在村镇体系中的地位和职能可分为基层村、中心村，规模按规划常住人口数量，可划分为大、中、小三级（表3-9）。

表 3-9　村庄规模分级　　　　　　　　　　（人）

村镇层次规模分级	村　庄	
	基层村	中心村
大型	>300	>1000
中型	100~300	300~1000
小型	<100	<300

B　村庄的形态

村庄的布局形态或集聚模式直接决定了污水治理系统方案的大方向，是影响管道工程量的重要因素之一。结合农村项目经验，可分成狭长型或线状（根据线状特征，又可分为单一线状、放射线状）和面状（根据居住密度又可分为松散型、一般型、密集型、高度密集型）两大类。

C　居住密度

居住密度一般跟居住区服务范围和人口数有关，居住密度越大，人均管网长度越短；反之居住密度越小，人均管网长度越长，所以居住密度直接影响管网的里程数，也就关系到管网工程的投资。按此面状可分为松散型、一般型、密集型、高度密集型。以浙江省安吉、天台、龙泉为例，其管网长度与居住密度存在一定的关联性，居住密度越大，人均管网长度越短。

对安吉、天台、龙泉三个县市的各村庄进行分析，如图3-65、图3-66所示，居住密度小于50人/hm²、50~70人/hm²、70~90人/hm²、大于90人/hm²占比均约为25%，村庄分类按居住密度划分为四类，具体见表3-10。

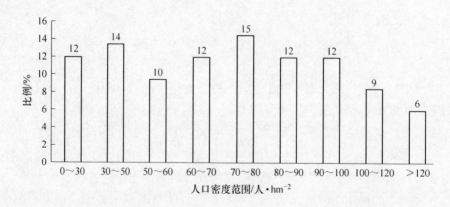

图 3-65　浙江省安吉、天台、龙泉村庄人口密度区间分布

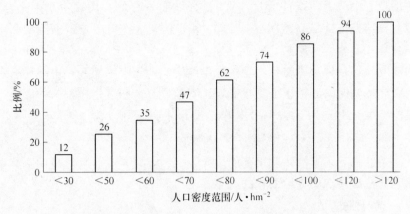

图 3-66 浙江省安吉、天台、龙泉村庄人口密度分布

表 3-10 村庄分类表

序号	人口密度/人·hm⁻²	占比/%
1	小于 50	26
2	50~70	21
3	70~90	27
4	大于 90	26

通过对村庄形态及人口居住密度分析，狭长型村庄的居住密度均小于 50 人/hm²。这主要是由于狭长型村庄所处位置往往是临河或者临山，村庄的扩张受到现状地形的限制，只能沿线状发展，不会形成大量人口的聚集。而根据已设计的狭长型村庄的人均管道长度统计结果来看，该类型村庄的人均管道长度在人口密度小于 50 人/hm² 的情况下仍有较大的变化范围，为了更准确地预测该种类型村庄的工程量，将狭长型的村庄根据居住密度细分为两类，具体见表 3-11。

表 3-11 狭长型村庄居住密度分类表

序号	人口密度/人·hm⁻²	占比（占狭长形村庄比例)/%
1	小于 25	55
2	25~50	45

D 地形条件

地形条件也决定了污水治理系统方案的大方向，主要是收集管网的走向和末端处理设施的选址。以浙江省宁波地区村庄为例，根据地形条件可分为：（1）平原型。一般位于平原地区或山坡坡脚处，地形坡度小于 5%。（2）山谷型。一般位于山坡上，以种植业为生，地形坡度一般大于10%，房屋呈台阶状分布，以阶梯连接，前后高差明显。（3）半平原半山谷型。介于平原型和山谷型之间，村庄一部分为平原型，一部分为山谷型。

村庄的地形条件会影响到管道的埋设深度，若是平原地区，可能还会涉及是否需要中途提升的问题，也会直接影响工程的投资，如果村庄都为丘陵地带，地形坡度基本都有1%左右，无需设置中途提升井泵。

E　地质条件

地质条件决定了末端治理工艺的选择，土壤类型和地下水位高低影响土地处理等工艺的选择及占用土地面积的大小。

F　功能区域

村庄所在的环境功能区域，决定了治理工艺所要达到的出水标准和排放要求。根据所处水环境功能区域，可分为水源水保护区村庄和非水源水保护区村庄。

3.4.2.2　模式选择

根据村庄分类的影响因素，可根据其与模式选择的关联紧密度进行区分。

第一类：主要包括村庄的布局形态和村庄的居住密度，这两个因素决定了管网的系统走向、分区分片方案、是集中处理还是分散处理等，是影响农村污水处理模式选择的主因。

以浙江省安吉、天台、龙泉为例，根据第一类因素对研究范围内村庄进行分类的案例见表3-12。

表 3-12　村庄分类表

序号	类型名称	村庄特征描述	人口密度/人·hm^{-2}	各类村庄占比/%
1	狭长松散型	村庄沿河或沿道路两侧发展，居民居住松散	小于25	5
2	狭长密集型	村庄沿河或沿道路两侧发展，居民居住松散	25~50	4
3	松散型	位于较边缘村庄或者村庄内房屋分布较为分散	小于50	12
4	低密集型	离集镇一定距离或经济较为一般的村庄	50~70	27
5	密集型	人口密度相比一般型村庄大，但低于高度密集型村庄	70~90	26
6	高度密集型	一般位于集镇边上或经济相对发达，居住密度较大，或者房屋层数较多，外来人口较多	大于90	21

第二类：主要包括人口规模、地形条件、地质条件、功能区域，其中，人口

规模主要决定末端设施的工艺和规模，地形条件主要决定管网的走向和系统布局，地质条件主要决定末端设施的具体施工，功能区域主要决定末端设施的出水标准，上述几个因素对治理模式的选择非主要因素。

在做农村污水区域规划或可研时，可根据第一类因素对村庄进行类别划分，在进行方案设计和投资估算时，可根据第二类因素对村庄进行进一步分析。

3.4.2.3　模式选择边界条件探讨

通过对治理模式和村庄进行定性分类，可以初步判断设计村庄适用的模式，但要做到量化的比较和选择，还需探讨治理模式适用的边界条件。以浙江省宁波市为例，其利用当地工程建设造价信息，建立相应的数值模型，作为治理模式选择的理论依据，主要研究了以下两个边界条件：

（1）集中与分散模式的经济距离。研究该边界条件的意义是量化分析不同户间距离情况下采用集中还是分散模式的经济性。分散模式下户均投资＝化粪池成本＋土地渗滤成本＋土建费用，集中模式下户均投资＝重力管线投资＋末端治理费用，又分道路全硬化与未硬化两种情况求解，计算结果表明：1）道路全硬化时，户均户外管线埋设距离超过18m时分散模式更经济；2）道路未硬化时，户均户外管线超过24m时分散模式更经济。

（2）集中模式下户均投资的控制距离。研究该边界条件的意义是在户均投资控制在一定额度时，即使分散模式更经济，但从便于统一管理、维持设施的长效性和治理效果的角度，有条件时，应优先考虑采用集中模式。分析国内外同类工程投资成本及宁波当地的经济条件，认为农村污水治理户均工程费用宜控制在5000元以内，对应的户均户外管线长度存在一个控制距离。户均工程费用＝（重力管线投资＋末端治理费用）/户数＋单户＋入户改造费用，分道路全硬化与未硬化两种情况求解，结果表明：1）道路全硬化时，户均户外管线不应超过34m；2）道路未硬化时，户均户外管线不应超过59m。

4 村镇生活污水处理系列技术

中国村镇生活污水治理最早始于"七五"期间太湖治理项目，至今已经走过近30年历程。期间各种形式的污水处理技术在村镇污水治理大舞台纷纷登台亮相，图4-1所示为当前中国村镇生活污水治理常用技术及所占比例。

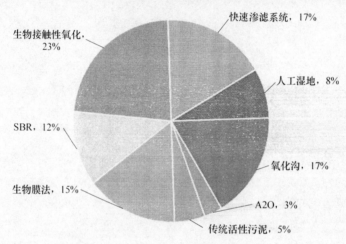

图4-1　当前中国村镇生活污水治理常用技术及所占比例

早期村镇生活污水处理工程大量采用生物接触氧化工艺，反映设计建设单位均参考城市生活污水处理方式。因为生物接触氧化工艺管理相对活性污泥法简便且抗冲击负荷能力较强，所以大量采用且占比最高（23%）。在实际工程应用实践中，生物接触氧化工艺因填料结团造成中心绳断裂现象普遍，填料框架腐蚀造成结构坍塌的问题多发，造成工艺出水水质不稳定不达标，目前应用日渐稀少；城市污水常用的传统活性污泥法以及 A2/O 工艺由于工程流程长，工艺调控复杂，应用比例偏低（8%），多用于处理规模在500m³/d 以上的乡镇生活污水处理工程；城市污水处理常用的其他工艺如 SBR、氧化沟等通常适用中小规模污水处理厂站，因此在乡镇污水处理厂仍有不少应用（12%和17%），但还是受限于运行管理的专业化水准要求高，推广应用的前景并不乐观。

城市生活污水处理不常用的生物膜法，特别是生物滤池工艺，具有工艺流程短、运行管理简单、处理效果稳定的优势，所以有较多应用（15%）；而相对更加简洁和运行费用更低的土地法处理工艺诸如人工快渗工艺、人工湿地工艺也有较多应用（17%和8%），但仍然面临渗滤堵塞、处理效果不稳定的问题。

近年来，设备化村镇生活污水处理技术快速发展。"七五"期间在太湖流域示范日本净化槽技术，虽然处理效果较好，但受制于高企的投资和运行费用未能大面积推广应用。后期国内环保企业消化吸收净化槽技术，已形成产业化发展模式。目前净化槽技术通过专利授权，又在中国市场发力推广应用。同时受净化槽技术启发，各种"罐"技术在市场需求的推动下不断推向市场，虽然以不同的商业形象运作，但万变不离其宗，多是以活性污泥工艺为主体，各处理单元间重力自流衔接，利用气提技术实现污泥回流，同时也有利用固定填料床生物滤池技术，自然通风充氧，利用回流泵实现硝化液回流的工艺。

总之，各种污水处理工艺其自身技术逻辑是完整可行的，运用到农村乡镇市场时务必围绕规模、投资、运行、管理维护的特点进行相应的技术改造，才有可能在村镇生活污水处理市场上得以推广应用。在中国当前的村镇生活污水处理市场的具体条件下，适用技术的选择是非常重要的。

4.1 活性污泥法污水处理技术

村镇生活污水处理工程规划设计过程应遵循的几个基本原则：

（1）根据村镇居住的人口密度、分布特点、地形地貌和地质条件等因素，确定合理的排水体制并与村镇总体规划相适应。

（2）污水收集应尽量利用地形实现重力自流排放和收集，尽可能缩短污水收集管线长度。

（3）管道布置应考虑水利条件、经济条件，及可实施性、可操作性。

（4）选用投资省、处理费用低、效果好和管理维护容易的适用技术。

本节重点介绍几种村镇生活污水处理常用的活性污泥法污水处理技术原理和特点，并提供相应的设计计算范例。

4.1.1 A²/O 工艺

4.1.1.1 工艺原理及特点

A²/O 工艺又称 A2O 工艺或 AAO 工艺（Anaerobic-Anoxic-Oxic，即厌氧-缺氧-好氧法的缩写），是一种最常用二级生物强化活性污泥处理工艺，具有良好的脱氮除磷效果。污水与回流污泥首先进入厌氧区（DO<0.2mg/L）完全混合形成混合液，通过厌氧生化过程，去除部分 BOD，而回流污泥中的聚磷微生物（聚磷菌等）释放出磷，满足微生物对磷的需求；混合液随后流入缺氧区（DO≤0.5mg/L），反硝化微生物以含碳有机物为碳源，将好氧区通过内循环回流的硝酸根还原为 N_2 释放从而实现反硝化脱氮；混合液再流入好氧区（DO，2~4mg/L），

污水中含碳有机物作为异养菌生长需要的基质在好氧条件下进一步降解，NH_3-N（氨氮）进行硝化反应生成硝酸根，同时水中的有机物氧化分解供给吸磷微生物以能量，微生物从水中超量吸收磷，经沉淀分离后以富磷污泥的形式从系统中排出实现生物除磷。

具有百年历史的活性污泥技术，已经占据污水处理生物法的主流地位，而 A^2/O 工艺又是活性污泥技术最经典和常用的工艺形式，它的特点如下。

优点：

（1）厌氧-缺氧-好氧三种不同的环境条件和微生物菌群的有机配合，可同时去除有机物和氮磷。

（2）采用连续流运行方式，系统运行稳定，设备利用率高。

（3）在厌氧-缺氧-好氧交替运行状态下，丝状菌通常不会大量繁殖，不易发生污泥膨胀，污泥沉降性能较好。

缺点：

（1）回流污泥中含有硝酸盐，对厌氧释磷过程有负面影响，从而影响生物除磷效果；剩余污泥中磷含量高，而排泥量又受工艺条件污泥龄的影响，所以除磷效率难以进一步提高。

（2）脱氮效率受碳源和混合液回流比影响，当回流比达到 200% 后脱氮效率难以进一步提高，而且生物除磷和脱氮之间相互矛盾，通常会采用较长污泥龄尽力保证脱氮效率。

（3）对于村镇污水处理而言，整个工艺控制比较复杂，对管理技术水平要求高。

近年来，随着技术的进步以及对出水水质要求的提高，又发展出了多种多段的 A/O 工艺，如倒置 A^2/O 法、Bardenpho 工艺、UCT 及改良型 UCT 工艺，这些工艺不仅对有机物有很好的降解，而且提高了脱氮效率，且对于磷的去除也有很好的效果。

4.1.1.2　设计范例

A　设计参数

（1）污水平均日流量：$Q = 500t/d = 5.79L/s$，取总变化系数 $K_z = 2.2$。

（2）污水最大日流量：$Q_{max} = K_z \times Q = 1100t/d = 0.013m^3/s$。

（3）设计进出水水质见表 4-1、表 4-2。

表 4-1　进水水质　　　　　　　　　　　　　　（mg/L）

COD_{Cr}	BOD_5	SS	TN	TP	氨氮
320	150	220	40	6	25

表 4-2　出水水质　　　　　　　　　　　　　　　　（mg/L）

COD$_{Cr}$	BOD$_5$	SS	TN	TP	氨氮
50	10	10	15	0.5	5（8）

注：本设计的校核全部参照《室外排水设计规范》（GB 50014—2006）；括号外数值为水温>12℃时的控制指标，括号内数值为水温≤12℃时的控制指标。

B　工艺流程

工艺流程图如图 4-2 所示，来水进入格栅、泵站及调节池合建的圆形池体，先通过格栅，之后在环形廊道式的调节池中循环流动，进入泵站集水池，由泵提升至 A^2/O 工艺，污水依次流过厌氧、缺氧、好氧池后进入二沉池，初步实现了脱氮除磷及 BOD 降解的目的，达到一级 B 标准，其中部分污泥由二沉池回流至厌氧池，部分硝化液由好氧池回流至缺氧池；最后污水进入微过滤设备进行深度处理，出水达到一级 A 标准。

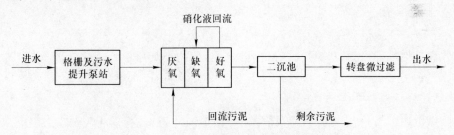

图 4-2　A^2/O 工艺处理农村污水工艺流程图

C　中格栅及污水提升泵站

a　工艺单元说明

中格栅设置于所有处理单元之前，用于拦截水中较大的悬浮物和漂浮物，保证污水提升泵及后续处理单元的正常运行。采用格栅槽与污水提升泵站合建，钢筋混凝土圆柱结构形式，受力条件好并可考虑采用沉井施工方式；通过适当增加水力停留时间并将集水池设计成循环推流反应器形式，有助于大分子有机物水解酸化，将污水提升泵站设计成复合调节池和水解酸化池功能的多功能构筑物。

b　设计计算

（1）中格栅。设计流量 0.013m^3/s，考虑防止杂物堵塞潜污泵流道，且因设计流量较小相应潜污泵规格不大，因此栅条间距暂取 b=5mm。

考虑到格栅槽施工便利，取格栅机有效宽度 0.3m，格栅槽净宽度 B=0.55m。

设栅前水深 h=0.5m，格栅槽设计流速 v_1=0.6m/s，查设计手册得格栅槽水力坡度 i_1=1.8‰。

由于格栅宽度较小，因此不设置栅前和栅后渐宽和渐窄的过渡段，设格栅前明渠长度为 1m，格栅后明渠长度为 2m；因为距离较短，明渠均设计成平底，按照明渠均匀流进行近似水力计算。

选用 HG-300 型号不锈钢材质回转格栅机，筛网安装倾角为 60°，其栅条数为 19，对应栅条间隙数为 $n = 20$。

1）实际过栅流速：

设计过栅流速 0.7m/s，实际过栅流速为 $v_2 = \dfrac{Q_{max}}{hbn} = \dfrac{0.013}{0.5 \times 0.005 \times 20} =$

0.26m/s。

2）污水过栅水头损失：

$$h_1 = \beta \left(\frac{s}{b} \right)^{\frac{4}{3}} \frac{v_2^2 \sin\alpha}{2g} k = 0.055\text{m}$$

式中　s——栅条厚度，取 0.01m；

　　　β——形状系数，取 2.42；

　　　k——格栅受污物堵塞时水头损失增大倍数，取 3。

设计地坪标高为 ±0.000m，格栅前水面标高为 -2.000m，则栅后水面标高为 -2.055m。

3）格栅槽及明渠总高度 H：

设格栅槽超高 $h_2 = 0.3$m，考虑格栅前水面标高 $h_0 = -2.000$m，得

$\qquad H = h_0 + h + h_1 + h_2 = 2.0 + 0.5 + 0.055 + 0.3 = 2.855\text{m}$

4）每日栅渣量 W：

$W_1 = 0.05\text{m}^3/10\text{m}^3$（查阅《给水排水设计手册》第五册，$W_1 = 0.10 \sim$ $0.05\text{m}^3/10\text{m}^3$）。

则每日栅渣量　$\quad W = \dfrac{Q_{日均} W_1}{1000} = 0.025\text{m}^3/\text{d} < 0.2\text{m}^3/\text{d}$

根据每日栅渣量较小特点虽可以采用人工清渣，但为降低运行成本，减少运行管理人员数量和劳动强度，仍选用自动机械清渣回转格栅。针对每日栅渣量较小的特点优化格栅机运行控制，设计成高峰用水时段间歇工作的自动控制运行模式。

（2）污水提升泵站。

为保证污水提升泵站运行可靠性，确定采用潜污泵自灌式启动的地下式污水提升泵站形式；将中栅格栅槽与污水提升泵站合建，采用圆形钢筋混凝土结构。

1）集水池设计计算。集水池设计停留时间为最高时流量条件下 2h，平均流量条件停留时间达到 4h 以上。

其有效容积　　　　$V = 0.013 \times 2 \times 3600 = 93.6\text{m}^3$

集水池有效水深 $h = 1.5\text{m}$ ，集水池的面积为：

$$F = \frac{V}{h} = \frac{93.6}{1.5} = 62.4\text{m}^2$$

确定平面尺寸：由 $F = \pi r^2$ ，可得集水池半径 $r = 4.46\text{m}$ ，取半径 $r = 4.5\text{m}$ 。集水池超高取 0.3m ，则集水池总高度为 1.8m 。

集水池内利用砖砌墙体构建环形推流式流道，流道末端安装污水提升泵，利用污水提升泵压水管上支管回流 20% 出水，从而获得循环流动的推流式酸化反应池的流态。

水力计算按明渠均匀流计算：

设流道宽度 $B = 1\text{m}$ ，水深 $h = 1.5\text{m}$ ，则湿周 $X = 2h + B = 4\text{m}$ ，水力半径 $R = \frac{A}{X} = \frac{1 \times 1.5}{4} = 0.375\text{m}$ 。

计算流量按回流量 20% 计算， $Q = (1 + 20\%) \times 0.013 = 0.0156\text{m}^3/\text{s}$ 。

由 $Q = Av$ ， $v = \frac{1}{n}R^{\frac{2}{3}}i^{\frac{1}{2}}$ （其中 n 为粗糙系数，取 0.013），得水力坡度 $i = 9.03 \times 10^{-9}$ ，由于水力坡度过小，且流道较短，取 $i = 0.1‰$ ，则近似计算出图4-4水深。

图4-3所示为格栅、泵站及调节池合建平面图，如图所示，来水进入明渠，通过①格栅，之后跌水进入渠道②，然后顺着环形渠道③、④流动，在④的尽头

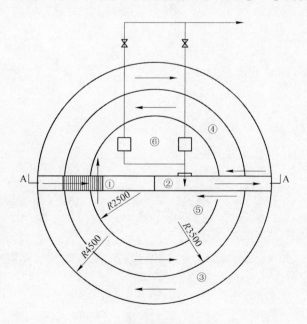

图4-3　格栅、泵站及调节池合建平面图

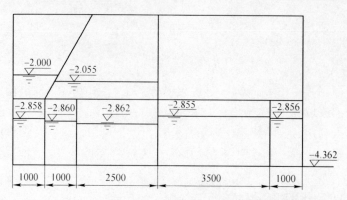

图 4-4 格栅、泵站及调节池合建 A—A 剖面图

进入集水池⑤，在集水池内流动进入水泵工作区域⑥，由水泵进行提升进入生化单元，其中有 20% 的水量通过水泵回流至渠道②循环流动。

2）水泵扬程估算。考虑 A²/O 反应器为半地下式构筑物，总高度暂时按 4m 考虑，其中地下部分 1m，地上部分 3m，水面标高为 2.5m，污水提升泵站集水池最低水位为 -4.410m，则水泵静扬程为：$h_1 = 2.5 - (-4.410) = 6.910m$。

污水提升过程总水头损失：

出水管设计流速 $v = 0.8m/s$，管径 DN = 150mm，沿程水头损失初步计算为：$h_f = \lambda \dfrac{l}{d} \dfrac{v^2}{2g}$。

根据《给水排水设计手册》第 1 册塑料给水管水力计算方法，有：

$$\lambda = \frac{0.25}{Re^{0.226}}$$

$$Re = \frac{\rho v d}{\mu} = \frac{1000 \times 0.8 \times 0.15}{1.002 \times 10^{-3}} = 1.198 \times 10^5$$

$$\lambda = \frac{0.25}{(1.198 \times 10^5)^{0.226}} = 0.0178$$

式中 μ——水的黏度，20℃时取 $1.002 \times 10^{-3}Pa \cdot s$。

则沿程损失：

$$h_f = \lambda \frac{l}{d} \frac{v^2}{2g} = 0.0178 \times \frac{20}{0.15} \times \frac{0.8^2}{2 \times 9.81} = 0.078m$$

式中 l——管道长度，设为 20m。

局部水头损失估算为沿程水头损失的 30%，总水头损失记为 0.150m，考虑安全水头 1.0m，则估算水泵总扬程为：

$$H = 6.910 + 0.15 + 1 = 8.060m$$

3）设备选型。选用 2 台 QW 型潜水排污泵，一用一备，该设备的主要性能规格及外形尺寸见表 4-3。

表 4-3　潜水排污泵性能规格

型号	流量 /m³·h⁻¹	扬程/m	转速 /r·min⁻¹	功率/kW	效率/%	出口直径 /mm
80QW50-10-3	50	10	1430	3	72.3	80

流量、扬程符合要求，根据出口直径 80mm 核算中格栅间隙按 $D/30$ 计算约为 2.67mm，实际格栅间隙取 5mm，基本符合要求。

D　超细格栅

污水提升泵出水进入超细格栅，超细格栅取代初沉池发挥一级处理的作用，可以节省污水处理厂的占地面积和施工周期。

拟选用 ZG-600x 型超细格栅，主要参数见表 4-4。

表 4-4　性能规格

参数型号	栅隙/mm	过水流量 /m³·h⁻¹	质量/kg	电机功率/kW	长度/mm	直径/mm
ZG-600x	1	125	380	1.1	6000	600

E　A^2/O 工艺

a　工艺单元说明

A^2/O 法是生物强化除磷脱氮的主流处理工艺，出水水质可以达到一级 B 标准。

b　设计计算

设一级处理 BOD、COD 的去除率均为 10%，SS 去除率为 40%，则 A^2/O 工艺进出水水质见表 4-5。

表 4-5　进出水水质　　　　　　　（mg/L）

项目	COD	BOD	SS	TN	TP
进水	288	135	132	40	6
出水	50	10	10	15	1

（1）基本参数。

污泥总产率系数：$Y_t = 0.5\text{kgMLSS/kgBOD}$

混合液悬浮固体浓度：（MLSS）$X = 4\text{g/L}$

混合液挥发性悬浮固体浓度：（MLVSS）$X_v = 2.8\text{g/L}$

MLSS 中 MLVSS 所占比例：$y = 0.7$

污泥自身氧化系数，20℃时：$k_{d20} = 0.05\text{d}^{-1}$

SS 污泥转化率：$f = 0.6\text{gMLSS/gSS}$

（2）池容计算。分两组计算，每组流量 550t/d，两组并联运行，便于故障时检修。有效水深 $h = 3.0\text{m}$，超高取 0.5m。

1）好氧池容积：

$$V_1 = \frac{Q_{\max}(S_0 - S_e)\theta_{co}Y_t}{1000X(1 + K_d \cdot \theta_{co})}$$

$$\theta_{co} = F\frac{1}{\mu}$$

$$\mu = 0.47\frac{N_a}{K_n + N_a}e^{0.098(T-15)}$$

式中　S_0——进口 BOD 浓度；

　　　S_e——出口 BOD 浓度；

　　　θ_{co}——好氧区设计污泥泥龄；

　　　F——安全系数，为 1.5~3.0；

　　　μ——硝化菌比生长速率；

　　　N_a——反应池中氨氮浓度，为 5mg/L；

　　　K_n——硝化作用中氮的半速率常数，取 1.0mg/L。

则　　　　　$\mu = 0.47 \times \dfrac{5}{1 + 5} \times e^{0.098(10-15)} = 0.24\text{d}^{-1}$

则　　　　　$\theta_{co} = 3 \times \dfrac{1}{0.24} = 12.5\text{d}$

考虑对污泥进行部分稳定，取 $\theta_{co} = 20\text{d}$，则好氧池容积：

$$V_1 = \frac{550 \times (135 - 10) \times 20 \times 0.5}{1000 \times 4 \times (1 + 0.05 \times 20)} = 86\text{m}^3$$

停留时间：　　　$t_1 = \dfrac{V_1}{Q_{\max}} = \dfrac{86}{550} = 0.156\text{d} = 3.8\text{h}$

好氧区的水力停留时间过小，按 $t_1 = 6\text{h}$ 计算，则好氧池实际容积：

$$V_1 = 550 \times \frac{6}{24} = 137.5\text{m}^3$$

则表面积：　　　　$A_1 = \dfrac{V_1}{h} = 45.8\text{m}^2$

取 $L_1 \times B_1 = 10\text{m} \times 5\text{m}$，采用二廊道式，廊道宽 $b_1 = 2.5\text{m}$。

校核长宽比、宽深比：长宽比 $\dfrac{L_1}{b_1} = \dfrac{10}{2.5} = 4$（规范 ≥ 4，符合要求），宽深比

$\dfrac{b_1}{h} = \dfrac{2.5}{3} = 0.83$（规范 1~2，略小）。

2）缺氧区容积（采用反硝化动力学计算）：

$$V_2 = \frac{0.001 Q_{max}(N_{ko} - N_{te}) - 0.12 \Delta X_v}{K_{de} X}$$

式中　N_{ko}——进水总凯氏氮浓度；

　　　N_{te}——出水总氮浓度；

　　　ΔX_v——排出系统的微生物量；

　　　K_{de}——脱氮速率，20℃时，取 $K_{de}(20) = 0.03(kgNO_3 - N)/(kgMLSS \cdot d)$。

$$\Delta X_v = \frac{y Y_t Q_{max}(S_0 - S_e)}{1000} = \frac{0.7 \times 0.5 \times 550 \times (135 - 10)}{1000} = 24.2 kg/d$$

则　　$V_2 = \dfrac{0.001 \times 550 \times (35 - 15) - 0.12 \times 24.2}{0.03 \times 4} = 67.5 m^3$

停留时间：$t_2 = \dfrac{V_2}{Q_{max}} = \dfrac{67.5}{550} = 0.122d = 2.9h$（规范 0.5~3h，符合要求）

$$A_2 = \frac{V_2}{h} = \frac{67.5}{3} = 22.5 m^2$$

取 $L_2 \times B_2 = 5.3m \times 4.4m$，设两个廊道，廊道宽 $b_2 = 2.2m$。

3）厌氧区容积：

设停留时间 $t_3 = 1.5h$，则

$$V_3 = Q_{max} \cdot t_3 = \frac{550}{24} \times 1.5 = 34.3 m^3$$

$$A_3 = \frac{V_3}{h} = 11.4 m^2$$

取 $L_3 \times B_3 = 5.3m \times 2.2m$，长度和宽度均与缺氧池相等，总停留时间 $T = t_1 + t_2 + t_3 = 6 + 2.9 + 1.5 = 10.4h$（规范 7~14h，符合要求）。

（3）剩余污泥量。

$$W = W_1 - W_2 + W_3$$

1）降解 BOD 生成污泥量

$$W_1 = Y_t Q_{max}(S_0 - S_e) = 0.5 \times 550 \times (0.135 - 0.01) = 34.4 kg/d$$

2）内源呼吸分解泥量

$$W_2 = K_d V_1 X_v$$

按最不利情况计算，取冬季平均温度 $T = 10℃$，则

$$K_{dT} = K_{d20} \times \theta_T^{(T-20)} = 0.05 \times 1.04^{(10-20)} = 0.034 d^{-1}$$

式中，θ_T 为温度系数，取 1.04，则

$$W_2 = K_{dT} V_1 X_v = 0.034 \times 137.5 \times 2.8 = 13.1 kg/d$$

3）不可生物降解和惰性悬浮物量（NVSS）。

该部分占总 TSS 约 50%，则

$$W_3 = 0.5Q_{max}(S_0 - S_e) = 0.5 \times 550 \times (0.132 - 0.01) = 33.6 \text{kg/d}$$

剩余污泥量

$$W = W_1 - W_2 + W_3 = 34.4 - 13.1 + 33.6 = 54.9 \text{kg/d}$$

每日生成活性污泥量

$$X_w = W_1 - W_2 = 34.4 - 13.1 = 21.3 \text{kg/d}$$

（4）每日需氧量。

$$
\begin{aligned}
AOR &= a'Q(S_0 - S_e) + b'N_r - b'N_D - c'X_w \\
&= a'Q(S_0 - S_e) + b'[Q(N_{k0} - N_{ke}) - 0.12X_w] - \\
&\quad b'[Q(N_{k0} - N_{ke} - N_{oe}) - 0.12X_w] \times 0.56 - c'X_w \\
&= 1 \times 550 \times (0.135 - 0.01) + 4.6 \times [550 \times (0.035 - 0.005) - \\
&\quad 0.12 \times 21.3] - 4.6 \times [550 \times (0.035 - 0.005 - 0.01) - 0.12 \times 21.3] \times \\
&\quad 0.56 - 1.42 \times 21.3 \\
&= 80.89 \text{kgO}_2/\text{d} \\
&= 3.37 \text{kgO}_2/\text{h}
\end{aligned}
$$

式中　a'，b'，c'——分别为 1，4.6，1.42；

　　　　N_{oe}——出水硝酸盐浓度，取 10mg/L；

　　　　N_{k0}，N_{ke}——进、出水凯氏氮浓度，分别取 35mg/L 和 5mg/L。

去除 1kg BOD 需氧量：$\dfrac{80.89}{550 \times (0.135 - 0.01)} = 1.18 \text{kgO}_2/\text{kgBOD}$（该数值满足《室外排水设计规范》（GB 50014—2006）需氧量在 1.1～1.8kgO$_2$/kgBOD 的要求）。

（5）鼓风机计算。

1）空气量计算：

按照夏季最热月平均水温（30℃）计算空气量。采用鼓风曝气，微孔曝气器敷设于池底，距池底 0.25m，曝气器水上静压 H 为 2.75m，氧总转移系数 α 取 0.7，氧在污水中饱和溶解度修正系数 β 取 0.95，污水中原始溶解氧浓度 c 取 2mg/L，氧利用率 E_A 取 20%，30℃时水中溶解氧饱和度 c_s 为 7.56mg/L，曝气器堵塞系数 F 取 0.8。

扩散器出口处绝对压力：

$$p_d = p + 9.8 \times 10^3 H = 1.013 \times 10^5 + 9.8 \times 10^3 \times 2.75 = 1.13 \times 10^5 \text{Pa}$$

空气离开曝气水面时，气泡含氧体积分数：

$$\varphi_0 = \frac{21(1 - E_A)}{79 + 21(1 - E_A)} \times 100\% = \frac{21 \times (1 - 0.2)}{79 + 21 \times (1 - 0.2)} \times 100\% = 17.5\%$$

30℃时曝气池混合液中平均氧饱和度：

$$\bar{c}_s = c_s \left(\frac{p_d}{2.026 \times 10^5} + \frac{\varphi_0}{42} \right) = 7.56 \times \left(\frac{1.13 \times 10^5}{2.026 \times 10^5} + \frac{17.5}{42} \right) = 7.37 \text{mg/L}$$

将计算的需氧量换算为30℃时的充氧量 SOR：

$$SOR = \frac{AOR \cdot \bar{c}_s}{\alpha(\beta\rho c_s - c) \times 1.024^{(T-20)}F}$$

$$= \frac{80.89 \times 7.37}{0.7 \times (0.95 \times 1 \times 7.56 - 2.0) \times 1.024^{(30-20)} \times 0.8}$$

$$= 162.1 kgO_2/d$$

$$= 6.8 kgO_2/h$$

曝气池供气量

$$G_s = \frac{SOR}{0.28E_A} = \frac{6.8}{0.28 \times 20\%} = 121.4 m^3/h = 2.02 m^3/min$$

2）风压计算：

曝气阻力取 250mmH$_2$O，管阻损耗取 1500mmH$_2$O，则风压 = 2750 + 250 + 1500 = 4500mmH$_2$O。

两组池体选取两台 BK5003 型罗茨风机，参数如下：

风量：2.90m^3/min

风压：5000mmH$_2$O

转速：1250r/min

轴功率：4.86kW，配套电机 5.5kW

（6）曝气器计算。

$n = \dfrac{SOR}{q_c}$，q_c 为充氧能力，kgO$_2$/（h·个）。

拟采用盘式膜片微孔曝气器，主要参数如下：

曝气器尺寸：ϕ215mm

服务面积：0.25～0.55m^2/个

曝气膜片运行平均孔隙：80～100μm

空气流量：1.5～3m^3/（个·h）

氧总转移系数：KLa（20℃）= 0.204～0.337min^{-1}

氧利用率：（水深 3.2m）18.4%～27.7%

充氧能力：0.112～0.185kgO$_2$/（h·个）

充氧动力效率：4.46～5.19kgO$_2$/（kW·h）

曝气阻力：180～280mmH$_2$O

取 q_c = 0.14kgO$_2$/（h·个）

则需要曝气器数量 $n = \dfrac{6.8}{0.14} = 49$，取 $n = 50$。

有两组池体，所以共需曝气器 $N = 100$。

F 二沉池

a 工艺单元说明

二沉池的作用是泥水分离使经过生物处理的混合液澄清，同时对混合液中的污泥进行浓缩。二沉池是污水生物处理的最后一个环节，起着保证出水水质悬浮物含量合格的决定性作用。由于流量较小，本次设计采用平流式二沉池。

b 设计计算

设两座二沉池，并联运行。

池子总表面积：设表面负荷 $q = 1.0 \mathrm{m^3/(m^2 \cdot h)}$，沉淀时间 $t = 2\mathrm{h}$。

$$A = \frac{Q_{\max}}{q} = \frac{550}{24 \times 1.0} = 22.9 \mathrm{m^2}$$

（1）沉淀池有效水深：

$$h_2 = q \cdot t = 1.0 \times 2 = 2\mathrm{m}$$

（2）沉淀池有效容积：

$$V = Q_{\max} \cdot t = \frac{550}{24} \times 2 = 45.8 \mathrm{m^3}$$

（3）池长、池宽：设长宽比为 4，可取 $L \times B = 10\mathrm{m} \times 2.5\mathrm{m}$。

（4）校核长宽比、长深比：

$\dfrac{L}{B} = \dfrac{10}{2.5} = 4$（规范≥4，符合要求），$\dfrac{L}{h} = \dfrac{10}{2} = 5$（规范≥8，较小）

（5）污泥区尺寸：

设污泥回流比 $R = 0.6$，$X = \dfrac{R}{1+R} X_{\mathrm{r}}$

$$X_{\mathrm{r}} = (1 + \frac{1}{R})X = (1 + \frac{1}{0.6}) \times 4 = 10.67 \mathrm{g/L}$$

式中　X_{r}——回流污泥浓度，g/L。

设排泥时间间隔 $T = 2\mathrm{h}$，则污泥部分所需容积：

$$V = \frac{2(1+R)Q_{\max}XT}{X + X_{\mathrm{r}}} = \frac{2 \times (1+0.6) \times 550 \times 4 \times 2}{(4+10.67) \times 24} = 40 \mathrm{m^3}$$

（6）污泥斗容积：

$$V' = \frac{h_4(f_1 + f_2 + \sqrt{f_1 f_2})}{3}$$

式中　f_1——污泥斗上口面积，$\mathrm{m^2}$；

　　　f_2——污泥斗下底面积，$\mathrm{m^2}$；

　　　h_4——污泥斗高度。

取 $f_1 = 0.8 \times 0.8 = 0.64 \mathrm{m^2}$，$f_2 = 0.3 \times 0.3 = 0.09 \mathrm{m^2}$，污泥斗为方斗，$\alpha = 55°$，

则 $h_4 = \dfrac{0.8 - 0.3}{2} \times \tan 55° = 0.36\text{m}$。

$$V' = \dfrac{0.36 \times (0.64 + 0.09 + \sqrt{0.64 \times 0.09})}{3} = 0.12\text{m}^3$$

（7）沉淀池总高度：

污泥斗共 3 个，用砖砌成，采用重力排泥，缓冲层高 $h_3 = 0.5\text{m}$，超高 $h_1 = 0.5\text{m}$，$H = h_1 + h_2 + h_3 + h_4 = 0.5 + 2 + 0.5 + 0.36 = 3.36\text{m}$。

A^2/O 生化池和二沉池进行合建，以减少占地面积以及成本，如图 4-5、图 4-6 所示。

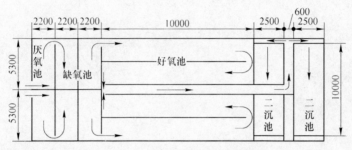

图 4-5　A^2/O 及二沉池合建平面图

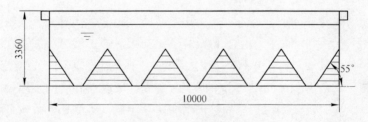

图 4-6　二沉池剖面图

G　转盘微过滤

由于流量较小，二沉池出水采用转盘微过滤装置进行深度处理，以节省占地面积、施工周期以及成本。主要去除 SS，结合投加 PAC 可去除部分磷、浊度、COD 等污染物，可以使出水从一级 B 达到一级 A。

选用 ZPL-Ⅱ-2000-1 型全浸式转盘过滤装置，主要技术参数见表 4-6。

表 4-6　ZPL-Ⅱ-2000-1 型全浸式转盘过滤装置性能规格

流量/t·d^{-1}	直径/mm	进水 SS/mg·L^{-1}	出水 SS/mg·L^{-1}	平均滤速/m^3·(m^2·h)$^{-1}$	水头损失/m	有效过滤面积/m^2	反冲洗水量/%	反抽吸强度/L·(m^2·s)$^{-1}$
1250	2000	≤20	≤5	≤15	0.3	5.7	≤1	333

二沉池出水流入转盘式微过滤系统进行深度处理。污水通过转盘式微过滤器

的中心转鼓重力自流到过滤段，在过滤期间，固体悬浮物被过滤器滤布截留。截留的固体污染物将会阻碍进水，当转鼓中的水位上升到一定值时，将会触发液位传感器，启动转鼓转动，同时反冲洗系统开始工作（正常情况下，过滤器是静止的），高压水冲下的固体物将收集到固体收集槽中，排入前处理工序段。

除磷所需投加的 PAC 量：设 A^2/O 出水后 TP = 1mg/L，一级 A 的出水标准 TP 为 0.5mg/L，则需要去除的 TP 为 0.5mg/L。由 $Al^{3+} + H_n PO_4^{(3-n)-} = AlPO_4 \downarrow + nH^+$ 可知，去除 1mol 磷消耗 1mol 铝，铝和磷的摩尔质量比为 27/31 = 0.87，则理论需铝量为 0.5×0.87 = 0.435mg/L，投加系数设为 2.5（《室外排水设计规范》）实际需铝量为 0.435×2.5 = 1.09mg/L；购买 PAC 固体中 Al_2O_3 有效含量约为 28%，有效含铝量为 14.8%，则所需投加的 PAC 量为 $\dfrac{1.09 \times 1100}{1000 \times 14.8\%}$ = 8.10kg/d。

4.1.2　SBR 工艺

4.1.2.1　工艺原理及特点

SBR 工艺（Sequencing batch reactor activated sludge process）是序批式活性污泥法的简称，将调节池、曝气池和二沉池的功能集于一池，进行水质水量调节，微生物降解有机物和固液分离。SBR 采用了时间分割的操作方式来代替空间分割的操作方式，用非稳态生化反应代替稳态生化反应，静置理想沉淀替代传统的动态沉淀。SBR 工艺通过在一个构筑物内利用时间序列运行模式的交替实现传统活性污泥法整个工艺流程，同时具有空间上完全混合反应器和时间上序列间歇反应器的特点。SBR 工艺一个运行周期分进水期、反应器、沉淀期、排水期和闲置期五个阶段。

SBR 工艺的优点：

（1）生化反应池与二沉池合建，无需回流污泥，整体布置紧凑，可以节省占地面积。

（2）对进水水质、水量的波动具有较好的适应性，缓冲能力强，抗污泥膨胀性能较好；处理效果好，具有脱氮除磷功能。

（3）采用静置沉淀、滗水器技术、固液分离方式，沉淀和分离效率高，出水悬浮固体浓度低。

SBR 工艺的不足：

（1）不能连续进水，必须采用多组池并联运行的工作模式；

（2）对自控要求高，对操作人员技术水平要求较高，维护管理复杂程度高；

（3）设备闲置率高。

4.1.2.2 设计范例

A 设计条件

污水平均日流量: $Q = 500t/d = 5.79L/s$, 取总变化系数 $K_z = 2.2$。

污水最大日流量: $Q_{max} = K_z \times Q = 0.013m^3/s$。

设计进出水水质见表 4-7、表 4-8。

表 4-7 进水水质 （mg/L）

COD$_{Cr}$	BOD$_5$	SS	TN	TP	氨氮
320	150	220	40	6	25

表 4-8 出水水质 （mg/L）

COD$_{Cr}$	BOD$_5$	SS	TN	TP	氨氮
50	10	10	15	0.5	5 (8)

注: 本设计的校核全部参照《室外排水设计规范》（GB 50014—2006）; 括号外数值为水温>12℃时的控制指标, 括号内数值为水温≤12℃时的控制指标。

B 工艺流程

工艺流程简图如图 4-7 所示, 其中中格栅、泵房和调节池合建, 以减小占地, 二级处理出水进入微过滤器进行三级处理, 从而达到除磷的目的。

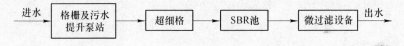
进水 → 格栅及污水提升泵站 → 超细格 → SBR池 → 微过滤设备 → 出水

图 4-7 SBR 工艺处理农村污水工艺流程图

C 中格栅及污水提升泵站

同本书 A^2/O 工艺"中格栅及污水提升泵站"设计计算。

D SBR 池计算

设一级处理 BOD、COD 的去除率均为 10%, SS 去除率为 40%, 则 SBR 工艺进出水水质见表 4-9。

表 4-9 SBR 池进出水水质 （mg/L）

项目	COD	BOD	SS	TN	TP
进水	288	135	132	40	6
出水	50	10	10	15	1

设计两座 SBR 池并联运行, 每座 SBR 池设计流量 250m^3/d; 反应器个数 $n_1 = 2$; 周期时间 $t = 6h$, 每天周期数 $n_2 = 4$ 次; 每周期分进水、曝气、沉淀、排

水四个阶段；进水时间 $t_e = \dfrac{24}{n_1 \times n_2} = 3h$；设排水时间 $t_d = 0.5h$，曝气池滗水高度 $h_1 = 1.5m$，安全水深 $\varepsilon = 0.5m$，据此选择滗水设备，参数见表4-10。

表4-10　滗水器设备参数

型　　号	处理水量/$t \cdot h^{-1}$	滗水深度/mm
QFT-10	10	500~4000

设污泥浓度 $X = 4000mg/L$，污泥界面沉降速度 $u = 46000X^{-1.26} = 1.33m/h$；则沉淀时间：$t_s = (h_1 + \varepsilon)/u = 1.53h$，考虑到排水时间污泥仍然在沉淀，所以设计沉淀时间 t_s 为 1.0h，加上排水时间 t_d 的 0.5h，实际沉淀时间为 1.5h；曝气时间 $t_a = t - t_e - t_s - t_d = 6 - 3 - 1 - 0.5 = 1.5h$；反应时间比 $e = t_a/t = 0.25$。

（1）曝气池体积 V 计算。

1）估算出水溶解性 $BOD_5(S_e)$：

$$S_e = S_z - 7.1K_d f C_e = 10 - 7.1 \times 0.05 \times 0.75 \times 10 = 7.34mg/L$$

式中　S_z——出水 BOD_5 数值，为 10mg/L；

　　　K_d——活性污泥自身氧化系数，取 0.05；

　　　f——出水 VSS/SS 比值，取 0.75；

　　　C_e——出水 SS 的数值，为 10mg/L。

2）曝气池体积 V：

$$V = \frac{Y\theta_c Q(S_0 - S_e)}{eXf(1 + K_d\theta_c)} = \frac{0.5 \times 16 \times 250 \times (135 - 7.34)}{0.25 \times 4000 \times 0.75 \times (1 + 0.05 \times 16)} = 189.126m^3$$

式中　Y——活性污泥产率系数，取 0.5；

　　　θ_c——污泥龄，取 16d；

　　　Q——单池处理水量，取 250m^3/d；

　　　S_0——二级处理前 BOD_5 数值，为 135mg/L；

　　　X——混合液 MLSS 浓度，取 4000mg/L。

3）复核污泥负荷：

$$N_s = \frac{QS_0}{eXV} = \frac{250 \times 135}{0.25 \times 4000 \times 189.126} = 0.178kgBOD_5/kgMLSS$$

4）设计 SBR 池总高度为 4.0m，设超高为 0.5m，有效水深 $H = 3.5m$，复核滗水高度：

$$\frac{HQ}{n_2V} = \frac{3.5 \times 250}{4 \times 189.126} = 1.16m < h_1 = 1.5m（满足要求）$$

5）SBR 池面积：

$$A = \frac{V}{H} = 54m^2$$

（2）剩余污泥量。

1）生物污泥产量：

按最不利情况计算，取冬季平均温度 $T = 10℃$ 时，

$$K_{d10} = K_{d20} \times 1.04^{(T-20)} = 0.034 d^{-1}$$

$$\Delta X_v = YQ \frac{S_0 - S_e}{1000} - \frac{ek_d VfX}{1000}$$

$$= 0.5 \times 250 \times \frac{135 - 7.34}{1000} - \frac{0.25 \times 0.034 \times 189.126 \times 0.75 \times 4000}{1000}$$

$$= 11.18 kg/d$$

2）剩余非生物污泥量：

$$\Delta X_s = Q(1 - f_b f) \times \frac{C_0 - C_e}{1000} = 250 \times (1 - 0.75 \times 0.7) \times \frac{132 - 10}{1000} = 14.49 kg/d$$

式中　f_b——进水 VSS/SS，取 0.75；

　　　C_0——进水 SS 值。

3）剩余污泥量：

$$\Delta X = \Delta X_v + \Delta X_s = 25.37 kg/d$$

4）复核出水 BOD_5：

$$L_{ch} = \frac{24 S_0}{24 + K_2 Xf t_a n_2} = \frac{24 \times 135}{24 + 0.018 \times 4000 \times 0.75 \times 1.5 \times 4} = 9.31 mg/L$$

符合要求。

5）需氧量 AOR：

$$AOR = 0.001 a'Q(S_0 - S_e) - c'\Delta X_v + b'[0.001 Q(N_{k0} - N_{ke}) - 0.12\Delta X_v] -$$

$$0.62 b'[0.001 Q(N_t - N_{ke} - N_{oe}) - 0.12\Delta X_v]$$

$$= 0.001 \times 1.47 \times 250 \times (135 - 7.34) - 1.42 \times 11.18 + 4.57 \times$$

$$[0.001 \times 250 \times (35 - 5) - 0.12 \times 11.18] - 0.62 \times 4.57 \times [0.001 \times$$

$$250 \times (40 - 5 - 10) - 0.12 \times 11.18]$$

$$= 45.27 kg/d = 1.89 kg/h$$

式中　N_{k0}——进水总凯氏氮浓度，35mg/L；

　　　N_{ke}——出水总凯氏氮浓度，5mg/L；

　　　N_t——进水总氮浓度，40mg/L；

　　　N_{oe}——出水硝酸氮浓度，10mg/L；

　　　a'——碳的氧当量，当含碳物质以 BOD_5 计时，取 1.47；

　　　b'——常数，氧化每公斤氨氮所需氧量（kgO_2/kgN），取 4.57；

　　　c'——常数，细菌细胞的氧当量，取 1.42。

最大需氧量：

$$AOR_{max} = K_z AOR = 99.6 kgO_2/d = 4.15 kgO_2/h$$

去除 1kg BOD 需氧量 $= \dfrac{45.27}{250 \times (0.135 - 0.00734)} = 1.42 kgO_2/kgBOD$（该数值满足《室外排水设计规范》（GB 50014—2006）需氧量在 $1.1 \sim 1.8 kgO_2/kgBOD$ 的要求）。

6）鼓风机计算选型：

① 风量计算：按照夏季最热月平均水温（30℃）计算空气量。采用鼓风曝气，微孔曝气器敷设于池底，距池底 0.2m，曝气器水上静压 3.3m。氧总转移系数 α 取 0.85，氧在污水中饱和溶解氧修正系数 β 取 0.95，氧利用率 E_A 取 20%，30℃时水中溶解氧饱和度为 7.56mg/L，曝气器堵塞系数 F 取 0.8。

扩散器出口处绝对压力：

$$p_d = p + 9.8 \times 10^3 H = 1.013 \times 10^5 + 9.8 \times 10^3 \times 3.3 = 1.34 \times 10^5 Pa$$

空气离开曝气水面时，气泡含氧体积分数：

$$\varphi_0 = \frac{21(1 - E_A)}{79 + 21(1 - E_A)} \times 100\% = \frac{21 \times (1 - 0.2)}{79 + 21 \times (1 - 0.2)} \times 100\% = 17.5\%$$

30℃时曝气池混合液中平均氧饱和度：

$$\overline{c_s} = c_s \left(\frac{P_d}{2.206 \times 10^5} + \frac{\phi_0}{42} \right) = 7.56 \times \left(\frac{1.34 \times 10^5}{2.026 \times 10^5} + \frac{17.5}{42} \right) = 8.15 mg/L$$

将计算的需氧量换算为 30℃时的充氧量：

$$SOR = \frac{AOR_{max} \overline{c_s}}{\alpha(\beta \rho c_s - c) \times 1.024^{(T-20)} F}$$

$$= \frac{99.6 \times 8.15}{0.85 \times (0.95 \times 1 \times 7.56 - 2.0) \times 1.024^{(30-20)} \times 0.8}$$

$$= 181 kgO_2/d = 7.56 kgO_2/h$$

曝气池供气量：

$$G_s = \frac{SOR}{0.28 E_A} = \frac{7.56}{0.28 \times 20\%} = 135 m^3/h = 2.25 m^3/min$$

② 风压计算：

曝气阻力取 250mmH$_2$O，管阻损耗取 1500mmH$_2$O，则风压 = 3300 + 250 + 1500 = 5050mmH$_2$O。

两组池体选取两台 BK5003 型罗茨风机，参数如下：

风量：2.46m^3/min

风压：6000mmH$_2$O

转速：1150r/min

轴功率：5.34kW，配套电机 6kW

7）曝气器数量计算：

$$n = \frac{SOR}{\overline{q_c}}, \quad q_c \text{ 为充氧能力，} kgO_2/(h \cdot \text{个})。$$

拟采用盘式膜片微孔曝气器，主要参数如下：

曝气器尺寸：$\phi215mm$

服务面积：$0.25\sim0.55m^2/$个

曝气膜片运行平均孔隙：$80\sim100\mu m$

空气流量：$1.5\sim3m^3/(h\cdot$个$)$

氧总转移系数：$KLa(20℃)=0.204\sim0.337min^{-1}$

氧利用率：（水深3.2m）$18.4\%\sim27.7\%$

充氧能力：$0.112\sim0.185kgO_2/(h\cdot$个$)$

充氧动力效率：$4.46\sim5.19kgO_2/(kW\cdot h)$

曝气阻力：$180\sim280mmH_2O$

取$q_c=0.14kgO_2/(h\cdot$个$)$，则需要曝气器数量$n=\dfrac{7.56}{0.14}=54$，取$n=55$，有两组池体，所以共需曝气器$N=110$。

SBR工作周期循环图如图4-8所示。

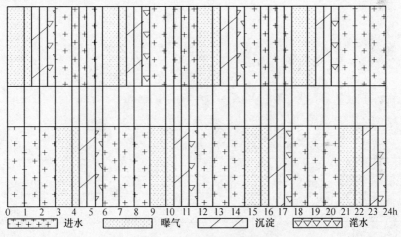

图 4-8 SBR 工作周期循环图

微过滤设备三级处理设计同本书 A^2/O 三级处理设计。

4.1.3 MBR 工艺

4.1.3.1 工艺原理及特点

MBR 是膜生物反应器（Membrane Bio-Reactor）的简称，是一种现代膜分离技术与传统生物处理法有机结合的新型高效污水处理工艺技术，主要由膜分离组件和生物反应器组合而成。其工艺原理为首先将污水通过反应器，利用活性污泥来去除水中可生物降解的有机污染物，然后采用膜将净化后的水和活性污泥进行固液分离，并同时实现水力停留时间（HRT）和污泥龄（SRT）的完全分离。根据膜组件和反应器的组合方式不同，MBR 通常分为一体式（浸没式）和分置式（外置式）。

MBR 中的膜的分类繁多，可根据膜材质、膜孔径来分，在实际应用中通常根据膜组件的构型将其分为板框型、螺旋型、圆管型、中空纤维型等。膜的选择对工艺效果有重要影响，要综合考虑应用场合、使用寿命、系统流程等。综上，与传统生物处理工艺相比，MBR 法有诸多优点：（1）能够获得稳定优质的出水水质，一般可直接回用，实现污水资源化利用；（2）剩余污泥产量少，可在高容积负荷、低污泥负荷下运行；（3）省去了二沉池的建设，减小了占地面积，而且大大提高了固液分离效率；（4）增大了曝气池中活性污泥质量浓度，增长了水力停留时间，因此提高了生化反应速率和难降解有机物的降解效率。但是，MBR 也存在一些不足，主要表现为：（1）膜的造价高，使其基建投资要比传统生物处理法高；（2）容易出现膜污染，使得膜通量下降与跨膜压差的增大，造成出水量下降，因此需要定期清洗；（3）能耗较高，相比传统处理工艺，增加了泥水分离的驱动压力、更高的曝气强度以及更高的流速等。因此，MBR 法要扩大应用领域仍然面临着诸多技术与发展的挑战。

4.1.3.2　设计范例

A　设计参数

（1）污水平均日流量：$Q = 500t/d = 5.79L/S$，取总变化系数 $K_z = 2.2$。

（2）污水最大日流量：$Q_{max} = K_z \times Q = 0.013 m^3/s$。

（3）设计进出水水质见表 4-11、表 4-12。

表 4-11　进水水质　　　　　　　　　　　　（mg/L）

COD$_{Cr}$	BOD$_5$	SS	TN	TP	氨氮
320	150	220	40	6	25

表 4-12　出水水质　　　　　　　　　　　　（mg/L）

COD$_{Cr}$	BOD$_5$	SS	TN	TP	氨氮
50	10	10	15	0.5	5（8）

注：本设计的校核全部参照《室外排水设计规范》（GB 50014—2006）；括号外数值为水温>12℃时的控制指标，括号内数值为水温≤12℃时的控制指标。

B　工艺流程图

MBR 工艺处理农村污水工艺流程如图 4-9 所示。

C　中格栅及污水提升泵站

同本书 A^2/O 工艺"中格栅及污水提升泵站"设计计算。

D　二级生物处理

经过一级处理之后，设 N、P 含量基本不变，设 BOD$_5$ 降低 10%，SS 去除率为 40%，MBR 工艺进出水水质见表 4-13。

图 4-9 MBR 工艺处理农村污水工艺流程图

表 4-13 MBR 设备进出水水质　　　　　　　　　　（mg/L）

项目	COD	BOD	SS	TN	氨氮
进水	288	135	132	40	25
出水	50	10	10	15	5

设计参数:

BOD 污泥负荷: $N_s = 0.06\text{kgBOD}_5/(\text{kgMLSS} \cdot \text{d})$

混合液污泥浓度: $X = 8000\text{mg/L}$

生化池有效水深均为 $h = 3.5\text{m}$, 超高 0.5m

（1）好氧反应池有效容积。

$$V = \frac{Q_{\max}Y_t\theta_c(S_0 - S_e)}{X_v(1 + K_d\theta_c)}$$

式中　S_0, S_e——二级处理进、出水 BOD_5;

　　　Y_t——污泥产率系数, 取 0.5gVSS/gBOD_5;

　　　X_v——污泥浓度 MLVSS, g/m^3, $X_v = fX$, f 取 0.7;

　　　K_d——内源代谢系数, 取 0.05d^{-1};

　　　θ_c——污泥龄, 取 28d。

$$V_o = \frac{500 \times 2.2 \times 0.5 \times 28 \times 125}{8000 \times 0.7 \times (1 + 0.05 \times 28)} = 143.23\text{m}^3$$

此时污泥负荷为:

$$N_s = \frac{QS}{XV} = \frac{500 \times 125}{8000 \times 143.23} = 0.054\text{kgBOD}_5/(\text{kgMLSS} \cdot \text{d})$$

为确保污泥负荷大于 0.06, 可取好氧池有效容积为 131.25m^3, 则好氧池水力停留时间为:

$$t_o = \frac{V_o \times 24}{Q} = \frac{131.25 \times 24}{500} = 6.3\text{h}$$

（2）缺氧池有效容积。

$$V_n = \frac{Q_{\max}(N_{k0} - N_{te}) - 0.12fY_tQ_{\max}(S_0 - S_e)}{K_{de}X}$$

式中　N_{k0}——池中的总凯氏氮浓度，mg/L；

　　　N_{te}——生化池出水后总氮浓度，mg/L；

　　　K_{de}——反硝化速率，经过修正取 $0.04gNO_3\text{-}N/(gMLVSS \cdot d)$；

　　　f——MLSS 中 MVLSS 所占比例，为 0.7。

则 $V_n = \dfrac{500 \times 2.2 \times (35 - 15) - 0.12 \times 0.7 \times 0.5 \times 500 \times 2.2 \times (135 - 10)}{0.04 \times 8000}$

$\qquad = 50.7\text{m}^3$

为提高水力停留时间，取缺氧池有效容积为 61.25m^3。

缺氧池水力停留时间为：

$$t_n = \frac{61.25 \times 24}{500} = 2.94\text{h}$$

（3）厌氧区容积。

设停留时间 $t_p = 1\text{h}$，则：

$$V_p = \frac{Q_{max} \times t_p}{24} = \frac{500 \times 2.2 \times 1}{24} = 45.83\text{m}^3$$

可取厌氧区有效容积为 45.5m^3，则生化池总有效容积：$V = V_o + V_n + V_p = 238\text{m}^3$，总水力停留时间：$t = t_n + t_o + t_p = 10.24\text{h}$。

经核算，该水力停留时间满足室外排水设计规范中的总水力停留时间为 7 ~ 14h 要求。

A^2/O 池的平面尺寸布置如图 4-10 所示。

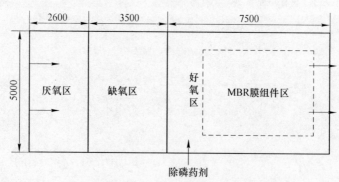

图 4-10　完全混合式生化池平面尺寸

（4）剩余污泥量的计算。

$$W = W_1 - W_2 + W_3$$

1）降解 BOD 生成污泥量：

$$W_1 = Y_t Q(S_0 - S_e) = 0.5 \times 500 \times (0.135 - 0.01) = 31.3\text{kg/d}$$

2）内源呼吸分解泥量：

$$W_2 = K_\mathrm{d} V_\mathrm{o} X_\mathrm{v}$$

按最不利情况计算，取冬季平均温度 $T = 10℃$，则

$$K_\mathrm{dT} = K_\mathrm{d20} \times \theta_\mathrm{T}^{(T-20)} = 0.05 \times 1.04^{(10-20)} = 0.034 \mathrm{d}^{-1}$$

式中　θ_T——温度系数，取 1.04。

则　　　　　$W_2 = K_\mathrm{dT} V_\mathrm{o} X_\mathrm{v} = 0.034 \times 131.25 \times 5.6 = 24.99 \mathrm{kg/d}$

3）不可生物降解和惰性悬浮物量（NVSS）：

该部分约占总 TSS 50%，则

$$W_3 = 0.5 Q(S_0 - S_\mathrm{e}) = 0.5 \times 500 \times (0.135 - 0.01) = 31.3 \mathrm{kg/d}$$

4）剩余污泥量：

$$W = W_1 - W_2 + W_3 = 31.3 - 24.99 + 31.3 = 37.61 \mathrm{kg/d}$$

每日生成活性污泥量：

$$X_\mathrm{w} = W_1 - W_2 = 31.3 - 24.99 = 6.31 \mathrm{kg/d}$$

（5）设计最大需氧量计算。

$$
\begin{aligned}
AOR_\mathrm{max} &= a' Q_\mathrm{max}(S_0 - S_\mathrm{e}) + b' N_\mathrm{r} - b' N_\mathrm{D} - c' X_\mathrm{w} \\
&= a' Q_\mathrm{max}(S_0 - S_\mathrm{e}) + b'[Q_\mathrm{max}(N_{k0} - N_\mathrm{ke}) - 0.12 X_\mathrm{w}] - \\
&\quad b'[Q_\mathrm{max}(N_{k0} - N_\mathrm{ke} - N_\mathrm{oe}) - 0.12 X_\mathrm{w}] \times 0.56 - c' X_\mathrm{w} \\
&= 1 \times 500 \times 2.2 \times (0.135 - 0.01) + 4.6 \times \\
&\quad [500 \times 2.2 \times (0.035 - 0.005) - 0.12 \times 6.31] - \\
&\quad 4.6 \times [500 \times 2.2 \times (0.035 - 0.005 - 0.01) - 0.12 \times 6.31] \times \\
&\quad 0.56 - 1.42 \times 6.31 \\
&= 222.13 \mathrm{kgO_2/d} = 9.25 \mathrm{kgO_2/h}
\end{aligned}
$$

式中　a', b', c'——分别为 1，4.6，1.42；

$\qquad N_\mathrm{oe}$——出水硝酸盐浓度，取 10mg/L；

$\quad N_{k0}$, N_ke——进、出水凯氏氮浓度，分别取 35mg/L 和 5mg/L。

同理，以平均流量计算平均需氧量为：

$$AOR = 95.25 \mathrm{kgO_2/d} = 3.97 \mathrm{kg/h}$$

去除每 1kg BOD₅ 的需氧量为：

$$O_2 = \frac{AOR}{Q(S_0 - S_\mathrm{e})} = \frac{95.25 \times 1000}{500 \times (135 - 10)} = 1.52 \mathrm{kgO_2/kgBOD_5}$$

该数值满足《室外排水设计规范》（GB 50014—2006）需氧量在 1.1 ~ 1.8kgO₂/kgBOD 的要求。

（6）池内曝气系统设置。

一般要求曝气管设备与膜组件下部距离为 200~300mm，不能低于 180mm。

1）供气量计算：

采用鼓风曝气，微孔曝气盘，曝气器敷设于池底 0.3m 处。

空气扩装置出口的绝对压力 P_b 计算：

$$P_\mathrm{b} = p + 9.8 \times 10^3 H$$

式中　p——大气压力，$p = 1.013 \times 10^5 \mathrm{Pa}$；

H——安装深度，$H = 3.5 - 0.3 = 3.2\mathrm{m}$。

空气离开好氧反应池面时，氧的百分数为：

$$\varphi_0 = \frac{21(1 - E_A)}{79 + 21(1 - E_A)} \times 100\%$$

式中　E_A——氧转移效率，取 $E_A = 18\%$。

$$\varphi_0 = 17.9\%$$

好氧反应池中平均溶解氧饱和度计算：

$$\bar{c}_s = c_s \left(\frac{P_b}{2.062 \times 10^5} + \frac{\varphi_0}{42} \right)$$

式中，$P_b = 1.3266 \times 10^5 \mathrm{Pa}$。按夏季最热月平均水温计算，取水温为 30℃，则 $c_s = 7.56\mathrm{mg/L}$。

$$\bar{c}_s = 7.56 \times \left(\frac{1.3266}{2.062} + \frac{17.9}{42} \right) = 8.08\mathrm{mg/L}$$

换算为 20℃下标准充氧量（20℃下 $c_s = 9.17\mathrm{mg/L}$）：

$$SOR = \frac{AOR \cdot c_s}{\alpha(\beta \cdot \rho \cdot \bar{c}_s - c) \cdot 1.024^{(T-20)} \cdot F}$$

式中，取 $\alpha = 0.8$；$\beta = 0.95$；$c = 2\mathrm{mg/L}$；$F = 0.8$；$\rho = 1$。

$$SOR = \frac{95.25 \times 9.17}{0.8 \times (0.95 \times 1 \times 8.08 - 2) \times 1.024^{(30-20)} \times 0.8}$$

$$= 189.68\mathrm{kg/d} = 7.90\mathrm{kg/h}$$

最大时标准总氧量 $SOR_{max} = 442.34\mathrm{kgO_2/d} = 18.43\mathrm{kgO_2/h}$。

氧利用效率 E_A 为：

$$E_A = \frac{SOR}{S} \times 100\%$$

式中，S 为供氧量，与供气量 G_s 之间的关系为：

$$S = 0.28G_s$$

所以有：

$$G_s = \frac{SOR}{0.28E_A}$$

平均时供气量　　$G_s = \dfrac{7.90}{0.28 \times 0.18} = 156.75\mathrm{m^3/h}$

最大时供气量　　$G_{s(max)} = 365.57\mathrm{m^3/h}$

2）曝气机数量计算：

按照供氧能力计算所需要的曝气机数量，为 $n = \dfrac{SOR_{max}}{q_c}$；式中，$q_c$ 为曝气器标准状态下，与好氧反应池工作条件接近时的供氧能力，$kgO_2/(h \cdot 个)$。

每个曝气头通气量在 $1 \sim 3m^3/(h \cdot 个)$ 时，服务面积 $0.3 \sim 0.75m^2/个$，利用率 E_A 为 18%，充氧能力 q_c 为 $0.14kgO_2/(h \cdot 个)$，则 $n = \dfrac{18.43}{0.14} = 131.64$，取 $n_{max} = 132$ 个。

校核：$f = \dfrac{F}{n} = \dfrac{7.5 \times 5}{132} = 0.28m^2 < 0.75m^2$ 符合要求，式中 F 为曝气池面积。

3）风压计算：

曝气池有效水深 $3.5m$，安装深度距离底部 $0.3m$，管阻损耗取 $1m$，则鼓风机所需压力为：

$$P = (3.5 - 0.3 + 1) \times 9.8 = 41.16kPa$$

所需最大时供气量：$G_{s(max)} = 365.57m^3/h = 6.09m^3/min$。

经综合考虑后，选择 RB-80 的罗茨鼓风机两台（一用一备），参数见表 4-14。

表 4-14　罗茨鼓风机设备参数

鼓风机型号	进口流量 /$m^3 \cdot min^{-1}$	轴功率/kW	电动机/kW	可选电机型号
RB-80	2.03 ~ 7.31	7.4	11	Y160M

（7）MBR 膜池计算。

MBR 膜池中的膜选择以平板膜为主，布置在生化池末端，对经过生化处理的水进行固液分离。本设计以某平板膜制作公司的膜为例。以不间断运行、不间断曝气模式工作。

1）膜支架张数计算：

$$n = \frac{Q}{\eta \times 1.0}$$

式中　η——膜通量，通常在 $0.4 \sim 0.8m^3/(m^2 \cdot d)$，本设计取 $0.4m^3/(m^2 \cdot d)$；

1.0——膜的有效面积，$m^2/张$。

$$n = \frac{500}{0.4 \times 1} = 1250 张$$

膜组件选用型号为 RGE-100-200，即 $n_0 = 200$ 张。

平板膜的详细参数见表 4-15。

表 4-15　平板膜性能参数

型号	长×宽×高 /mm×mm×mm	膜材质	产水量 /$L \cdot (片 \cdot d)^{-1}$	曝气量 Q /$L \cdot (片 \cdot min)^{-1}$	膜平均孔径 /μm	有效膜面积 /$m^2 \cdot 片^{-1}$
RGE-100	1200×510×5	PVDF	400 ~ 600	$14 \geqslant Q \geqslant 11$	0.1	1.0

则 $N = n/n_0 = 1250/200 = 6.25$，取 $N = 6$ 组，则实际膜通量 $\eta = 0.417\mathrm{m}^3/$
$(\mathrm{m}^2 \cdot \mathrm{d})$。

膜生物反应器池有效容积的计算按膜组件安装尺寸：

RGE-100-200 的平面尺寸为 2607mm×622mm，则将其设为一组，平面尺寸布
置为 6300mm×4500mm，有效池深为 3.5m。

则所需有效池容为 $V' = 6.3 \times 4.5 \times 3.5 = 99.23\mathrm{m}^3$，取 BOD_5 容积负荷 N_v 为
$0.8\mathrm{kg}/(\mathrm{m}^3 \cdot \mathrm{d})$。

$$V'' = \frac{Q(S_0 - S_e) \times 10^{-3}}{N_v} = \frac{500 \times (135 - 10) \times 10^{-3}}{0.8} = 78.12\mathrm{m}^3$$

由于根据 BOD_5 容积负荷算出的池有效容积 V'' 小于膜平面布置所得的池容积
V'，故 MBR 池容积及尺寸按膜组件安装尺寸确定。则膜池所占尺寸为 6300mm×
4500mm×3500mm。

2）膜生物反应池所需空气量计算：

MBR 所需鼓风量 $\qquad G = N \times n_0 \times q \times a_1$

式中　q——每张膜洗净所需空气量，该产品为 11~14L/min，取 $q = 12$L/min；

　　　a_1——安全系数，取 1.1。

则 $\qquad G = 6 \times 200 \times 12 \times 1.1 = 15.84\mathrm{m}^3/\mathrm{min}$

由于生物氧化所需空气量一般小于膜洗净所需空气量，因此以膜洗净所需空
气量为准，可选择送风量在 20m³/min 的风机或总风量相同的风机并联运行。风
口的压力以池深为依据，本池深为 3.5m，考虑到风管的阻力降，可取风压 $P =$
4000mmH₂O 的风机。

3）MBR 自吸泵计算：

$$Q_{吸} = \frac{Q}{24} \times 1.25 \times a_2 = 500 \div 24 \times 1.25 \times 1.1 = 28.64\mathrm{m}^3/\mathrm{h}$$

式中　a_2——安全系数，取 1.1；

　　　1.25——抽吸循环泵周期换算，开 8min 停 2min。

自吸泵可选型号见表 4-16。

表 4-16　自吸泵性能参数

自吸泵型号	进口流量 /m³·h⁻¹	自吸高度/m	转速/r·min⁻¹	轴功率/kW	电动机功率 /kW
ZX80-35-13	35	6	2900	1.9	3

4）膜池曝气系统设置：经过计算，选取鼓风机型号为 D20-61 离心鼓风机两
台，一用一备。核实气水比 $\zeta = 45.62$。风机参数见表 4-17。

表 4-17 风机性能参数

鼓风机型号	进口流量 /m³·min⁻¹	转速/r·min⁻¹	电动机/kW	电机型号
D20-61	20	2950	30	Y200L1-2

5）膜在线清洗：可采用次氯酸盐作为药剂，1 个月一次，有效氯浓度为 $400×10^{-6}$，药剂量为 $2L/m^2$，以重力流方式加入膜元件内部。若在线清洗无法达到要求，则要进行离线清洗。

6）加药除磷：由于 MBR 法在除磷效果上存在不足，因此需要额外加入化学试剂除磷。加入方法通常有两种，一是在 MBR 池中加入，二是出水后再加入。但是前者会对 MBR 膜通量造成污染，使膜的使用周期和寿命受到一定影响；后者需要额外设池，增加了占地面积，两种方法都存在不足。因此通常需要根据实际情况做出选择和调整。本案例选择在生化池中的好氧池中加入铝盐进行除磷。

设进入生化池的 TP 为 6mg/L，出生化池的 TP 为 0.5mg/L，设经过生化作用去除的 P 为 TP 的 1mg/L。

由 $Al^{3+}+H_nPO_4^{(3-n)-}$══ $AlPO_4↓+nH^+$ 可知，去除 1mol 磷消耗 1mol 铝，铝和磷的摩尔质量比为 $27/31=0.87$，则理论需铝量为 $4.5×0.87=3.915mg/L$。

投加系数设为 2.5（《室外排水设计规范》），实际需铝量为 $3.915×2.5=9.79mg/L$；购买 PAC 固体中 Al_2O_3 有效含量约为 28%，有效含铝量为 14.8%，则所需投加的 PAC 量为 $\dfrac{9.79×500}{1000×14.8\%}=33.06kg/d$。

4.2 生物膜法污水处理技术

4.2.1 曝气生物滤池

曝气生物滤池（Biological Aerated Filter，BAF）技术是 20 世纪 80 年代末在欧美发展起来的一种新型污水处理技术，能够将生物降解与物理吸附、过滤等处理过程合并在同一单元中完成，具有占地少、处理效率高、出水水质稳定、操作方便等优点，在污水处理领域受到了广泛重视。

曝气生物滤池池内填装粒状滤料作载体形成固定床，微生物群附着于载体表面形成生物膜，滤料层中下部进行曝气供氧，污水与空气同向流或逆向流通过粒状滤料层，依靠附着于载体表面的生物膜对污染物的吸附、氧化和分解，可使污水净化，粒状滤料层同时具有物理截留过滤作用。由接触氧化和过滤相结合，采用人工曝气、间歇性反冲洗等措施，主要完成有机污染物和悬浮物的去除。

4.2.1.1 曝气生物滤池技术原理及特点

A 技术原理

曝气生物滤池净化水质的原理包括滤料和生物膜的过滤吸附作用、好氧微生物的氧化分解作用以及反硝化细菌的反硝化脱氮作用等，可同时起到普通生物曝气池、二沉池和砂滤池的作用。滤池中填装有粒状填料，如陶粒、焦炭、石英砂、活性炭等，在曝气条件下，滤料表面将生长着大量的生物膜。

在上流式曝气生物滤池工艺中，污水从滤池底部进入滤料层，滤料层下部设有供氧的曝气系统进行曝气，气水为同向流。当污水流经填料层时，生物膜中的活性微生物可以氧化分解污水中的有机物，从而降低污水中的有机污染物浓度。曝气生物滤池中附着在填料上的微生物膜内部溶解氧含量较低，与外部发生的好氧硝化作用相比不同，生物膜内部发生缺氧反硝化作用，滤池中同时存在好氧和缺氧区域，具有脱氮的功能。曝气生物滤池中的填料粒径一般较小，在给微生物提供附着挂膜场所的同时，还具有物理吸附和截留污染物的作用，可进一步降低污水中的固体悬浮物。

曝气生物滤池运行一段时间后，滤料表面因微生物增殖导致生物量增加，生物膜增厚，同时截留的 SS 不断增加，过滤水头损失不断增大。当生物膜及截留固体悬浮物积累到一定程度，由于水头损失较大以及过滤阻力不均衡可能形成过滤短流并发生污染物的穿透，此时就必须对滤池进行反冲洗，以除去滤床内过量的微生物膜及 SS，恢复其正常的处理能力。

曝气生物滤池的反冲洗采用气水联合反冲，反冲洗水为经处理后的达标水，反冲洗空气来自于滤板下部的反冲洗气管。反冲洗时关闭进水和工艺空气，先单独气冲，然后气水联合冲洗，最后进行单独水洗。反冲洗时滤料层有轻微膨胀，在气水对滤料表面剪切和冲刷作用以及滤料间相互摩擦作用下，老化的生物膜与被截留的 SS 与滤料分离，冲洗下来的生物膜及 SS 随反冲洗排水排出滤池，滤池重新进入过滤工作阶段。

B 工艺特点

曝气生物滤池作为一种膜法污水处理新工艺，与传统活性污泥法和接触氧化法相比，具有以下特点：

（1）具有较高的生物浓度和较高的有机负荷。曝气生物滤池常采用比表面积较大的填料，可在填料表面和填料间保持较多的生物量。通常曝气生物滤池单位体积内微生物量可达 10~15g/L，远远高于活性污泥法。高浓度的微生物量使得曝气生物滤池的容积负荷大大增加，提高了滤池抗冲击能力；同时减少了池体容积和占地面积，使基建费用大大降低。

（2）工艺简单、出水水质稳定。因曝气生物滤池运行时需进行周期性的反冲洗，生物膜得以有效更新，生物活性较高，污染物去除效果稳定。在填料的物理截留作用和微生物代谢过程中产生的黏性物质的吸附作用下，曝气生物滤池出水 SS 可低于 10mg/L。

（3）氧的传输效率高。曝气生物滤池中氧的利用率可达 20%～30%，曝气量明显低于一般生物处理。其主要原因是：1）滤料粒径小，气泡在上升过程中不断被切割成小气泡，加大了气液接触面积，提高了氧的利用率；2）气泡在上升过程中，由于滤料的阻挡和分割作用，使气泡必须经过滤料的缝隙，延长了其停留时间，同样有利于氧的传质；3）理论研究表明，曝气生物滤池中氧气可直接渗入生物膜，因而加快了氧气的传输速度，减少了供氧量。

（4）易挂膜、启动快。曝气生物滤池调试时间短，一般只需 7～12 天，而且不需接种污泥，可采用自然挂膜方式。由于微生物生长在粗糙多孔的滤料表面，微生物不易流失。曝气生物滤池在不使用的情况下可短时间内关闭运行，一旦通水曝气，可在很短时间内恢复正常运行，因此曝气生物滤池非常适用于水量变化较大地区的污水处理。

（5）自动化程度高。由于相关工业技术的发展，一些先进的自动化设备如电动阀、气动阀、液位传感器、在线溶氧测定仪、定时器、变频器及微电脑等产品的出现，使得曝气生物滤池系统运行管理自动化得以顺利实现。曝气生物滤池系统可以对进水水质、水量以及污水中溶解氧浓度进行在线检测，并通过 PLC 控制系统方便地调整曝气时间的长短，控制风机的供氧量，做到优化运行。

C　工艺流程

当曝气生物滤池主要去除污水中含碳有机物时，宜采用单极碳氧化工艺，工艺流程如图 4-11 所示。

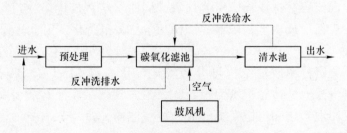

图 4-11　碳氧化滤池工艺流程

去除污水中含碳有机物并完成氨氮的硝化时可采用碳氧化滤池工艺流程，并适当降低负荷；也可采用碳氧化滤池和硝化曝气生物滤池（以下简称硝化滤池）两级串联工艺，如图 4-12 所示。

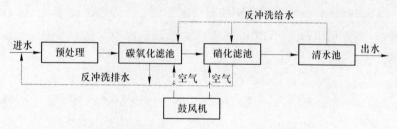

图 4-12 碳氧化滤池+硝化滤池两级组合工艺流程

4.2.1.2 曝气生物滤池的分类与构造

在农村污水治理中，根据污（废）水的水质条件，曝气生物滤池主要可分为碳氧化、硝化两大类，一般可在单级曝气生物滤池内完成。

（1）碳氧化工艺。其主要目的是去除污水中的含碳有机污染物。原理是反应器内滤料上的微生物膜吸附、氧化分解水中碳化有机物，以及滤料的吸附阻留作用和沿水流方向形成的食物链的分级捕食作用。

（2）硝化/碳氧化工艺。该工艺中的曝气生物滤池可去除污水中有机物以及对氨氮进行硝化处理，利用生物膜内层及滤料间空隙中的缺氧环境实现对总氮的去除。

曝气生物滤池的构型按照填料的形式可以分为淹没滤料滤池、漂浮滤料滤池，根据污水在滤池运行中过滤方向的不同，曝气生物滤池可分为上向流滤池和下向流滤池。按照填料、运行方式的分类及结构如下：

（1）滤料淹没型下向流滤池。早期开发的曝气生物滤池为下向流式，通常采用密度小于水的滤料，即轻质滤料。空气由下向流淹没型颗粒（膨胀页岩）滤床的底部注入，污水由颗粒滤料上部进入，采用间歇异向流进行反冲洗。气水异向流容易造成局部短流现象，同时一定程度上阻碍污染物进入滤床深处，在表面形成堵塞，限制了 BOD 的去除和硝化，因此逐渐被上向流滤池所取代。

采用轻质滤料的滤池结构可分为滤池配水排泥区、轻质滤料层和出水区。主体可由滤池池体、进水配水系统、工艺曝气系统、轻质滤料层、滤板和滤头、反冲洗系统和自控系统组成。典型滤料淹没型下向流滤池结构，如图 4-13 所示。

（2）滤料淹没型上向流滤池。通常采用密度大于水的滤料，例如膨胀黏土、陶粒滤料及其他矿物类滤料。污水与气流方向均从滤床底部向上运动，在正常运行状况下，大部分固体杂质截留在滤床底部，之后通过间歇同向流冲洗从滤床上部离开。该类曝气生物滤池在全球范围内应用广泛，均可较好地去除 BOD、氨氮。

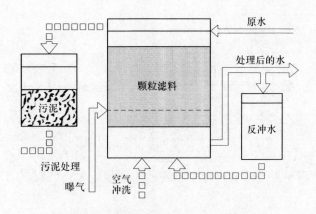

图 4-13　滤料淹没型下向流滤池结构

　　一般采用密度大于水的滤料，其滤池结构可分为缓冲配水区、承托层及滤料层区、出水区。上向流与下向流滤池的池型结构基本相同，主体可由滤池池体、布水及反冲洗布水布气系统、承托层、滤料层、工艺曝气系统、反冲洗系统、自控系统组成。典型滤料淹没型上向流滤池结构，如图 4-14 所示。

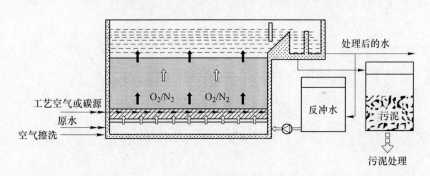

图 4-14　滤料淹没型上向流滤池结构

　　（3）漂浮滤料型上向流滤池。此类工艺采用漂浮滤料做滤床，这些漂浮滤料不仅可起到过滤的作用，其表面还可供微生物生长。为了防止滤料流失，反应器顶部需固定金属网格。由于滤料密度接近于 1，因此该工艺反冲洗水头较小，很容易去除积聚在滤料表面的杂质，在两次标准反冲洗中间一般采用 4 次的"微反冲"，用以松动滤床、降低水头损失，延长标准反冲洗时间间隔。漂浮滤料型上向流滤池结构，如图 4-15 所示。

　　（4）移动床连续反冲洗滤池。此类滤池以上向流模式运行，其滤料比水重并连续地向下移动，这与水的流动方向恰好相反。滤料进入滤池中心的气提装置进行擦洗和漂洗，之后回到滤床的顶部。此类滤池广泛用于三级处理中，在农村

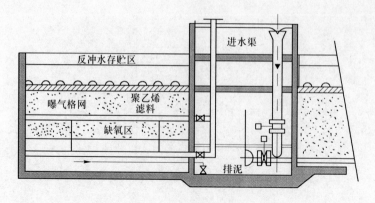

图 4-15　漂浮滤料型上向流滤池结构

污水治理中较为少见。

（5）不反冲洗的淹没型滤池。此类滤池采用淹没式静止滤料来支撑生物膜生长，但固体杂质并不截留在滤床内，而是要带出反应器，为了避免固体粒子积聚而发生堵塞，滤料必须是开放结构，一般采用密度较大的矿物质滤料。不反冲洗的淹没型滤池结构，如图 4-16 所示。

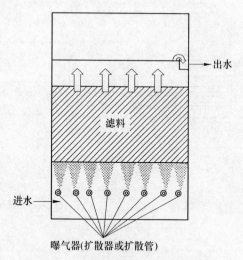

图 4-16　不反冲洗的淹没型滤池结构

4.2.1.3　曝气生物滤池工艺技术参数

针对曝气生物滤池工艺，我国出台了《室外排水设计规范》（GB 50014—2006（2016 年版））、《生物滤池法污水处理工程技术规范》（HJ 2014—2012）、《曝气生物滤池工程技术规程》（CECS 265—2009）等。参照上述标准规范，各类曝气生物滤池的容积负荷和水力负荷宜根据试验资料确定，可参照表4-18取值。

表4-18 曝气生物滤池工艺设计参数

参 数	碳氧化/硝化滤池	硝化滤池	碳氧化滤池 （高负荷滤池）
容积负荷/kg·(m³·d)⁻¹	1.2 ~ 2.0(BOD₅)	0.6 ~ 1.0(NO₃-N)	2.5 ~ 6.0(BOD₅)
水力负荷/m³·(m²·d)⁻¹	2.5~4	3.0~12.0	3.0~6.0
空床水力停留时间/min	80~100	30~45	40~60

其他参数如下：

（1）溶解氧 3.0~4.0mg/L。

（2）滤池总高度（包括滤料层高度）：2.5~4.5m；承托层高度：0.3~0.4m；配水区高度：1.2~1.5m；清水区高度：0.8~1.0m；滤池超高0.5m。

（3）滤料堆积密度：750~900kg/m³。

（4）污泥量：系统产污泥量可按照去除每千克 BOD₅ 产生 0.18~0.756kg 干污泥计算。

4.2.1.4 曝气生物滤池技术总结与案例

曝气生物滤池工艺充分借鉴了污水处理接触氧化法和给水快滤池的设计思想，具有曝气、高滤速、截留悬浮物、定期反冲洗等特点。其最大优点是集生物净化和物理过滤于一体，无需设置二沉池，通过定期反冲洗实现生物膜的脱落与截流悬浮固体的排除，可以保持生物接触氧化的高效性，同时又可以获得良好的出水水质，在保证处理效果的前提下使处理工艺流程得到简化。曝气生物滤池处理效果好，可以用于农村生活污水、废水、杂排水，以及小作坊含油加工废水、酿造和造纸等高浓度的污废水处理中。

以浙江省某农村污水处理站生活污水处理为例，介绍曝气生物滤池工艺主要设计流程与经济指标。

A 设计水量及进出水水质情况

该项目设计水量按500m³/d设计，主要为生活污水，包括餐厨污水、化粪池出水、洗涤污水等。具体设计进出水水质情况见表4-19。

表4-19 设计进出水水质表 　　　　　　　（mg/L）

指标	pH 值	BOD₅	COD_Cr	SS	NH₃-N	色度
进水水质	6~9	200~300	500~800	500~600	60~100	120~160
出水水质	6~9	≤20	≤100	≤20	≤8（15）	≤30

注：1. pH 值、BOD₅、COD_Cr指标执行《污水综合排放标准》（GB 8978—1996）一级标准；

2. SS、NH₃-N、色度指标执行《城镇污水厂污染物排放标准》（GB 18918—2002）一级 B 标准。

B 工艺流程

曝气生物滤池工艺流程如图 4-17 所示。

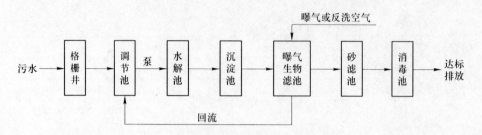

图 4-17 曝气生物滤池工艺流程

C 主要设计参数

（1）调节池。停留时间 12h，全地下钢混结构。

（2）水解池。停留时间 8h，半地下钢混结构，过流方式：上下折流。

（3）初沉池。选用竖流式沉淀池，半地下钢混结构。表面负荷：0.67m³/（m²·h）；面积：31.1m²；有效水深：0.67m；停留时间：1.0h。

（4）曝气生物滤池。停留时间 2.5h，半地下钢混凝土结构。BOD_5容积负荷：1.0kg/（m³·d）；回流比：1.15（设回流稀释后滤池进水 BOD_5 为 150mg/L）；有效容积：161.25m³；滤池尺寸：$L×B×H＝8.0m×5.0m×4.0m$。

（5）砂滤池。过滤流速：5m/h，填料层高度：1.5m，填料材质：鹅卵石、石英砂。

（6）其他公辅工程。包括消毒池、污泥干化池、风机房、配电间等。

D 经济技术指标

曝气生物滤池经济技术指标见表 4-20。

表 4-20 曝气生物滤池经济技术指标

序号	项　目	指　标
1	处理规模	500m³/d
2	总投资	278.15 万元
3	吨水投资成本	0.5563 万元
4	运行费用（电费）	280 元/天
5	吨水运行成本	0.56 元/m³

4.2.2 滴滤池

滴滤池（trickling filter，TF）也称生物滴滤池，是介于生物滤池和生物洗涤塔中间的一类污水处理构筑物，最早于 1893 年在英国试行，在 20 世纪初到 20 世纪 50 年代一直是美国应用最为广泛的污水生化处理方法。滴滤池相比于其他工艺具有容积小，成本低，产泥量低且结构简单等优点，可广泛用于农村污水治理。

4.2.2.1 滴滤池技术原理及特点

A 技术原理

生物滴滤池以碎石或者塑料等作为微生物附着生长的载体，污水从装有配水系统的塔顶淋下，以滴滤状态流过滤料，在微生物膜内通过异养菌的作用去除有机污染物。其工作原理如下：

污水通过布水系统进入滤池顶部，为防止滴滤池短流，影响滴滤池运行效果，布水系统应保证均匀布水。滤料表面生长有生物膜，污水流经滤料时，粒径较大的悬浮物被截留在滤料空隙中，粒径较小的悬浮物以及溶解的部分有机物会被生物膜吸附。空气则在粗大滤料孔隙间自下而上的自然通风作用下流动，提供好氧微生物生命活动需要的氧气。在有氧条件下，生物膜内的微生物将空隙中部分可降解悬浮物以及吸附的有机物氧化分解，使污水得以净化。

随着滴滤池不断运行，附着在滤料上的生物膜逐渐变较厚，溶解氧传递到生物膜内部的浓度较低，使生物膜内层形成厌氧环境，并形成生物膜内层的厌氧生物膜。由于受到基质传质通量的限制，膜内层微生物不断死亡并解体，降低了膜同滤料的黏附力，在重力及水流冲刷的作用下旧的生物膜脱落新生物膜又开始在滤料表面生长形成，完成生物膜的正常更新。

滴滤池原理如图 4-18 所示。

B 工艺特点

滴滤池作为最常见的一种废水处理工艺，在农村污水治理中有多年应用经验，与活性污泥相比，滴滤池操作简单，能抗毒物和冲击负荷，运行耗能低。其主要工艺特点如下：

（1）耐冲击负荷。滴滤床对水量、水质变动有较强的适应性，即使中间停止一段时间供水，对生物膜的净化功能的恢复也不会带来明显障碍。滴滤池系统的迅

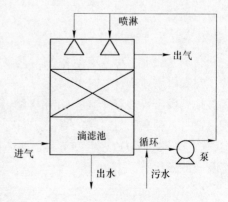

图 4-18 滴滤池原理示意图

速启动在农村地区用水和间歇性排水情况下优势较大。

（2）采用塑料填料具有一定的优越性。在滤料的选择上，塑料滤料具有一定的优势。塑料滤料比碎石滤料的比表面积大，生物量多，能够承担更高的水力负荷，更容易控制生物膜厚度。同时，由于塑料质轻，可以在滤池设计高度上有所增加，可缓解堵塞、蚊虫和气味等问题。

（3）设备集成度高、运行简易、产泥量少。滴滤池持水率低，建设投资少、产泥量少，污染物的吸收和生物降解在同一反应器内进行，设备简单，操作条件可灵活控制。由于农村、乡镇及小型农居点往往难以承担复杂的管理运营带来的成本，因此，易于管理的滴滤池工艺对于农村污水的分散治理具有较好的适用性。

（4）滴滤池内大型动物对于系统运行具有两面性。滴滤池内存在的大型动物对于滴滤池的影响具有两面性。一方面，大型动物有助于减少污泥产量、提高污泥沉降性能和控制生物膜厚度；但另一方面，大型动物会造成工艺管道的堵塞、破坏水泵以及浓缩机、出水中的 BOD_5 升高、增加二沉池负荷等问题。总的来说，在滴滤池工艺中，需要采取一定的方法控制大型动物，例如：进行周期性的高强度水力冲洗、将滴滤池滤料淹没（充水）和投加化学物质、对滴滤池出水或底流筛滤、或使用除砂设备提高重力分离效果等。

（5）自然通风，能耗低。滴滤池由于采用自然通风，不需要附加动力系统进行鼓风曝气，供氧无能耗，可节约大量的动力，整体运行费用较低，但在季节变化时需考虑温度的差异性对滴滤池通风效果的影响，在冬季时需要考虑加强保温。

（6）适应性和可操控性较差。滴滤池的缺点是需要额外的处理装置才能满足较为严格的排放标准，同时处理高浓度污水时容易发生堵塞，且一旦由于负荷过高引起微生物供氧不足时容易产生异味，与活性污泥法相比适应性和可操控性较差。

（7）停留时间短，对后续工艺带来一定不稳定性。滴滤池停留时间较短，容易在进水流量最大时出水出现峰值，从而给后续的处理带来较大的问题。对于农村污水而言，其流量较城市污水更为不稳定，可以采用回流来增加停留时间，或者增加后续工艺。

C　工艺流程

（1）滴滤池-人工湿地系统。滴滤池出水一般会带出少量脱落的生物膜碎片，在农村用地条件宽松的情况下，应考虑后续处理。可考虑将滴滤池出水经人工湿地处理系统处理，在去除有机物、SS 的同时可进一步去除 N、P 等营养元素，这是一种有效且经济的方法。同时，后续人工湿地处理系统可以根据农村特点，有选择性地种植水生型蔬菜，既能得到良好的处理效果又可以产生一定的生态及经济效益。

（2）厌氧池-滴滤池-人工湿地系统。该系统适用于拥有自然池塘、居住集聚程度较高、经济条件相对较好和有乡村旅游产业基础的村庄，尤其适合于有地势高差或对氮磷去除要求较高的村庄，处理规模不宜小于 20t/d。该系统出水水质可达到《城镇污水处理厂污染物排放标准》（GB 18918—2002）的一级 B 标准。

4.2.2.2 滴滤池的分类与构造

A 滴滤池的分类

根据滴滤池的运行和功能可将其分为四类：（1）粗滤；（2）碳氧化滤池（高负荷滤池）；（3）碳氧化/硝化（中负荷滤池）；（4）硝化（低负荷滤池）。其中，粗滤池的水力负荷或有机负荷高，一般采用垂直流滤料结构以减少生物膜的过度生长；碳氧化滤池以去除 BOD_5 为主要目的，一般采用碎石滤料；碳氧化/硝化滤池对于 BOD_5、氨氮均具有较好的降解能力；硝化滤池主要处理对象是二沉池出水，是一种有效处理氨氮的方法，一般采用交叉流滤料结构。

滴滤池按照负荷、填料、处理流程等还可以分为以下几类：

（1）根据内部填料负荷可分为低负荷型和高负荷型。低负荷硝化滤池是目前农村污水处理中最常用的滴滤池，具有水力负荷较小、硝化反应完全、BOD_5 去除效率高等特点。

（2）根据内部填料结构不同可分为垂直流式、交叉流式等。

（3）按处理流程可分为单级滴滤池、两级滴滤池、三级串联滴滤池等。

（4）按配水系统不同可分为间歇喷洒系统和旋转均匀连续布水系统。较早的滴滤池普遍采用间歇喷洒的布水系统，现大多采用旋转式布水器，其优点是可以通过水流沿径向增加来统一区域的水力负荷，从而保证生物膜不会出现因水力负荷过高而脱落，或水力负荷过低造成湿润率低。

B 滴滤池的构造

滴滤池通常包括布水系统、生物膜滤料系统、围护系统、底部集水装置和通风系统，以及用于帮助均匀供气且防止空气污染的盖子等附属设备。

（1）布水系统。滴滤池上部为布水系统，分为固定喷嘴式和旋转布水器。固定喷嘴式布水系统包括投配池、配水管网及喷嘴三部分。通过投配池的虹吸作用，使废水每隔 5~15min 从固定埋于滤池中的喷嘴中喷出。旋转布水器在系统顶端设置布水横管，废水从滤池上方慢速旋转的布水横管中流出。旋转布水器可通过水力或电力推动，水力驱动的旋转布水器沿着每个臂的前面和后面都有排水孔，依靠进水水流的反作用力旋转，如果水力驱动无法满足滴滤池投配要求的布水器转速，可改用电力驱动。

布水系统是滴滤池的重要组成部分，可通过间歇运行使生物膜得到周期性"休息"，同时其运行情况影响了滴滤池滤料的湿润程度，滤料润湿不好则会出现干点，不利于滴滤池的处理效果，且会造成异味。

（2）生物膜滤料系统。理想的生物膜滤料应具有比表面积大、价格低、经久耐用、孔隙度高（避免堵塞和提高通风能力）的优点，主要材料有碎石、塑料、木材三类。红杉木或成型木质板条曾经作为滤料使用，但由于价格较高，现应用较少。目前应用广泛的滤料主要有碎石、合成有机滤料、垂直流合成滤料和交叉流合成滤料等。

碎石滤料系统从下至上粒径不同，下层为承托层，填料粒径可稍大，以免上层脱落的生物膜累积造成堵塞。石块大小的选择还要根据滤池单位体积的有机负荷来决定，若负荷高，则要选择较大的石块，否则微生物将因营养物浓度高而生长较快，将空隙堵塞。目前应用更为广泛的主要为塑料材质滤料，与碎石滤料相比，模块化合成滤料的比表面积和孔隙率较高，从而能承受更高的水力负荷，同时能促进氧气的传递，有利于控制生物膜厚度。

（3）围护系统。碎石和合成滤料不能自我支撑，需要通过围护结构将其放置在生物反应器内。围护结构一般为预制或框格式的混凝土池。木材、玻璃钢和镀钢等材料也可作为围护结构。围护结构应具有避免污水外溅、给滤料提供支撑、防风和挡水的功能。

（4）底部集水和通风。滴滤池底部集水系统有两个功能：收集处理后的污水并将其输送到下一处理单元——通风。

碎石滴滤池的底部集水系统通常采用黏土砖或混凝土砖建造，填充其他滤料的滴滤池可以使用包括混凝土立柱、玻璃钢网格在内的各种支撑系统。流经滤料的水通过滤池下方的集水装置及排水渠进入后续处理单元。同时应设置回流泵站将经过沉淀的滴滤池出水回流至进水渠，以实现控制生物膜厚度等功能。滴滤池通风可采用机械或自然通风的方式，自然通风是依靠滴滤池内外气温差使得滴滤池内部的空气上升或下降，最终实现自然通风。

滴滤池的工艺结构，如图 4-19 所示。

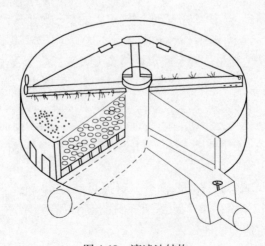

图 4-19　滴滤池结构

4.2.2.3 滴滤池工艺的技术参数

滴滤池设计参数与类型有关，可参考《室外排水设计规范》（GB 50014—2006（2016 年版））、《生物滤池法污水处理工程技术规范》（HJ 2014—2012）。

本节根据前文四类滴滤池分别介绍其设计参数，见表 4-21。

表 4-21　滴滤池工艺设计参数

参　数		硝化滤池（低负荷滤池）	碳氧化/硝化滤池（中负荷滤池）	碳氧化滤池（高负荷滤池）	粗滤池
水力负荷/m³·(m²·d)⁻¹		1~4	4~40	15~90	60~180
有机负荷	g(BOD₅)/(m²·d)	22~112	78~156	高至 4800	1600
	g(BOD₅)/(m³·d)	80~400	240~4800		
滤池高度/m		1.83~2.44	0.91~2.44	高达 12.19	0.91~6.10
BOD₅ 去除率/%		80~85	50~80	65~85	40~65

4.2.2.4 滴滤池技术总结与案例

滴滤池不仅具有出水稳定、耐冲击负荷、运营费用低的优点，而且基础投资小，操作简单，可结合人工湿地处理系统使出水达到较高的水质目标，在农村污水治理中具有较好的推广前景。但滴滤池在处理高浓度污水时，如农家乐餐饮污水，系统生物膜脱落较快，容易堵塞，会大大增加运行成本。

不同设计参数、工艺流程的滴滤池建设和运行成本有一定差异，以苏州某镇生活污水处理为例，介绍滴滤池工艺主要设计流程与经济指标。

A　设计水量及进出水水质情况

苏州某镇生活污水设计水量为 500m³/d，排放要求为《城镇污水厂污染物排放标准》（GB 18918—2002）一级 B 标准，其进水水质、排水要求见表 4-22。

表 4-22　污水水质情况和排放要求　　　　　　　　（mg/L）

项目	pH 值	COD	BOD₅	SS	NH₃-N
污水水质	6~9	200~400	150~200	200~300	30~40
排放要求	6~9	≤60	≤20	≤20	≤8（15）

B　工艺流程

滴滤池工艺流程，如图 4-20 所示。

采用滴滤池-曝气生物滤池组合工艺的两级生物膜法，第一级采用无需机械曝气的滴滤床，第二级采用曝气生物滤池。生活污水经过化粪池处理后进入集水井，然后通过水泵泵入滴滤床布水器，污水均匀地洒在填料上，滴滤床出水大部

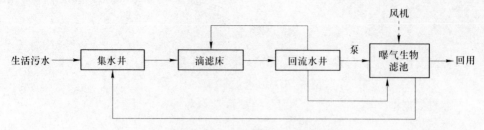

图 4-20 滴滤池工艺流程

分内部循环回流，其他则由泵提升送至曝气生物滤池处理。曝气生物滤池内部设有 2~6mm 的无机固体生物活性填料，生物膜大量附着在固体填料上，采用鼓风曝气供氧。因填料的作用，使空气在池内的停留时间较长，提高了氧的利用率，所需的曝气量大大降低，同时无机固体生物活性填料也起到物理过滤作用。曝气生物滤池需定期进行反冲洗，反冲洗出水则自流进入到集水井进行处理，出水直接中水回用或排放。

C 设计参数

（1）化粪池。停留时间 12h。

（2）集水井及调节池。水力停留时间（HRT）12h。集水井和调节池合建，钢筋混凝土结构，全埋地设置，池内设置污水泵 2 台。

（3）滴滤池。停留时间 8h，圆形钢结构。

单池尺寸：直径 8m，高 6m

设计容积：161m³

填料层：高 3.2m，承托层 0.3m

布水器：四个臂，布水横管直径 100mm，每根长 4.8m，机械密封

通风：气流速度 0.3~0.6m/s，通风口 40 个，占滴滤床平面面积 2.8%（>1%）

（4）其他设备。包括集水井、回流泵、配电间等。

D 经济技术指标

滴滤池经济技术指标，见表 4-23。

表 4-23 滴滤池经济技术指标

序号	项　目	指　标
1	处理规模	500m³/d
2	总投资	125 万元
3	吨水投资成本	0.25 万元
4	运行费用（电费+消毒药剂费）	150 元/d
5	吨水运行成本	0.3 元/m³

该工艺运行成本主要集中于电耗、人工费、药剂费用。在一些简单的农村小型生活污水处理系统中，可以不计管理人工费及消毒费用，以厌氧池-滴滤池-人工湿地系统为例，户均建设成本约为 2000~2500 元，设备运行成本仅为水泵提升消耗的电费，每吨水约为 0.1~0.2 元。

4.2.3　生物接触氧化法

生物接触氧化法（Biological contact oxidation process）是在生物滤池的基础上改良演变而来的，又名"淹没式生物滤池法""接触曝气法"和"固着式活性污泥法"。该工艺起源于 20 世纪 20 年代，发展于 70 年代，兼有活性污泥法与生物膜法的优点，在农村污水处理中应用广泛。

4.2.3.1　生物接触氧化技术原理及特点

A　技术原理

生物接触氧化工艺的主要原理是在生物接触氧化池内装填一定数量的填料，利用栖附在填料上的生物膜，在有氧条件下将污水中的有机物氧化分解，达到净化目的。

生物接触氧化法与其他好氧生物膜法相同，微生物需要在填料表面附着生长，填料可以是固定的，也可以处于不规则的浮动或流动之中。污水则流动于填料的孔隙中，与生物膜接触并在生物膜上微生物的新陈代谢作用下，分解去除污水中的有机物。填料的比表面积大，可附着大量的生物量。同时因其孔隙率大，基质的进入和代谢产物的移出，以及生物膜自身更新脱落均较为通畅，使得生物膜能保持高的活性和较高的生化反应速率。在接触氧化池中，微生物所需的氧气来自水中溶解氧，所以需要像活性污泥法那样不断向水中曝气供氧，空气多通过设在池底的穿孔布气管进入水流，当气泡上升时向污水中供应氧气，也可起到搅拌与混合作用。生物接触氧化法相当于在曝气池内充填供微生物栖息的填料，因此，又称为"接触曝气法"。

B　工艺特点

（1）相比于生物滤池和生物转盘工艺，生物接触氧化工艺比表面积大，为生物提供了巨大的栖息空间，可形成稳定性较好的高密度生态体系。生物接触氧化池填料挂膜周期相对缩短，在处理相同水量的情况下，水力停留时间短，所需设备体积小，场地占用面积小。

（2）池内单位容积的生物固体量高，系统耐冲击负荷能力强，池内污水中还存在约 2%~5% 的悬浮状态活性污泥，对污水也起净化作用，因此生物接触氧化池具有较高的容积负荷。在一般情况下，生物接触氧化法的容积负荷可以达到 $3~10kgBOD_5/(m^3 \cdot d)$，是普通活性污泥法的 3~5 倍，COD 去除率是传统生物法的 2~3 倍。

（3）由于生物接触氧化池内生物固体量多，水流又属于完全混合型，故对水质水量的骤变有较强的适应能力，对于农村污水排放量不均匀的特点具有较好适应性。

（4）采用机械设备向废水中充氧，而不同于一般生物滤池靠自然通风供氧，生化反应充分，生物膜上的微生物种群丰富，能形成稳定的食物链和生态系统，因此污泥产量较低，且污泥颗粒较大，易于沉淀，在操作过程中一般不会产生污泥膨胀，运行管理简便。

（5）生物接触氧化法处理磷的效果较差，对总磷指标要求较高的地区应配套建设深度除磷设施。

（6）生物接触氧化工艺在启动初期或曝气时容易出现泡沫，覆盖于地面，甚至溢出池外，恶化工作环境，影响操作管理，一般需要添加消泡剂或采取水喷淋、增设水解酸化池等消泡措施。

C 工艺流程

在确定生物接触氧化工艺流程时，通常需要解决的问题是：采用几级系统，是否采用回流，是否需要后处理等，一般在农村污水治理中，采用一级接触氧化工艺较多，也可以结合前置水解池、缺氧池以达到更好的出水效果。

（1）一级接触氧化工艺流程。生物接触氧化的基本工艺流程由接触氧化池和沉淀池两部分组成，可根据进水水质和处理效果选用一级接触氧化池（图4-21）或多级接触氧化池，在农村污水处理中一般使用一级接触氧化工艺，实现碳氧化和硝化作用。

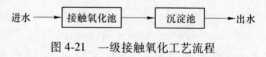

图 4-21　一级接触氧化工艺流程

（2）生物接触氧化组合工艺流程。接触氧化工艺可单独应用，也可与其他污水处理工艺组合应用。普通农村生活污水的除碳和脱氮处理时可采用"缺氧接触氧化+好氧接触氧化"的工艺流程，如图 4-22 所示；处理农村小作坊、小型工厂难降解有机污水时可在接触氧化池前增加水解酸化池，如图 4-23 所示。

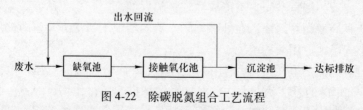

图 4-22　除碳脱氮组合工艺流程

（3）厌氧池-生物接触氧化池-人工湿地系统。在有条件进行人工湿地建设且

图 4-23　难降解有机污水接触氧化法处理组合工艺流程

对出水有较高要求时可采用该工艺。污水首先进入厌氧发酵池，以降低后续接触氧化反应的有机负荷，接触氧化池出水部分回流进行硝化液回流脱氮处理，后续进入人工湿地进一步去除营养物质。该工艺具有节能和减少污泥排放的独特优势，所耗用的资源和产生二次污染数量及其环境影响较小。该工艺的工艺流程如图 4-24 所示。

图 4-24　厌氧池-生物接触氧化池-人工湿地系统工艺流程

4.2.3.2　生物接触氧化法的分类与构造

A　生物接触氧化的分类

近年来，生物接触氧化法的填料和运行方式不断进行优化，衍生出了流动床生物膜法（Moving Bed Biofilm Reactor Process，MBBR）、序批式生物膜法（Sequencing Batch Biofilm Reactor，SBBR）等。

生物接触氧化工艺根据填料的填装方式可分为固定式、悬挂式和悬浮式。传统生物接触氧化法一般采用固定式填料，MBBR 法就是将传统方法中固定式填料改为移动式填料，采用密度接近于水的圆形填料作为微生物活性载体。该方法首先在北欧挪威和瑞典应用，随后推广至欧美。

从进水方式来看，SBBR 是将传统方法固定流量连续运行的方式改为间断进水的序批式运行。SBBR 法提高了系统的抗冲击负荷，通过好氧/厌氧交替运行，能够在去除有机污染物的同时达到脱氮除磷的处理效果，同时生物膜在加大反应器内生物量和生物种类方面有更大的优势。

其他的一些分类方式如下：

（1）生物接触氧化工艺可根据处理流程分为一级接触氧化、二级接触氧化和多级接触氧化等。农村污水治理中通常采用一级接触氧化工艺。

（2）按照功能可分为"去除碳源污染物的氧化工艺""同步除碳脱氮的氧化工艺"。其中，去除碳源污染物的工艺一般选用一级接触氧化，而同步脱氮除碳的氧化工艺一般指缺氧池和好氧池组合的二级生物接触氧化工艺。

（3）根据曝气装置位置的不同，接触氧化池在形式上可分为分流式和直流式。分流式接触氧化池中污水先在单独的隔间内充氧后，再缓缓流入装有填料的反应区，而直流式接触氧化池是直接在填料底部曝气。

（4）按池内水流特征可分为内循环和外循环式。内循环指单独在填料装填区进行循环，外循环指在填料体内外形成循环。

（5）填料方面，生物接触氧化池的填料按性能分有软性、半软性、弹性及组合填料等；按形状分有颗粒状、线条状、筒管状，片板状、网环状等；按材质分有石料、炉渣、焦炭、陶粒及组合体等。近年来，又出现高分子聚合物和醛化维纶长丝组成的 SR-A 型组合填料，HZ 型、HTZ 型、HBY 型等软性、半软性组合填料。当然，今后市场上还会研制、开发出各种新型填料。

B　生物接触氧化的构造

生物接触氧化池通常包括进出水及附属装置、填料、曝气设备、混合搅拌设备等。各级处理构筑物不应少于两个（格），且按并联系列设计。

（1）进出水及附属装置。生物接触氧化池的进水端宜设导流槽，宽度应满足氧化池布水、设置布水管路及施工维修的需要。导流槽与氧化池之间应设置导流墙，以防止池内上升水流短路及大量气泡泄入导流槽。出水端应设置集水槽以保证均匀出水，底部应有放空设施。同时，生物接触氧化池还应根据实际情况设置消除泡沫措施、溶解氧检测装置等。

（2）填料。氧化池由下至上应包括构造层、填料层、稳水层和超高。填料层是生物接触氧化池的重要组成部分，安装在曝气区以上，根据材料不同可分为软性、半软性、弹性及组合填料等。软性填料易结团，且易发生断丝、中心绳断裂等情况，其寿命一般为 1~2 年；半软性填料具有较强的气泡切割性能和再行布气的能力、挂膜脱膜效果好、不堵塞等优点，使用寿命较软性填料长，但其理论比表面积小且造价偏高；弹性填料比半软性填料更加刚柔兼具，以瓶刷状弹性立体填料为例，该填料具有更大的空隙率、更高的气泡切割能力，可提高氧气利用率；组合填料吸取了软性填料比表面积大、易挂膜和半软性填料不结团、气泡切割性能好的优点，其污水处理能力优于以上两种填料。另外还有浮挂式填料、各类悬浮填料等等。生物接触氧化填料如图 4-25 所示。

（3）曝气设备。曝气设备根据填料的形式有所变化，悬挂式填料宜采用鼓风式穿孔曝气管、中孔曝气管，悬浮填料宜采用穿孔曝气管、中孔曝气器、射流曝气器、螺旋曝气器。鼓风曝气一般采用主管与支管相结合的曝气系统，在氧化池底部的主管可以采用环形、一字形、十字形、王字形等，支管可根据曝气系统的大小，采用一点、两点或多点进气进入主管。

（4）混合搅拌设备。在缺氧池设置悬挂式填料，宜采用水力搅拌、低氧空气搅拌等方式，搅拌强度应满足生物膜的正常生物代谢。

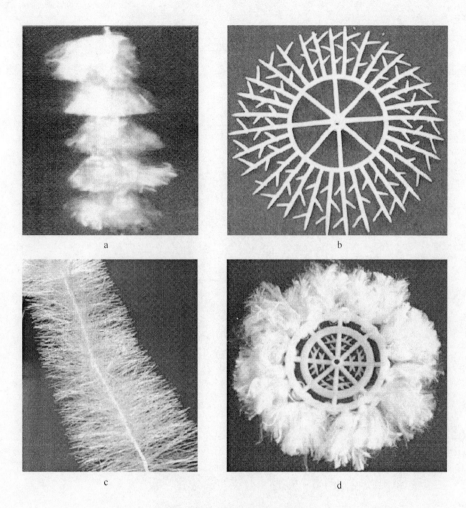

图 4-25　生物接触氧化填料

a—软性填料；b—半软性填料；c—瓶刷状弹性立体填料；d— 组合填料

接触氧化池结构图，如图 4-26 所示。

4.2.3.3　生物接触氧化的技术参数

针对接触氧化工艺，我国出台了《室外排水设计规范》（GB 50014—2006（2016 年版））、《生物接触氧化法污水处理工程技术规范》（HJ 2009—2011）、《农村生活污水处理设施技术标准》（征求意见稿）、《农村生物污染控制技术规范》（HJ 574—2010）等，参考上述标准规范，本节分别介绍"去除碳源污染物""同步除碳脱氮"两种常见生物接触氧化工艺的参数。

（1）去除碳源污染物的工艺设计参数，见表 4-24。

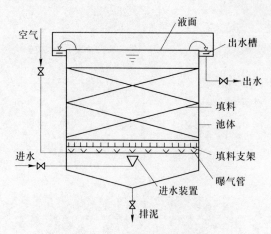

图 4-26 接触氧化池结构图

表 4-24 去除碳源污染物工艺设计参数（水温 20℃）

序号	参　数	数　值	单　位
1	有机负荷	0.5~3.0	$kg(BOD_5)/(m^3_{填料} \cdot d)$
2	悬挂式填料填充率	50~70	%
3	悬浮填料填充率	20~50	%
4	需氧量	0.7~1.1	$kg(O_2)/kg(BOD_5)$
5	悬浮污泥浓度	0.5~4.0	g/L
6	污泥产率	0.3~0.5	$kg(VSS)/kg(BOD_5)$
7	污泥回流比	0~100	%

（2）同步除碳脱氮的工艺设计参数，见表 4-25。

表 4-25 脱氮工艺污染物工艺设计参数（水温 10℃）

序号	参　数	数　值	单　位
1	有机负荷	0.4~2.0	$kg(BOD_5)/(m^3_{填料} \cdot d)$
2	总氮污泥负荷	<0.05	$kg(TN)/(kg_{MLSS} \cdot d)$
3	悬浮污泥硝化容积负荷	0.7	$kg(NH_3-N)/(kg_{MLSS} \cdot d)$
4	硝化容积负荷	0.5	$kg(TKN)/(m^3_{填料} \cdot d)$
5	缺氧池悬挂料填充率	50~70	%
6	缺氧池悬浮填料填充率	20~50	%
7	好氧池悬挂料填充率	50~70	%
8	好氧池悬浮填料填充率	20~50	%
9	污泥浓度	2.5~4.0	g/L

序　号	参　　数	数　　值	单　位
10	需氧量	0.7~1.1	kg(O$_2$)/kg(BOD$_5$)
11	水力停留时间	好氧段 4~16	h
		缺氧段 0.5~3.0	
12	污泥产率	0.1~0.4	kg(VSS)/kg(BOD$_5$)
13	污泥回流比	50~100	%
14	混合液回流比	100~300	%

（3）其他设计参数。

1）停留时间：多级接触氧化工艺的第一级生物接触氧化池水力停留时间应占总水力停留时间的 55%~60%。

2）曝气强度：生物接触氧化池曝气强度宜采用 10~20m^3/(m^2·h)。

3）填料：生物接触氧化池由下至上应包括构造层、填料层、稳水层和超高。其中，构造层层高宜采用 0.5~1.5m，填料层高宜采用 3.0~5.0m，稳水层高宜采用 0.4~0.5m，超高 0.5~0.6m。

4）出堰负荷：竖流式接触氧化池宜采用堰式出水，过堰负荷宜为 2.0~3.0L/(s·m)。

4.2.3.4　生物接触氧化技术总结与案例

生物接触氧化法兼有活性污泥法和生物膜法的优点。该工艺因具有高效节能、占地面积小、耐冲击负荷、运行管理方便等特点而被广泛应用于各行各业的污水处理系统。在可生化条件下，不论应用于农业养殖污水还是农业生活污水的处理，都具有良好的经济效益。以"厌氧池-接触氧化-人工湿地"工艺为例，该工艺 COD、TP 平均去除率为 75% 和 50%，对 TN 和氨氮的去除能力有限，处理出水可达到《城镇污水处理厂污染物排放标准》（GB 18918—2002）的二级标准。户均建设成本约为 800~1000 元，适用于经济条件有限和对氮磷去除要求不高的村庄。

以浙江省某农村污水处理站为例，介绍生物接触氧化法主要设计流程与经济指标。

A　设计水量及进出水水质

该项目设计水量按 500m^3/d 设计，主要为生活污水，包括餐厨污水、化粪池出水、洗涤污水等，采用一级接触氧化工艺进行处理，设计进出水水质情况见表4-26。

表 4-26 设计进出水水质表　　　　　　　　　　（mg/L）

指标	pH 值	BOD_5	COD_{Cr}	SS	NH_3-N	色度
进水水质	6~9	200~300	500~800	500~600	60~100	120~160
出水水质	6~9	≤20	≤100	≤20	≤8（15）	≤30

注：1. pH 值、BOD_5、COD_{Cr}指标执行《污水综合排放标准》（GB 8978—1996）一级标准；

　　2. SS、NH_3-N、色度指标执行《城镇污水厂污染物排放标准》（GB 18918—2002）一级 B 标准。

B　工艺流程

曝气生物氧化工艺流程，如图 4-27 所示。

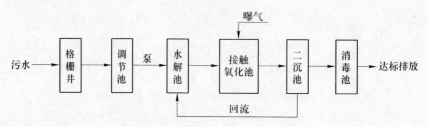

图 4-27　曝气生物氧化工艺流程

综合污水经粗细格栅去除大颗粒状和纤维状杂质后流入调节池，调节池内设置预曝气，充分搅拌，使污水充分地均质均量，并有效地降解有机物和防止淤泥沉积。调节池的污水泵将生活污水提升至污水处理系统。水解酸化池中的厌氧污泥吸附废水中的有机物，同时把废水中的溶解性有机物质通过酶反应机理而迅速去除。水解酸化池的出水自流入接触氧化池，氧化有机物并对废水进行充分的硝化，使有机物在此得到充分降解。接触氧化池出水自流入二沉池，在此分离新陈代谢后的生物膜，污水再经消毒处理即可排放。

C　设计参数

（1）格栅池。格栅池为钢筋混凝土结构地下式设置，池内设二套格栅与调节池合建，格栅设备材质为 Q235-A。有效水深：1.5m；格栅栅隙：5mm。

（2）调节池。调节池为钢筋混凝土结构，地下式设置，池内设置污水泵二台，液位控制器一组三套及其他基础设施。停留时间 10h；有效水深 2.5m。

（3）水解池。水解池为 A3 钢制作，埋地式设置，池内设置填料，停留时间 4.0h，半地下防腐钢结构，过流方式：上下折流。

（4）接触氧化池。接触氧化池为 A3 钢制作，埋地式设置，池内设置填料曝气系统，进水、出水布水系统：

有机负荷率：0.8kgBOD/（m^3·d）

有效容积：175m^3

总面积：44m^2，两座氧化池，一座 22m^2

池深：6m；其中，填料高度：4m；超高 0.5m，稳水层 0.5m，构造层高 1m

停留时间：8.4h

（5）二沉池。二沉池为 A3 钢制作，埋地式设置。

表面负荷：1.5m³/（m²·h）；面积：13.8m²；有效水深：2.25m；停留时间：1.5h。

（6）其他公辅工程。包括消毒池、污泥干化池、风机房、配电间等。

D 经济技术指标

生物接触氧化经济技术指标，见表 4-27。

表 4-27 生物接触氧化经济技术指标

序号	项 目	指 标
1	处理规模	500m³/d
2	总投资	184 万元
3	吨水投资成本	0.37 万元
4	运行费用（电费+消毒药剂费）	185 元/d
5	吨水运行成本	0.37 元/m³

4.2.4 生物转盘法

生物转盘法（Rotating Biological Contactor，RBC）是生物膜法的一种，又称为半浸没生物膜，它是用转动的盘片代替固定点滤料。生物转盘法诞生于 20 世纪 20 年代的德国，具有净化效果优良、能耗低等特点，可满足农村污水的处理要求，并在国内外得到大量应用。

4.2.4.1 生物转盘技术原理及特点

A 技术原理

生物转盘工艺主要是利用转盘上微生物的新陈代谢活动来实现污水净化的，如图 4-28 所示。生物转盘通常被排列成一个系列，通过驱动装置推动转盘的旋转。生物转盘在旋转的过程中使转盘与污水、空气交替发生接触。经过一段时间后，盘片上逐渐附着生长一层含有大量微生物的生物膜。连续稳定运行一段时间后，微生物的种属组成逐渐稳定，其新陈代谢功能逐渐发挥出来，并达到稳定的程度，污水中的污染物被生物膜吸附并降解。

当转盘离开污水与空气接触时，空气通过传质不断进入生物膜的固有水层，从而为生物膜和污水补充溶解氧；生物膜交替地与空气和污水接触，成为一个连续的吸氧、吸附、氧化分解的过程，进而达到净化污水的目的。生物膜从外到里依次形成好氧膜、兼性膜、厌氧膜。在生物膜与污水以及空气之间，不仅存在有

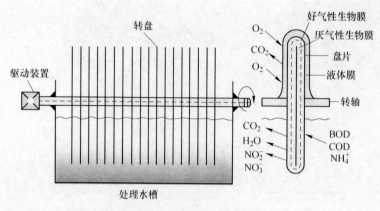

图 4-28　生物转盘工艺原理

机物和 O_2 的传质，还进行着其他物质，如 CO_2、NH_3 等的传递。

　　随着运行时间的延长，生物膜逐渐增厚。盘片表面生长的生物膜厚度为 1~4mm，在其内部形成厌氧层，并开始老化。由于盘片转动产生了剪切力，而且由于生物膜老化附着力降低，老化的生物膜开始脱落，进而新的生物膜又开始生长。生物膜不断进行新老交替。脱落生物膜密度较高，易于沉淀。生物膜能够实现有机污染物的去除，在厌氧与好氧交替的环境中还能够实现硝化、脱氮除磷的功能。

　　B　工艺特点

　　生物转盘工艺是活性污泥法与生物膜法的有机结合，既具有活性污泥法的特点，又具有生物膜法的特性。主要技术特点如下：

　　(1) 微生物浓度高。盘片上的微生物是固着生长的，具有很高的生物量，其生物量转换成 MLVSS（混合液挥发性悬浮固体浓度）高达 50000~60000mg/L。由于具有很高的生物量浓度，所以生物转盘系统具有很高的污染物去除率。

　　(2) 生物相分级。生物相分级可以分为横向分级与竖向分级两种情况。横向分级是指每级串联系统中微生物的分级，每级生物转盘中都有适应本段污水水质的生物相；竖向分级指的是，生物盘片上从外到里的微生物相分级，依次为好氧微生物、兼性微生物、厌氧微生物。

　　(3) 污泥龄长。在生物转盘上生长着世代周期很长的微生物，因此生物盘工艺具有脱氮除磷的功能。

　　(4) 耐冲击负荷较高。由于生物盘上的微生物量非常大，食物链较复杂，因此生物盘工艺具有很高的抗冲击负荷能力。

　　(5) 能耗低。接触反应槽不需要曝气装置，与传统的活性法相比，生物转盘工艺具有能耗低的特点。

C 工艺流程

生物转盘污水处理工艺的基本流程，如图 4-29 所示。

图 4-29 生物转盘污水处理工艺基本流程

实际应用时，生物转盘工艺流程的选择，应该根据进出水水质，通过技术、经济比较后确定。下面以一体化生物转盘污水处理装置为例，介绍其工艺流程。

进水以生活污水为主，如农村生活污水等，宜采用如图 4-30 所示基本工艺流程，即单级生物转盘工艺流程。

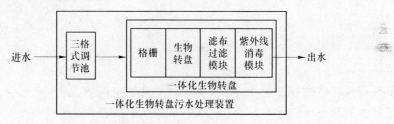

图 4-30 处理生活污水为主的生物转盘基本工艺流程

要求去除污水中高浓度有机物时，比如农家乐等，宜采用如图 4-31 所示多级串联生物转盘的工艺流程。

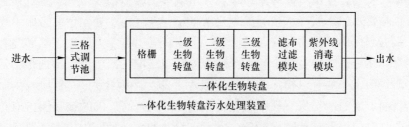

图 4-31 处理高浓度生活污水的多级串联生物转盘的工艺

4.2.4.2 生物转盘的分类和构造

A 生物转盘的分类

生物转盘处理技术可以分为一体化和模块化两种类型。我国 2014 年出台的工程建设协会标准《一体化生物转盘污水处理装置技术规程》（CECS375：2014），对一体化生物转盘的工艺流程、设计、施工验收等进行了规范。该规范对一体化生物转盘的定义为：以生物转盘工艺为基础，由多个功能模块按需求组合的一体化污水处理成套装置。一体化系统通常属于成套装置，一般处理能力不大于 250 人口当量，如图 4-32 所示。

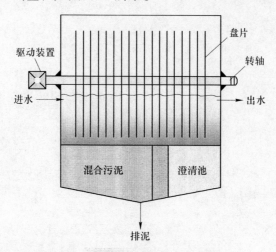

图 4-32　一体化生物转盘污水处理技术

　　模块化系统允许更灵活的工艺配置，分别对初级、二级和固体处理进行单独操作，通常处理能力大于 1000 人口当量。由于尺寸和重量限制，通常生物转盘的盘尺寸限制在 4m 直径以内。

　　模块化生物转盘（图 4-33）允许在可接受浓度的负荷内使用并联操作，相反，如果出水质量是主要关注点，则生物转盘通常是串联操作。由于可串联或并联操作，生物转盘也可分为单级单轴、单级多轴和多轴多级等形式。级数的多少主要根据污水的水质、水量和处理要求来定，农村污水处理中多采用单级形式。

　　根据起作用微生物群的氧气需求，生物转盘也可分为好氧生物转盘和厌氧生物转盘。在好氧生物转盘中，当盘片缓慢转动浸没在接触反应槽内缓缓流动的污水中时，污水中的有机物将被滋生在盘片上的生物膜吸附；当盘片离开污水时，盘片表面形成的水膜从空气中吸氧，氧溶解浓度升高，同时被吸附的有机物在好氧微生物的作用下进行氧化分解。圆盘不断地转动，污水中的有机物不断分解。当生物膜增加到一定厚度以后，其内部形成厌氧层并开始老化、剥落，剥落的生物膜由二次沉淀池去除。在厌氧生物转盘中，盘片缓慢转动，浸没在接触反应槽内缓缓流动的污水中，滋生在盘片上的生物膜充分与水中的有机物接触、吸附，在厌氧微生物的作用下被吸附的有机物进行分解反应。转盘转动时作用在生物膜上的剪力使老化生物膜不断剥落，因而生物膜可经常保持较高的活性。厌氧生物转盘与好氧生物转盘不同之处在于上部加盖密封，以保证厌氧环境和收集沼气。

　　目前也出现了一些新型生物转盘，如藻类生物转盘、与沉淀池合建生物转盘、与曝气池组合的生物转盘等。生物转盘可以与另一个污水处理单元操作相结合，称为混合系统，以增强处理负荷、改善排放标准或提高负荷的耐冲击性等。如生物转盘与湿地组合可用于改善小型污水处理工程的排放要求，并增强对暴雨的缓冲能力。

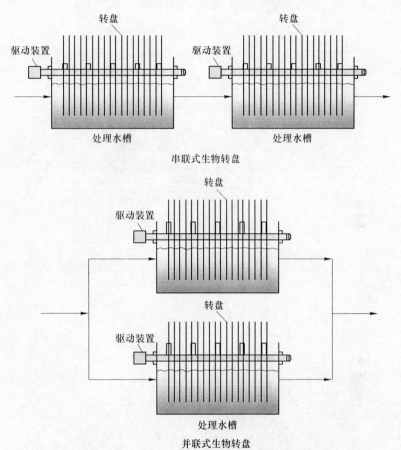

图 4-33 模块化生物转盘污水处理技术

B 生物转盘的构造

生物转盘由盘片、接触反应槽、转轴以及驱动装置组成，有时候也被称为盘式表面生物膜反应器。其结构图和实物图分别如图 4-34 和图 4-35 所示。

（1）盘片。盘片是生物转盘工艺的核心部件，主要功能是为生物生长提供载体，如图 4-36 所示。盘片与生物转盘的效率直接相关。为了延长使用寿命，生物转盘采用紫外线耐光介质（例如塑料加炭黑）或通过保护壳覆盖生物转盘来保护，同时可以减少热量损失和苍蝇/气味。长期以来，盘片的形状多以圆形或正多边形平板为主。如今存在许多变化，从简单的平盘到波纹到蜂窝网，也有采用波纹状盘片和平板盘片相结合的生物转盘，所有这些设计都是为了提高单位

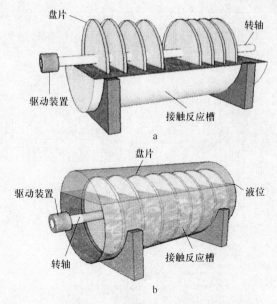

图 4-34　生物转盘单元示意图

a—传统二阶段生物转盘；b—单阶段高浸没率密闭生物转盘

（图片来源：Environmental Science and Bio/Technology. 2008，7（2）：155-72）

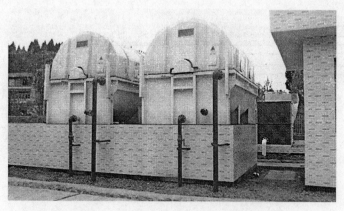

图 4-35　四川某乡镇生物转盘污水处理站

体积的表面积。但是，随着盘片变得越来越复杂，其成本也越来越高。

　　用于生物转盘的盘片，主要由聚苯乙烯泡沫塑料、聚碳酸酯板或高密度聚乙烯（HDPE）等制成的。含有 UV 抑制剂（如炭黑）的 HDPE 是最常用的材料，并且可制成不同的构型或波纹图案。波纹有助于增强盘片的结构稳定性，改善传质并增加可用的表面积。按照比表面积来分类，盘片通常可分为低（或标准）密度、中密度和高密度（图 4-37）。标准密度盘片定义为：具有约 115m²/m³ 反

a　　　　　　　　　　　　　　　　　b

图 4-36　生物转盘盘片

a—密集型盘片（http：// www. dmw. co. jp）；b—生物转笼（http：//www. wateronline. com）

应器的表面积，通常用于生物转盘工艺的前段序列。中等和高密度介质具有 $135\sim200\mathrm{m}^2/\mathrm{m}^3$ 反应器的表面积，通常用于生物转盘工艺的中段和后段。

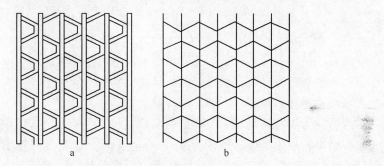

a　　　　　　　　　　　　　　　b

图 4-37　典型标准密度和高密度盘片

a—标准密度；b—高密度

（图片来源：Industrial & Engineering Chemistry Research. 2003，42（10）：2035-2051）

　　虽然填充型盘片的使用并不新鲜，但较少有制造商在商业上利用它，这种类型的生物转盘有时候也称为生物转笼（图 4-38）。转笼内在盘片外围包裹一圈圆筒网格，再将网格与盘片形成的圆柱空间分隔成几个小的空间区域，并在其中填充特定比表面积较大的填料。与传统的盘片一样，生物转笼也可能会出现一些操作问题。通过精心设计，可开发具有适当方向和运动的填充型盘片，从而可以在全尺寸转笼中形成合适的生物膜。

　　（2）接触反应槽。接触反应槽的作用主要是容纳污水，为盘片上的微生物提供营养物质，促进微生物的新陈代谢，降解污染物。接触反应槽的外形应该与盘片的形状相吻合。污水处理槽可以用钢筋混凝土或钢板制作，断面直径比转盘

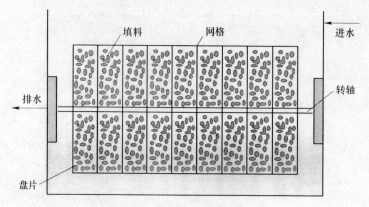

图 4-38　生物转笼结构示意图

略大（一般 20~40mm），使转盘既可以在槽内自由转动，脱落的生物膜又不至于留在槽内。

（3）转轴。转轴是连接盘片与驱动装置的重要部件，转轴安装在接触反应槽的两端支座上。在设计中应当注意，转轴通常要位于液面的上方，以避免转轴的锈蚀。

（4）驱动装置。驱动装置是生物转盘系统动力的源泉。常规的生物转盘的驱动装置包括动力设备与减速装置，动力设备可采用变速电机或普通电机。针对电机驱动生物转盘存在容积负荷低、转盘驱动装置维修工作量大等不足，出现了水力驱动生物转盘和空气驱动生物转盘。

水力驱动生物转盘的驱动装置为水轮机，不需要电力。由于水力驱动可多次充氧，增加污水中的溶解氧含量，以补充生物呼吸降解的耗氧量，因此提高了生物转盘的处理效果。空气驱动生物转盘，是在盘片外缘周围设空气罩，在转盘下侧设曝气管，管上装有扩散器，空气从扩散器吹向空气罩，捕捉空气产生浮力，随之在传动轴上产生转矩，转盘得以转动。

此外，生物转盘污水处理技术还要根据实际需求，配备粗格栅、细格栅、沉砂池、调节池、二沉池、紫外线消毒渠、污水回流井、污泥池、污泥脱水间等构筑物与设备。

4.2.4.3　生物转盘影响因素和技术参数

（1）盘片。在特定生物转盘系统设计阶段，有必要评估待处理污水的特性，出水水质要求，并比较各种类型盘片的成本、比表面积、传质系数和运行功耗，这将使工艺设计能够选择最合适的盘片类型。通常情况下，盘片直径为 1~4m，水平轴长通常小于 8m；盘片外缘与槽壁的净距不宜小于 150mm，进水端盘片净距宜为 25~35mm，出水端盘片净距宜为 10~20mm；转轴中心高度应高出水位

150mm 以上。

（2）转速。转盘转速与处理效果之间存在一种抛物线的关系，在一个特定的转速值时转盘处理效果达到最大，此时的转速即为最优转速。当转速低于或高于最优转速时，系统的处理效果都会下降。其原因是：在转速较低时，反应槽内的液体紊流度较低，污水溶解氧低，基质与生物膜的接触不够充分，所以处理效果不够好；随着转速的提高，反应槽内的液体逐渐趋于均匀混合，基质与生物膜的接触也逐渐趋于充分，系统的处理效果逐渐变好。当达到最优转速时，处理效果达到最优。当转速高于最佳转速时，盘片上的生物膜受到的液体剪切力逐渐增大，使附着不牢固的生物膜游离到水体中，从而降低了盘片上的生物量，使得系统的处理能力逐渐降低。有研究认为转盘的最佳转速为 $0.8 \sim 3.0 r/min$，线速度为 $10 \sim 20 m/min$。

（3）浸没比。转盘浸没百分比的大小直接影响系统处理效果。对于厌氧生物转盘，浸没比越小，转盘转动就越容易带入空气，厌氧环境就越难控制；浸没比越大，转盘单位面积有机负荷越高，COD 去除率就越高。对于好氧生物转盘，浸没比越小，转盘转动带入的空气就越多，对曝气的要求就越低，能耗就得到降低，但同时转盘单位面积有机负荷降低，基质消化效果变差。因此，对于好氧生物转盘而言，需要找到盘片浸没比最大、能耗消耗最小及处理效果最好之间的最优点，以达到系统的最优化运行；对于厌氧生物转盘而言，只需要将整个生物转盘浸没到污水中即可。通常情况下，在生活污水的好氧处理中采用 40%（湿盘水平）的浸没率。

（4）水力停留时间（HRT）。当 HRT 较小时，污水处理量大，系统有机负荷高，反应槽中的 DO 较低。在这种情况下，盘片上的生物膜受到的冲击力变大，从而加速生物膜的脱落，降低了转盘上的生物量，从而降低了系统的处理能力。并且在短 HRT、高有机负荷条件下，世代时间较长的自养型硝化菌的生长受到很大影响，硝化率低，从而影响反硝化的效果。随着 HRT 的增加，生物膜与有机质的接触机会和时间都会相应的增加，污染物能被更加充分的降解，系统的处理效率提高。但 HRT 过长时，有机负荷降低，反应槽中 DO 升高，会逐渐破坏反硝化所需的缺氧微环境；同时，HRT 过长，需要的反应器的体积增加，占地面积变大，即投资费用增加。由此可以看出，延长 HRT 是以减少污水处理量为代价的。因此，为达到污水处理和经济节能双赢的效果，选择合适的 HRT 是很重要的。在通常情况下，HRT 为 $1 \sim 1.5 h$ 左右。

（5）有机负荷。有机负荷与水力停留时间和进水有机物浓度有密切的关系。对于一定的进水底物浓度而言，有机负荷越低，水力停留时间就越长，经处理后的出水有机物浓度就越低；反之则越高。大量研究表明，对于单个生物转盘单元，氧传递限制发生在有机负荷约为 $32 gBOD_5/m^2$，超过该值就会造成有害生物体贝氏硫细菌的过分生长。此外，反应槽内的有机负荷还影响硝化反应，若 COD 值低于 20mg/L，则硝化细菌在生物膜内成为优势菌。

（6）生物转盘的挂膜。生物膜对于生物膜法处理污水是至关重要的一部分。但是一直以来生物转盘的挂膜是一件不太容易的事情。根据微生物挂膜所需的条件，营造一个适合微生物大量繁殖的环境条件，如适合微生物生长的 pH 值、温度、DO 等，在挂膜时可以选择接种含有丰富微生物的活性污泥进行挂膜，也可以选择营养元素配比合理的污水进行挂膜。合理控制条件以使需要的有益微生物成为优势菌。当盘片上出现一层薄薄的生物膜时即认为挂膜成功，然后连续运行一段时间，当出水水质稳定时即挂膜完成。

但对于冬季气温较低的我国北方来说，生物转盘很难挂膜，很大程度上限制了其在北方污水处理中的应用。事实上，当温度从 13℃ 下降至 5℃ 时，需要 2.5 倍的盘片表面积才能达到相同的处理效果。并且普通生物转盘的挂膜通常需要 1 个月左右的时间。

对于一体化生物转盘污水处理装置，主要技术参数如下：

生物转盘的设计在无试验资料的情况下，盘片的生化需氧量 BOD_5 的表面有机负荷宜为 $0.005 \sim 0.020kg/(m^2 \cdot d)$。当脱氮有要求时，氨氮表面负荷宜为 $0.006 \sim 0.007kg/(m^2 \cdot d)$；

盘片的表面水力负荷宜为 $0.04 \sim 0.20m^3/(m^2 \cdot d)$；

单位 BOD，产泥量可按 $0.3 \sim 0.5kg/kg$ 计算；

当要求脱氮时，应采取混合液回流方式，回流比宜选择 $100\% \sim 300\%$；

盘片在槽内的浸没深度宜为直径的 $30\% \sim 40\%$；

盘片直径宜为 $1.0 \sim 4.0m$，净距宜为 $10 \sim 30mm$；

盘片转速应能根据运行情况调整，宜为 $1.0 \sim 3.0r/min$，盘体外缘线速度宜为 $15 \sim 18m/min$；

盘片应具有比表面积大的特点，其材质应具有质量轻、强度高、耐腐蚀、耐老化和易挂膜的性能；

盘片应具有良好的亲水性、浸水不变形和不宜被微生物分解的理化性能；

盘片中心转轴的长度宜为 $0.5 \sim 7.0m$，其直径宜为 $50 \sim 80mm$；

盘片中心转轴的强度和挠度应满足盘体自重和运行过程中附加荷重的承载要求。

4.2.4.4 生物转盘技术总结与案例

生物转盘污水处理技术具有土地需求相对较小、易于施工和扩展、设计紧凑且独立隔间、过程控制和监控简单、运营和维护成本低、水力停留时间短、氧气转移效率高、微生物浓度高、二次沉淀池污泥体积指数低、耐冲击负荷、无恶臭和蚊蝇问题等优点，但也存在诸如工艺启动慢等缺点。同时，生物转盘污水处理技术受气候因素影响较大，寒冷地区需考虑防寒保温设计，增加成本。

以浙江省某农村污水处理站为例，介绍生物接触氧化法主要设计流程与经济指标。

A　设计水量及进出水水质

该项目设计水量按 500m³/d 设计，主要为生活污水，包括餐厨污水、化粪池出水、洗涤污水等。具体设计进出水水质情况，见表 4-28。

表 4-28　设计进出水水质表　　　　　　　　　　（mg/L）

指标	pH 值	BOD$_5$	COD$_{Cr}$	SS	NH$_3$-N	色度
进水水质	6~9	200~300	500~800	500~600	60~100	120~160
出水水质	6~9	≤20	≤100	≤20	≤8（15）	≤30

注：1. 出水水质执行《污水综合排放标准》（GB 8978—1996）一级标准；

　　2. SS、NH$_3$-N、色度指标执行《城镇污水厂污染物排放标准》（GB 18918—2002）一级 B 标准。

B　工艺流程

生物转盘工艺流程，如图 4-39 所示。

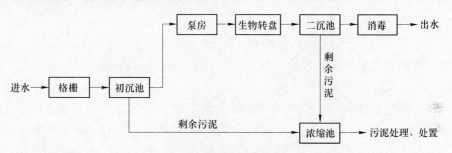

图 4-39　生物转盘工艺流程

工艺流程的选择、设计主要是依据污水水量、水质及变化规律，以及对出水水质和对污泥的处理要求进行。本项目处理工艺流程如图 4-39 所示。污水首先进入一级处理系统，即前处理系统流程。在此流程中设置格栅和初次沉淀池为主要构筑物。经一级处理后，污水进入二级处理系统，以生物转盘和二次沉淀池作为核心构筑物。最后，经二次处理的污水进入接触消毒池进行杀菌的后处理排放。

C　设计参数

（1）格栅。格栅池为钢筋混凝土结构地下式设置，机械清渣。

细格栅：栅隙 10mm，泵前格栅间隙不大于 25mm，设备材质：Q235-A。

（2）初沉池。竖流式沉淀池：采用两座初次沉淀池和一座备用初沉池。沉淀池和贮泥斗断面均采用圆形，单斗排泥。

（3）生物转盘。采用两组四轴四级生物转盘，并采用圆形硬聚氯乙烯板盘片。

单槽处理水量：$62.5m^3/d$

盘面负荷 LA：$20gBOD_5/(m^2 \cdot d)$

水力负荷：$0.1 \sim 0.2m^3/(m^2 \cdot d)$

（4）二沉池。二沉池为 A3 钢制作，埋地式设置。表面负荷：$1.8m^3/(m^2 \cdot h)$；面积：$13.8m^2$；有效水深：$3.6m$；停留时间：$2h$。

（5）其他公辅工程。包括格栅、消毒池、风机房、配电间等。

D 经济技术指标

生物转盘经济技术指标，见表4-29。

表 4-29 生物转盘经济技术指标

序号	项 目	指 标
1	处理规模	$500m^3/d$
2	总投资	400 万元
3	吨水投资成本	0.8 万元
4	运行费用（电费+消毒药剂费）	125 元/d
5	吨水运行成本	0.25 元/m^3

不同规模及设计参数的生物转盘污水处理技术，其建设和运行成本差别显著。如江苏省采用的农村污水小型转笼式生物膜工艺，处理规模小于$100m^3/d$，主体设施吨水投资约0.8万 ~ 1.0万元/$(m^3 \cdot d)$，直接运行维护成本约0.25元/t。在西南地区，$1000m^3/d$的生物转盘（三维结构）污水处理技术，不含管网的吨水投资费用约0.40万元，吨水运行费用约$0.3 \sim 0.40$元。生物转盘也可用于万吨级的村镇污水处理。如湖南省长沙县黄花镇污水处理厂，采用16台生物转盘并联组合，滤布滤池3台并联组合，设计规模为8200t/d，吨水占地约$1m^2$，吨水投资费用约为0.50元（不含管网），吨水运行费用约为1.0元（主要包括人工费、电费、药剂费等费用）。

4.2.5 小结

与城市相比，农村生活污水的处理具有以下特征：（1）由于农村经济基础相对薄弱，用于水污染控制的经费不多。（2）单个污水处理设施规模较小，但设施数量巨大，运行和监管难度较大。（3）生活污水处理量小，水质水量变化大，污水排放呈不连续状态。这些特点决定了适用于农村污水治理的主要工艺必须要具备投资合理、运营管理简单、耐冲击负荷的特征。相比于传统的活性污泥法，生物膜法由于生物相丰富、微生物固着在固体表面，对于污水水质、水量均有较好的适应性，且不会发生污泥膨胀，剩余污泥量较少，管理更为方便，在农村污水治理中具有较好的推广性。本节介绍了几种常用于农村污水治理中的生物膜工艺，以其中所举案例为例，不计征地费用，表 4-30 给出了各类工艺初期投资（含前期费用，建设成本）、运行费用等构成，以及各工艺的优缺点等，以供参考。

表 4-30　各工艺前期投资情况及工艺特点

工艺	曝气生物滤池	滴滤池	生物接触氧化	生物转盘
投资 /万元·t⁻¹	0.55	0.25	0.37	0.8
运行费用 /万元·t⁻¹	0.56	0.3	0.37	0.25
吨水占地面积 /m²·t⁻¹	0.38~1	0.5~1.5	0.5~2	0.26~0.3
优点	脱氮效率高，但对进水悬浮物要求高，需要预处理工艺	投资成本低，耐冲击负荷，出水稳定、运营费用少	高效节能、占地面积小、运行管理方便	不需要曝气回流，运行费用省。耐冲击能力强
缺点	需要定期反冲洗以维持处理效果	相比于其他几种工艺，滴滤池占地面积较大	填料选择不当会严重影响处理效果，同时，污染负荷过高时易发生堵塞	需要增设后处理工艺；受气候因素影响较大、寒冷地区需考虑防寒保温设计
适用性分析	可用于用地紧张的地区	适合经济不发达、有充足用地的地区	广泛适用于农村污水治理中	可用于用地紧张的地区

注：工艺的运行维护费用参考标准：东部地区可上调10%；西部地区可下调10%；北方寒冷地区，需采暖防寒措施的，可上调20%。

4.3　生态自然法污水处理技术

生态自然法污水处理技术是生态学的工程应用实践，是指污水在多种介质（包括土壤、填料等）、微生物、水生动植物的综合作用下，有机污染物、氮、磷及其他污染物被降解转化或利用，达到水质净化的同时，实现污水的资源化利用。生态自然法自 20 世纪 70 年代发展至今，因其具有构造简单、投资造价低、能耗省、运行费用较低、耐冲击负荷能力较强、兼具景观效果等优点，已被广泛应用于国内外农村污水处理中。但污水自然处理必须考虑对周围环境以及水体的影响，不得降低周围环境的质量，应根据区域特点选择适宜的污水自然处理方式。采用土地处理，应采取有效措施严禁污染地下水。对于污水量较大的城镇、农村，宜审慎采用污水自然处理。

4.3.1 人工湿地

根据《国际湿地公约》，湿地系指不问其为天然或人工、长久或暂时之沼泽地、湿原、泥炭地或水域地带，带有或静止或流动、或为淡水、半咸水或咸水水体者，包括低潮时水深不超过6m的水域。

人工湿地指用人工筑成水池或沟槽，底面铺设防渗漏隔水层，充填一定深度的基质层，种植水生植物，利用基质、植物、微生物的物理、化学、生物三重协同作用使污水得到净化。

4.3.1.1 人工湿地技术原理及特点

A 技术原理

人工湿地污水处理技术是利用生态工程的方法，湿地植物、栖息于湿地的动物、微生物及其环境形成一个有机整体，从而建立起人工湿地生态系统，实现污水处理。湿地对水质的净化是一个复杂的过程，是物理、化学、生物作用协同发挥效应的结果。物理作用主要是湿地的过滤、沉积和吸附；化学作用主要是湿地床中基质对污染物的化学沉淀和离子交换；生物作用包括微生物的降解、转化和植物的吸收。

在湿地系统中，填料表面和植物根系将由于大量微生物的生长而形成生物膜，废水流经生物膜时，大量悬浮物被填料和植物根系阻挡截留，有机物通过生物膜的吸收、同化及异化作用而被去除。湿地系统中因植物根系对氧的传递释放，使其周围环境中依次呈现好氧、缺氧和厌氧状态，保证了废水中氮、磷不仅能被植物和微生物作为营养成分直接吸收，还可以通过硝化、反硝化作用及微生物对磷的过量积累作用而将其从废水中去除。

人工湿地系统去除污染物的作用原理，见表4-31。

表4-31 人工湿地系统去除污染物的作用原理

原理类型	作用过程	对污染物的去除作用
物理	沉降（沉淀）	可沉降的颗粒物在预处理过程及湿地中沉降去除，部分附着于颗粒物的不可溶解性有机污染物、氮、磷、大体积细菌等得以去除
	过滤	被污水携带的颗粒在直接拦截、扩散、颗粒惯性、引力作用、流体效应等作用下向植物根系与介质表面迁移，悬浮颗粒物被阻截捕获而去除

原理类型	作用过程	对污染物的去除作用
化学与物理	化学沉淀	磷、重金属等污染物通过化学反应形成难溶性化学物或与其他难溶化学物一起经沉淀去除
	吸附	污染物被吸附在土壤或植物根系表面与水体分离
	分解	太阳辐射或氧化还原等反应过程使难降解有机物分解或变成稳定性较差的化合物，从而进一步降解
生物作用	微生物代谢	在介质空隙、根系表面附着生长一层以细菌为主的微生物膜，将表面吸附的有机物、氮、磷等进行生物分解
	植物吸收代谢	植物根系吸收污水中的氮、磷营养物提供植物生长所需，有的植物根系分泌物对大肠杆菌、病原体具有灭活作用

人工湿地系统能有效去除污水中的悬浮物、可生物降解有机物、重金属、氮、磷营养物及部分病原体等。

B 技术特点

人工湿地应用于农村污水处理的主要技术优点包括：（1）若设计合理，运行维护管理严格，其处理污水的效果稳定有效，可满足农村环境要求；（2）构造简单，建设投资费用低，可以应对农村污水处理资金欠缺的情况；（3）设备少，设备维护工作量低，可以通过巡检式进行维护管理；（4）运行操作简单，不需要复杂的自控系统进行控制；（5）无需设施风机曝气，能耗省，运行费用低；（6）净化污水的同时，美化景观，改善农村人居环境。

该技术不足之处在于：（1）占地面积较大，然而，土地资源在农村地区尚未成为限制性因素，值得注意的是可能存在征地的沟通协调问题；（2）对恶劣气候条件抵御能力弱，尤其冬季植物长势较差，寒冷地区不适于单纯依靠人工湿地进行脱氮除磷；（3）表面流湿地和垂直流湿地易滋生蚊虫，需要控制卫生条件。

4.3.1.2 人工湿地的分类与构造

A 人工湿地的分类

按照系统布水方式或污水在系统中流动方式的不同，可将人工湿地分为三大类：表面流人工湿地、水平潜流人工湿地、垂直潜流人工湿地。潜流人工湿地常被用于农村污水处理。

（1）表面流人工湿地。表面流人工湿地，又称为地表流人工湿地，指污水在基质层表面以上，从池体进水端水平流向出水端的人工湿地。水流在表面流人工湿地中呈推流式前进，整个湿地表面形成一层地表水流，因湿地纵向存在坡度，水流可自流到达出水端，从而完成整个净化过程。

表面流人工湿地示意图，如图4-40所示。

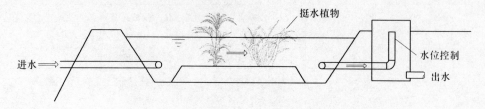

图4-40 表面流人工湿地示意图

表面流人工湿地水深一般0.3～0.5m，近水面部分为好氧生物区，较深部分及底部通常为厌氧生物区。表面流人工湿地中氧的来源主要靠水体表面扩散、植物根系的传输和植物的光合作用。但是由于传输能力十分有限，容易滋生蚊蝇，卫生条件较差。

（2）水平潜流人工湿地。水平潜流人工湿地指污水在基质层表面以下，从池体进水端水平流出向出水端的人工湿地，由土壤、植物、砾石等组成。污水从布水沟（管）流入，沿介质潜流进行过滤，从终端集水沟（管）流出，可在出水口处设置水位调节装置。

水平潜流人工湿地示意图，如图4-41所示。

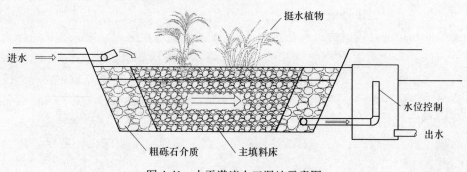

图4-41 水平潜流人工湿地示意图

（3）垂直潜流人工湿地。垂直潜流人工湿地指污水垂直通过池体中基质层的人工湿地，出水装置一般设置在湿地底部。垂直潜流人工湿地可以通过工程手段改善布水均匀性，相对于水平潜流人工湿地，更利于氧在污水及基质中的传输、转移和利用，营造更加有适于硝化和反硝化发生的系统环境；缺点是控制相对复杂。

垂直潜流人工湿地示意图，如图4-42所示。

B 人工湿地的构造

人工湿地基本构造主要包括基质、植物、微生物及其他结构。

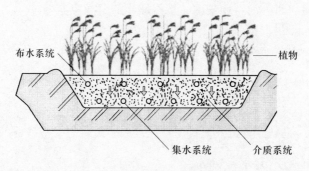

图 4-42　垂直潜流人工湿地示意图

（1）基质。基质指人工湿地内的土壤及其他基质，如碎石、砾石、细沙、煤渣、多孔介质及其中几种组合的混合物等。基质为植物生长和微生物生存提供基础介质，同时，通过沉积、过滤和吸附等作用直接去除污染物。研究表明，人工湿地中的土壤能吸附污水中大部分磷，含铝丰富的基质可有效提高人工湿地对氨氮的吸附效果。

（2）植物。人工湿地中常用植物为挺水植物，植物根、根茎生长在水面以下基质中，茎、叶挺出水面，例如芦苇、蒲草、莲、香蒲、千屈菜、灯芯草、再力花等。植物在人工湿地中可以有效消除短流现象，植物的根系可以维系良好的水力输导性，通过植物生长吸收污染物的同时，根系可以为微生物提供生长环境。在农村污水处理实践中，芦苇是湿地最常选用的水生植物，其输氧能力强，除磷能力较强；一些景观效果较好的美人蕉等也受到欢迎。

人工湿地选择植物的基本原则是：根系发达；适合当地环境，优先选择本土植物；耐污能力强、去污效果好，具有抗冻、抗病虫害能力；有一定经济价值及美化景观效果；容易管理。

（3）微生物。人工湿地系统的微生物以细菌、真菌以及原生动物为主，研究表明，位于根系部分的微生物对污水净化起主导作用。微生物对污水处理的效果取决于停留时间、接触反应条件、氧气供需情况及水温等因素。

（4）其他结构。其他结构为辅助人工湿地完成污水处理的构造物，如集配水及出水系统、防渗层等。人工湿地一般采用穿孔管、配（集）水管、配（集）水堰等装置来实现均匀的集配水。防渗层可防止污水经过渗透作用污染地下水和土壤，位于人工湿地底部及侧面，底部不得低于最高地下水位，渗透系数应不大于 10^{-8} m/s。

4.3.1.3　人工湿地工艺技术参数

A　预处理

污水进入人工湿地前应先经过预处理，一般来说，与人工湿地组合的预处理构筑物有格栅、初沉池、化粪池、水解酸化池、稳定塘等。

B　工艺技术参数

（1）表面流人工湿地。

1）有机负荷：18～116kg（BOD_5）/（$10^4m^2 \cdot d$），BOD_5去除率可达到93%，一般建议采用110kg（BOD_5）/（$10^4m^2 \cdot d$）。

2）布水方式：为避免整个湿地系统内BOD_5负荷不均，建议考虑采用多点布水方式，在前段和1/3长度分别进水。

3）布水深度：夏季≤10cm，冬季≥30cm。

（2）潜流人工湿地。

1）有机负荷：根据研究结果，湿地有机负荷取决于水生植物的输供氧量，一般输氧量值为25～30g（O_2）/（$10^4m^2 \cdot d$），有机负荷166～200kg（BOD_5）/（$10^4m^2 \cdot d$）。

2）布水方式：扩散布水型或丁字管型布水。

3）布水深度：根据水深植物的不同，采用不同布水深度，例如芦苇宜为60cm，香蒲宜为30cm，灯芯草宜为75cm。

4）填料：根据湿地的运行方式和滤料层滤料的渗透系数确定，滤料层厚度宜大于或等于50cm；填料d_{10}为0.2～0.4mm，孔隙率35%～40%。

5）防渗层：材质的选择取决于原有土层的渗透性，当原土层渗透系数大于10^{-8}m/s时，通过敷设或加入一些防渗材料以降低原有土层的渗透性，一般可选用塑料薄膜（如厚度1mm以上的PE膜）、水泥或合成材料隔板、黏土；当原土层渗透系数小于10^{-8}m/s且厚度大于60cm时，可直接作为人工湿地防渗。

4.3.1.4　人工湿地技术经济和总结

根据原环保部发布的《农村生活污水处理项目建设与投资指南》，农村污水处理厂人工湿地投资参考标准，见表4-32。对于偏远地区建议取区间高值，对于处理处理规模小的建议取区间高值，对于处理规模大的建议取区间低值。人工湿地总投资中材料费占60%～80%，设备费占5%～15%，人工费10%～20%。

表4-32　人工湿地投资参考值

类　型	出水标准（GB 18918—2002）	吨水投资/元		
		处理规模≤100m³/d	处理规模101～500m³/d	处理规模501～1000m³/d
表面流人工湿地	一级B	2200～3000	2000～2800	1800～2500
	二级	1500～2100	1300～1800	1200～1700

类　型	出水标准 (GB 18918— 2002)	吨水投资/元		
		处理规模 ≤100m³/d	处理规模 101~500m³/d	处理规模 501~1000m³/d
水平潜流 人工湿地	一级 B	3000~4200	2500~3500	2200~3000
	二级	2200~3000	2000~2800	1800~2500
垂直潜流 人工湿地	一级 B	3200~4500	2800~3900	2500~3500
	二级	2800~3900	2500~3500	2000~2800

占地方面，潜流人工湿地吨水建设面积约 2~3m²，而表面流人工湿地吨水建设面积约 8~15m²。

运行费用方面，人工湿地一般吨水为 0.25~0.8 元，主要包括材料费、人工费、电费等。

相对生物膜法和活性污泥法工艺来说，人工湿地工艺具有投资成本低，运营和管理维护方便等特点，在农村生活污水的处理上有一定的优势。在后期运营中，人工湿地工艺污泥产生量小、维护费用低，因此，人工湿地工艺适用于出水水质要求不高的地区，或作为二级处理工艺后续深度处理工艺，尤其适合中低浓度及水量小的农村生活污水处理。

4.3.2　稳定塘处理技术

稳定塘是一种利用天然净化能力对污水进行处理的构筑物。污水在塘内经较长的时间的停留、贮存，通过微生物（主要是藻、菌共生体）的代谢活动、生物食物链系统功能，以及物理、化学、物理化学作用，使污水中的污染物得到转化降解。当有可利用的荒地、沟渠或水塘且环境影响评价和技术经济比较合理时，可采用稳定塘处理农村生活污水，但必须有防污染地下水措施，塘址与农居居民区之间应设置卫生防护带。

4.3.2.1　稳定塘的分类及技术特点

A　稳定塘的分类

按照稳定塘的供氧条件及优势微生物种群类型可以将稳定塘分为四大类，即好氧塘、兼性塘、厌氧塘和曝气塘。

（1）好氧塘。深度较浅，一般小于 0.5m，阳光能够透射至塘底。塘内呈好氧状态，细菌、原生动物和藻类生长活跃，主要由藻类供氧，好氧微生物对有机物进行降解。

（2）兼性塘。深度较深，一般大于 1m，阳光能够透入上层好氧区，藻类光合作用旺盛，溶解氧充足，呈好氧状态；中间过渡段为兼性区，兼性微生物较为活跃；底部为厌氧区，沉淀污泥进行厌氧发酵。

（3）厌氧塘。深度大于2m，有机负荷率较高，塘内呈厌氧状态，以水解、产酸—级甲烷发酵等厌氧反应为主，净化速率低，污水停留时间长。

（4）曝气塘。深度大于2m，采用人工曝气方式供氧，并对塘水进行搅动，在曝气条件下塘内呈现好氧状态，藻类的生长与光合作用在一定程度上受到抑制。

B　稳定塘的技术特点

稳定塘用于处理农村污水，具有一系列显著的优点：（1）稳定塘的建设可以利用农业开发利用价值不高的废河道、沼泽地等地段，便于因地制宜，充分利用地形，易于施工，工程建设投资省。（2）利用自然净化能力处理污水，维护管理简单，能耗较低，运行成本低廉。（3）实现污水的无害化、资源化，形成复合生态系统，为生物提供生存环境，美化环境。

然而，稳定塘的应用也存在一些弊端，主要包括：（1）占地面积大，当农业用地紧张时不宜采用。（2）污水处理效果容易受气候条件影响，运行效果不稳定。（3）若涉及或运行管理不当，易造成二次污染，如渗漏地下水污染、散发臭气、滋生蚊蝇等。

4.3.2.2　稳定塘的生态系统构成及净化原理

A　稳定塘的生态系统构成

稳定塘内主要的生物包括细菌、藻类、原生生物、后生生物、水生植物以及其他水生动物。

（1）细菌。细菌在稳定塘内对有机物降解发挥着主要作用。与活性污泥法及生物膜法相似，在稳定塘内常见的细菌有好氧菌、兼性菌、产酸菌、厌氧菌、硝化菌等。

（2）藻类。稳定塘是藻菌共生体，藻类在稳定塘中也具有重要作用。藻类通过光合作用，为塘内微生物提供氧分。白天光照充足，藻类吸收二氧化碳放出氧气，而在夜晚，藻类呼吸作用，消耗氧气并放出二氧化碳。在稳定塘内常见的藻类主要有绿藻、蓝绿藻等。

（3）微型生物。稳定塘内的微型生物包括原生生物、后生生物、枝角类动物、蚊虫等。水蚤属枝角类动物，在稳定塘内能够捕食藻类和菌类，防止其过度繁殖，同时其本身也是很好的鱼饵，从而形成生态食物链。摇蚊幼虫在塘底能够捕食底泥中的微生物，使污泥量减少。

（4）水生植物。水生植物能够吸收污水中的氮、磷污染物，植物-微生物共生系统能够促进有机物的降解。稳定塘内种植的水生生物包括：1）浮水植物，直接从大气中吸入二氧化碳和氧气，从塘水中吸收营养盐，常见如凤眼莲、水浮莲、浮萍等；2）沉水植物，根系生长于底泥中吸收底泥中的营养物质，茎、叶能吸收水体中的氮、磷，为鱼类和禽类提供饲料，常见如马来眼子菜、叶装；3）挺水植物，根系生长于底泥中，茎、叶挺出水面，常见水葱、芦苇等。

（5）其他水生动物。稳定塘内放养鱼类、水禽类，可以捕食污水中的藻类、水草、浮游动物等，有利于建立良好的生态系统，同时获得一定的经济效益。

稳定塘内不同的生物及所处的环境条件共同构成了稳定塘内的生态系统。藻类光合作用为细菌提供氧分，细菌代谢产物二氧化碳供给藻类光合反应，从而形成了菌藻共生关系；细菌、藻类被微型动物食用；鱼类捕食包括原生动物、枝角类动物在内的微型生物，同时又被水禽所捕食。

稳定塘内典型的生态系统，如图 4-43 所示。

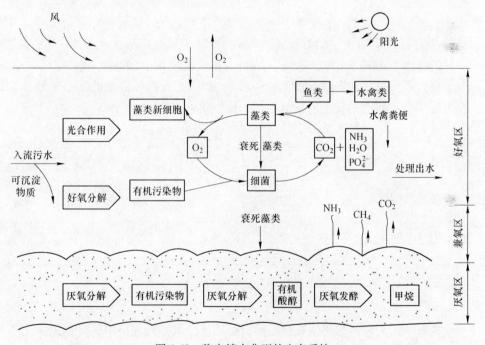

图 4-43　稳定塘内典型的生态系统

B　稳定塘的净化原理

稳定塘通过沉淀和混凝作用、微生物的代谢作用、水生动植物的作用等多重作用，实现污水的净化。

（1）沉淀和混凝作用。污水中悬浮物在重力作用下直接沉降至塘底。同时，一些具有絮凝作用的生物分泌物与微小颗粒相互作用，小颗粒聚集成大颗粒并沉淀至塘底，形成底泥。

（2）微生物的代谢作用。在好氧塘、兼性塘和曝气塘内，大部分有机污染物在异养型好氧菌和兼性菌的代谢作用下被去除。在兼性塘底泥和厌氧塘内，厌氧发酵作用经历水解、产氢产乙酸和产甲烷三个阶段，将有机污染物降解为甲烷、二氧化碳和硫醇等物质而释放迁移至大气。

（3）动植物作用。稳定塘内生长着水生植物和多种浮游生物，从不同方面对污水起着净化作用。藻类以光合作用供氧；原生动物、后生动物和枝角类动物吞食细菌和细小的悬浮污染物和污泥；鱼类捕食微型水中动植物和部分固体物质；植物吸收氮、磷，富集重金属，根茎为微生物提供附着生长基质。

4.3.2.3 稳定塘工艺技术参数

稳定塘可采用格栅、沉砂池作预处理，其本身也可用作人工湿地的预处理工艺。用作二级处理的稳定塘系统，处理规模不宜大于5000m³/d。稳定塘处理生活污水时串联的级数不宜少于3级，多级稳定塘系统后可设置养鱼塘，进入养鱼塘的水质必须符合渔业水质的规定。第一级塘有效深度不宜小于3m，推流式稳定塘的进水宜用多点进水，稳定塘污泥的蓄积量为40~100L/（年·人），一级塘应分格并联运行，轮换清除污泥。一般采用BOD_5面积负荷法进行稳定塘设计计算，各类稳定塘的主要工艺技术参数，见表4-33。

表4-33　稳定塘主要工艺技术参数

技术参数	高负荷好氧塘	普通好氧塘	深度处理好氧塘	兼氧塘	厌氧塘	曝气塘
BOD_5面积负荷 /kg·(hm²·d)⁻¹	80~160	40~120	<5	20~100	100~1000	1~30
水力停留时间/d	4~6	10~40	5~20	7~30	30~50	3~10
有效水深/m	0.30~0.45	0.5~1.5	0.5~1.5	1.0~2.5	2.5~4.0	2.0~6.0

4.3.2.4 稳定塘技术经济总结

稳定塘工艺具有基建投资低、运行费用低、维护管理简单等优点，适用于污水量小、水质浓度低、出水水质要求不高，拥有自然池塘或闲置沟渠的农村地区，或用作二级生物处理的深度处理，同时处理出水可以作为水资源缺乏地区的灌溉、补水等用途。

投资建设费用方面，处理规模小于100m³/d的稳定塘吨水投资约为1900~2400元/t，处理规模101~500m³/d的稳定塘吨水投资约为1000~2000元/t。建设面积与服务人口比例约为0.8~1.6m²/人。

运行费用上，好氧塘、厌氧塘、兼性塘约为0.1~0.5元/t，而曝气塘因需要人工曝气，运行费用较好氧塘、厌氧塘、兼性塘偏高，约0.25~0.8元/t。

4.3.3　污水土地处理技术

污水土地处理技术是将利用农田、林地、芦苇地等土壤-微生物-植物组成的自然生态系统，在人工调控下对污水进行净化处理的自然生态处理技术。污水土地处理技术不仅能实现污染物净化，而且可以实现污水中营养物质的循环利用，具有较高的中水回收利用率。当有可利用的土地和适宜的场地条件并通过环境影响评价和技术经济比较后，可采用适宜的土地处理方式。

4.3.3.1　污水土地处理技术原理及特点

A　技术原理

土地处理系统处理污水的原理与人工湿地相似，也包括物理作用、化学作用和生物作用等，具体分为物理过滤、物理与物理化学吸附，微生物代谢和有机物分解，植物净化吸收。

（1）物理过滤。土壤中粗细不同的毛细管空隙连通形成了复杂的毛细管系统，通过毛细管现象和表面张力原理，将水与污染物分离，同时，土壤颗粒间存在空隙，能截留、滤除污水中的悬浮颗粒及胶体物质，起到过滤作用，使污水得到净化。

（2）物理与物理化学吸附。土壤中黏土矿物颗粒能够吸附污水中的中性分子，同时某些有机物与土壤中重金属结合产生可吸附螯合物而被固定在土壤矿物晶格中。

（3）微生物代谢分解有机物。在土地处理系统中，微生物附着生长于填料表面或土壤空隙，对污水中有机固体和溶解性污染物等进行生物降解，并利用污水中的营养物质进行新陈代谢。

（4）植物净化吸收。植物通过根系深入土壤，吸收污水中的氮、磷，从而实现水质净化。

B　技术特点

污水土地处理技术应用于农村污水处理的主要技术优点包括：（1）可以利用农村废弃土地、坑塘洼地进行污水处理，节省建设投资；（2）运营管理简单，能耗低，运行费用低廉；（3）污水中的营养物质通过植物获得再利用，实现生态循环；（4）增点景色，美化农村环境。

该技术也存在一定的弊端：（1）易堵塞，造成系统运行不正常；（2）对周边环境具有潜在不利影响，尤其是地下水污染方面尤为受到关注；（3）长期运行除磷效果不佳，存在磷穿透问题。

4.3.3.2　污水土地处理技术的分类

污水土地处理技术根据污水投配方式的不同，分为慢速渗滤系统、快速渗滤系统、地表漫流系统和地下渗滤系统。

A 慢速渗滤系统

慢速渗滤系统是将污水投配到种植作物的土地表面，污水缓慢在土地表面流动并向土壤内部渗滤，通过直接被植物吸收或渗入土壤而得到净化的一种土地处理工艺。适用于渗水性能良好的土壤，如砂质土壤和蒸发量小、气候湿润的地区，对污水预处理程度要求高。

慢速渗滤系统示意图，如图4-44所示。

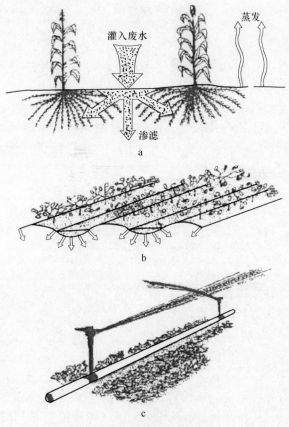

图 4-44 慢速渗滤系统示意图

a—水流图；b—表面布水；c—喷灌布水

慢速渗滤系统的布水可以采用表面布水和喷灌布水，污水投配负荷低，污水在土壤层的渗滤速度慢，在含有大量微生物的表层土壤总停留时间长，水质净化效果好。

B 快速渗滤系统

快速渗滤系统是将污水有控制地投配到具有良好渗滤性能的土地表面，大部分污水向土壤渗滤，在过滤、沉淀、氧化、还原一级生物氧化、硝化、反硝化等一系列物理、化学及生物作用下得到净化。适用于透水性非常好的土壤，如砂土、壤土砂或砂壤土。

快速渗滤系统示意图如图 4-45 所示。

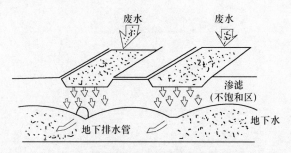

图 4-45　快速渗滤系统示意图

快速渗滤系统采用周期性布水、休灌，使得表层土壤处于淹水/干燥交替反复状态，即厌氧、好氧交替运行，有利于氮、磷的去除。在传统快速渗滤系统的基础上发展起来的人工快速渗滤系统，采用渗透性能较好的天然砂、陶粒、煤矸石等为主要渗滤介质替代天然土层，能够大大提高水力负荷。

C　地表漫流系统

地表漫流渗滤系统是以喷洒方式将污水投配在有植被的倾斜土地，使污水呈薄层沿地表流动，径流水由汇流槽收集。适用于透水性差的黏土和亚黏土。地表漫流渗滤系统示意图，如图 4-46 所示。

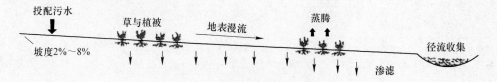

图 4-46　地表漫流渗滤系统示意图

地表漫流处理场地应有一定坡度，通常为 2%~8%，地面上种植草本植物，污水顺坡流动过程中一部分渗入土壤，并伴随蒸发和植物蒸腾作用，水中悬浮物被过滤截留，有机物则在植物和微生物作用下分解。

D　地下渗滤系统

地下渗滤系统是将污水有控制地投配到距离地表一定深度（约 0.5m），有良好渗透性的土层中，污水在毛细管浸润作用和土壤渗透作用下，向四周扩散并得到净化的土地处理工艺。适用于地下水位较低的地区及农村小水量污水处理。地下渗滤净化沟示意图，如图 4-47 所示。

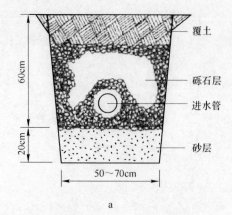

a

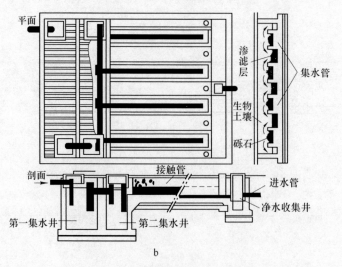

b

图 4-47　地下渗滤净化沟示意图

a—土壤渗滤净化沟；b—毛管浸润渗滤沟

4.3.3.3　污水土地处理技术参数

A　预处理

进入土地处理系统的污水需经过一定的预处理，通常采用格栅、化粪池、沉淀池、水解酸化池、生物接触滤池等，使较大的悬浮物得到拦截和沉淀处理，去除污水中部分有机物及氮、磷污染物。

B　工艺技术参数

（1）慢速渗滤系统。

1）水力负荷：0.6~6.0m/a 或 1~10cm/周；

2）土壤渗透系数：控制在 0.036~0.36m/d 范围内；

3）地下水埋藏的最浅深度：大于 1.0m；

4）表层土壤包气带最小厚度：大于 0.6m。

（2）快速渗滤系统。

1）水力负荷（L_w）。与场地水力传导性、投配负荷期、污水性质以及净化要求等因素有关，一般来说要以现场和实验室测定的参数为依据，经验水力负荷采用 6~122m/a。

2）污水投配方式。快速渗滤系统必须科学地控制污水的投配期与落干期，对于经一级预处理的污水，投配期与落干期的比值一般小于 0.2；为达到氮去除量最大，投配期与落干期的比值应在 0.5~1.0 之间。

3）渗滤田。渗滤田的数量随地形和水力负荷而定，不同投配期与落干条件下的最少渗滤田块数，见表4-34。渗滤田的深度为污水投配期结束时表面滞水深度（即最大设计深度）与设计的超高之和。

表4-34　快速渗滤系统投配参数

目标	预处理程度	季节	淹水时间/d	干化时间/d	渗滤田最少数量
最大渗滤速率	一级	夏季	1~2	5~7	4~5
		冬季		7~12	5~7
	二级	夏季	1~3	4~5	3~4
		冬季		5~10	4~6
最大氮去除率量	一级	夏季	1~2	10~14	6~8
		冬季		12~16	7~9
	二级	夏季	7~9	10~15	3~4
		冬季	9~12	12~16	3
最大硝化作用	一级	夏季	1~2	7~12	5~7
		冬季			
	二级	夏季	1~3	4~5	3~4
		冬季		5~10	4~6

（3）地表漫流系统。

1）水力负荷。污水经过格栅处理时地表漫流水力负荷可采用 0.9~3cm/d，经一级处理，水力负荷可采用 1.4~4.0cm/d；经过稳定塘处理，可采用 1.3~3.3cm/d；经生物法二级处理，可采用 2.8~6.7cm/d。

2）布水方式。表面布水、低压布水、高压喷洒三种。表面布水可以采用穿孔管或堰槽布水；低压布水系统的喷头设置在距地面 30cm 高的配水管上，工作

压力 $(0.3 \sim 1.5) \times 10^5 Pa$；高压布水系统的喷头设置在具有共同坡顶的两块坡面田顶部，工作压力为 $20 \sim 50 Pa$。

3) 投配率。一般采用 $0.03 \sim 0.25 m^3/(m \cdot h)$，冬季运行采用 $< 0.03 \sim 0.10 m^3/(m \cdot h)$。

4) 坡面。坡度 $2\% \sim 8\%$，坡面长度 $30 \sim 60 m$。

5) 植物。选择耐水性强、适应当地气候条件的多年生牧草，如紫苜蓿、燕麦草、百慕大草、黑麦草、三叶草、鸭茅等。

(4) 地下渗滤系统。

1) 负荷。水力负荷为 $5 \sim 20 cm/$周或 $0.4 \sim 3 m/$年；有机面积负荷 $\leqslant 10 gBOD_5/(m^2 \cdot d)$；有机管长负荷 $\leqslant 15 gBOD_5/(m^2 \cdot d)$。

2) 土壤渗滤系数。大于 $1 \times 10^{-7} m/s$。

3) 配水方式。水量分配进入地下渗滤区的水量经一级配水槽和二级配水槽进行分配，每座一级配水槽负责 $3 \sim 4$ 座二级配水槽的水量平衡；每座二级配水槽负责一个散水管支数超过 6 支的独立渗滤区水量分配。

4.3.3.4 污水土地处理技术经济和总结

污水土地处理技术具有工艺结构简单、建设费用低、易于维护管理等优点，适用于污水量小、水质浓度低、出水水质要求不高、地下水位较低、具有坡地等闲置土地的农村地区。但是，在集中式给水水源卫生防护带、含水层露头地区、裂隙性岩层和熔岩地区，不得使用污水土地处理。污水土地处理地区地下水埋深不宜小于 $1.5 m$。土地处理场地距住宅区和公共通道的距离不宜小于 $100 m$。

投资建设费用方面，处理规模小于 $100 m^3/d$ 的土地处理系统投资约为 $2000 \sim 2400$ 元/t，处理规模 $101 \sim 500 m^3/d$ 的土地处理系统投资约为 $1500 \sim 2200$ 元/t。采用土地处理系统处理生活污水，其建设面积与服务人口比例约为 $0.36 \sim 4.50 m^2/$人。运行费用约 $0.2 \sim 0.5$ 元/t。

在农村污水处理实际应用中，应根据处理污水的水质、水量、净化程度要求，以及当地的土地情况、气候、地质特点等对各类处理工艺加以组合应用，形成新的复合工艺，具体参见以下生活污水组合工艺处理技术内容。

4.4 设备化村镇污水处理技术

近年来，针对村镇污水的特点和处理要求，国内各类环保设备厂商通过引进国外技术、转化应用及自主研发等多种方式，推动了村镇污水处理技术的设备化发展。设备化污水处理技术具有投资低、建设速度快、占地面积小、处理效率高、管理方便等特点，已成为农村分散式污水处理行业的主要发展趋势之一。

常用的设备化工艺技术包括 A^2/O、MBBR、接触氧化、SBR、固定床生物滤池等。从材质方面划分，包括碳钢、玻璃钢、PE、预制混凝土等。就应用场景而言，设备化产品通常应用于相对集中的村落污水处理和散户式污水原位处理，其中，村落污水处理设备主要用于处理村落产生的生活污水，需要配套建设一定的污水收集管网，处理规模为几十吨至上百吨每日；散户式污水原位处理设备主要用于处理一户至几户人家的生活污水，以污水接户管完成污水收集，无需建设复杂的配套管网，处理规模多为每日几吨（不超过 $10t/d$）。

4.4.1 设备化技术常用污水处理工艺

4.4.1.1 A/O 及 A^2/O 设备

活性污泥法设备化处理工艺主要通过在一个罐体或多个组合式罐体内构建不同的微生物生长单元，利用厌氧、缺氧、好氧环境中各类微生物的生长代谢实现污水处理。活性污泥法设备示意图如图 4-48 所示。

污水预处理单元根据实际建设条件和要求，可以选择采用土建式池体或一体化设备产品。污水在各处理单元间的流动有时需要进行提升，也可通过多罐体的高程调节实现自流；而污泥回流可采用泵提升，也可以采用气提方式实现。曝气风机及自控单元通常需要设置在设备内的一个独立区域，或单独设置在设备外形成设备柜/箱。

4.4.1.2 序批式反应器设备（SBR）

序批式反应器通过间歇运行的方式，集进水、曝气、沉淀等功能为一体，无需设置污泥回流系统。同一反应池内按时间顺序进行进水、曝气反应、沉淀、排水。SBR 工艺设备布置紧凑、占地面积省，自动化程度高，各工序通过自动控制实现。同样，其曝气风机及自控单元也需要设置在设备内的一个独立区域，或单独设置在设备外形成设备柜/箱。SBR 设备示意图，如图 4-49 所示。

4.4.1.3 膜生物反应器设备（MBR）

膜生物反应器利用膜组件进行的固液分离过程取代了传统的沉降过程，实现了水力停留时间（HRT）与污泥停留时间（SRT）的分离，运行控制更加灵活稳定，是污水处理中容易实现装备化的新技术。通过自动化控制，实现曝气、药剂投加、排泥、膜清洗等功能，从而使操作管理更为方便。膜生物反应器工艺需与其他工艺组合使用形成成套处理设备，如 A/O-MBR、A^2/O-MBR、SBR-MBR 等。MBR 设备示意图，如图 4-50 所示。

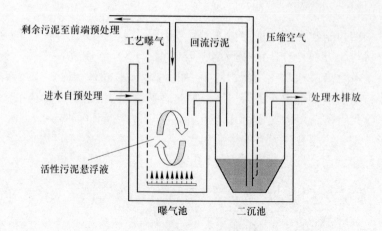

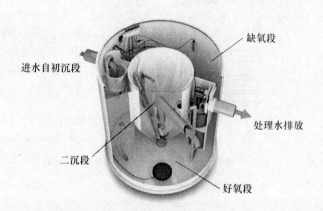

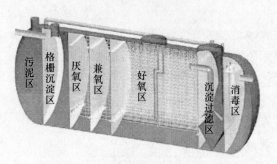

图 4-48　活性污泥法设备示意图

4.4.1.4　移动床生物反应器设备（MBBR）

　　移动床生物反应器设备主要由反应器罐体、生物载体填料、曝气系统及全自动控制系统等部分构成。污水进入处理设备内与填料充分接触，填料表面载有大量微生物膜，曝气时悬浮载体在反应器内翻转流动并相互碰撞，提高传质效率，

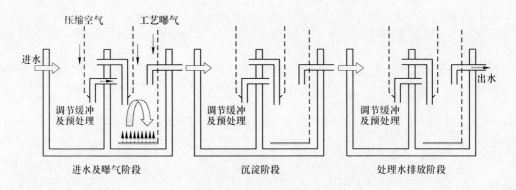

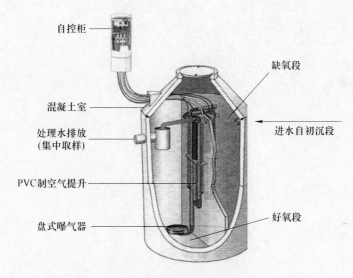

图 4-49　SBR 设备示意图

促进生物膜的更新，实现污染物的降解。MBBR 设备示意图，如图 4-51 所示。

4.4.1.5　固定床生物滤池设备

固定床生物滤池设备将生物反应区及沉淀区分离开来。在生物反应区，微生物膜附着生长在固定的填料表面，污水从设备上端进入，曝气盘位于设备底部，气水逆流模式下，有利于形成良好的气-液-固传质条件。沉淀区以竖流式沉淀方式进行固液分离，剩余污泥（生物膜）从底部排出系统，上清液自流排放。固定床生物滤池设备示意图，如图 4-52 所示。

4.4.1.6　生物转盘设备

生物转盘设备包含驱动装置（减速箱、电机、轴承）及非驱动装置（箱体、

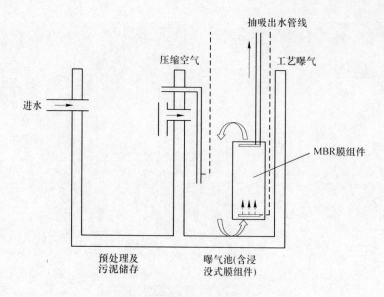

抽吸出水管线

压缩空气

工艺曝气

进水

MBR膜组件

预处理及
污泥储存

曝气池(含浸
没式膜组件)

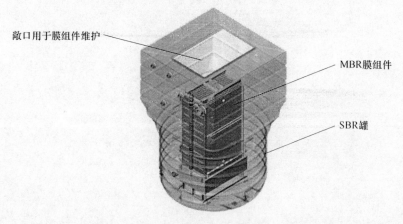

敞口用于膜组件维护

MBR膜组件

SBR罐

图 4-50　MBR 设备示意图

护罩、盘片及架构、中心转轴及紧固件)。生物转盘依靠减速箱来实现慢速转动，微生物交替性的接触到空气与污水，并利用可生化污染物质作为底物来进行自身的繁殖，从而实现污水处理。脱落的微生物膜因转盘的持续转动而保持悬浮状态，随生化后的污水自流到二次沉淀池，并实现固液分离。沉淀部分根据生物转盘微生物膜的特性，可以采用竖流式沉淀、定盘过滤设备或斜管沉淀。生物转盘设备示意图，如图 4-53 所示。

4.4.2　设备常用材质和特点

污水处理设备常用材质主要包括碳钢、玻璃钢、聚乙烯等。

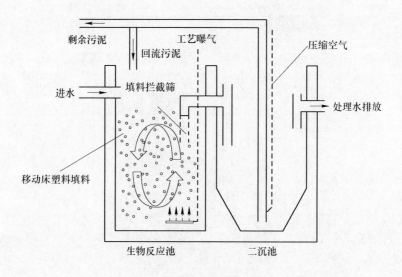

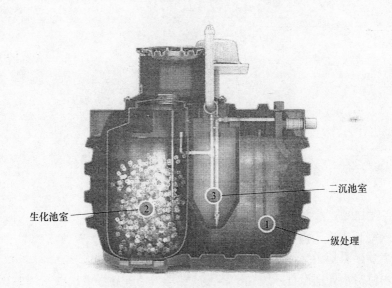

图 4-51 MBBR 设备示意图

4.4.2.1 碳钢

碳钢是含碳量在 0.0218% ~ 2.11% 的铁碳合金，一般还含有少量的硅、锰、硫、磷，也叫碳素钢。碳素钢的性能主要取决于钢的含碳量和显微组织。在退火或热轧状态下，随含碳量的增加，钢的强度和硬度升高，而塑性和冲击韧性下

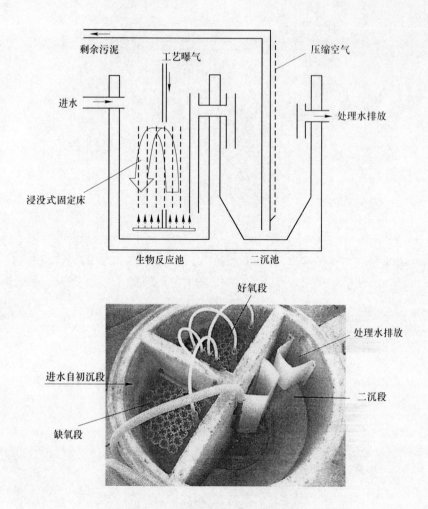

图 4-52　固定床生物滤池设备示意图

降。碳钢制造工艺简单，可热处理强化，压力加工和机械加工性能好，价格低廉；主要缺点是耐腐蚀性差，在韧脆转换温度以下会变脆。

农村污水处理设备一般置于露天或地埋，与外界环境接触密切，在温度、湿度、空气环境的作用下，容易发生腐蚀。因此，对碳钢材质的农村污水处理设备，需要进行防腐处理，以适应不同的应用环境。制造工艺上，应按照涂覆涂料前钢材表面处理的相关标准进行表面清洁度的评定、锈蚀等级判定及处理，对焊缝、边缘及其他区域的表面缺陷进行处理，通常包括清除污垢和杂质、用溶剂或洗涤剂清除油脂、表面清洁作业、涂漆等工序及相应的检验。

在农村污水处理中，碳钢防腐设备通常为长方体，在一体化设备运输受限的农村地区还可以现场焊接加工，环境适应性较强。

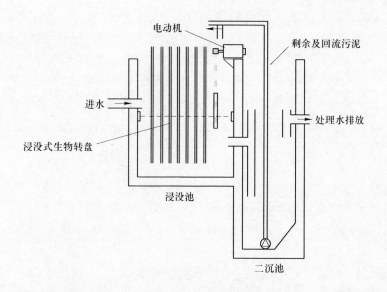

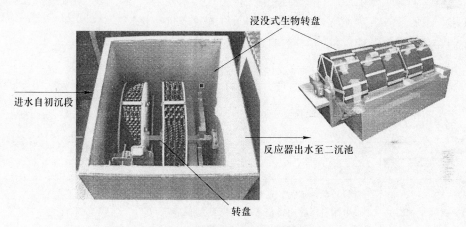

图 4-53 生物转盘设备示意图

4.4.2.2 玻璃钢

玻璃钢，学名纤维增强塑料，是以玻璃纤维及其制品（玻璃布、带、毡、沙等）作为增强材料，以合成树脂作为基体的一种增强塑料。根据所使用的材料不同，可分为聚酯玻璃钢、环氧玻璃钢、酚醛玻璃钢等。玻璃钢材质具有质轻而硬、不导电、性能温度、机械强度高、耐腐蚀等优点。然而，玻璃钢材质弹性模量低，产品结构刚性不足，易变形；长期耐温性差；在紫外线、化学介质、机械应力等作用下容易导致性能下降。

纤维缠绕玻璃钢制品结构上分内衬层、结构层及外保护层三部分。其中，内衬层树脂含量高，一般在70%以上，其内表面树脂层树脂含量高达95%左右。通过对内衬所用树脂的选择，可使玻璃钢制品在输送液体时具有不同的耐腐蚀性能，从而满足不同的工作需要；对需外防腐的场合，需对外保护层树脂进行认真选择，便可达到不同外防腐的使用目的，同时玻璃钢还具有防渗防漏功能。

一体化污水处理设备常采用玻璃钢整体缠绕或多层粘贴而成，在桶身与封头连接处（包括进出水管与桶身的连接）内外加强防渗漏，一次成型圆筒形整体，密封性好。

4.4.2.3　聚乙烯

聚乙烯，简称PE（polyethylene），是乙烯经聚合制得的一种热塑性树脂。具有优良的耐低温性能，化学稳定性好，耐大多数酸碱腐蚀等优点，来源广泛，易于加工成型。但聚乙烯对于化学与机械作用为主的环境应力较为敏感，耐热老化性差。

聚乙烯材质在农村污水处理设备中的形式多为罐体式，应用于散户式污水处理或以单罐、多罐为组合的村落相对集中式污水处理。设备安装形式可以为地上式、半地埋式、全地埋式，根据应用条件和要求进行选择。

农村污水处理设备的不同材质对比，见表4-35。

表4-35　农村污水处理设备的不同材质对比

材质	碳钢	玻璃钢	聚乙烯
生产制造成本	生产线一次性投入小，但生产成本较高	生产线一次性投入小，但生产成本较高	生产线一次性投入大，但生产成本较低
大批量生产进度	需要焊接，大批量生产进度难以保证	进度可保证	进度可保证
防腐性能	碳钢防腐性能差，需要涂防腐涂料，应用中需注重同时做好内外防腐	防腐性能好	防腐性能好
使用寿命	较短（因腐蚀问题）	较长	较长
安装形式	宜采用地上式安装，当采用地埋式安装需要进一步加强外防腐措施	不耐紫外线，一般只能地埋式安装	安装形式多样，地上式、半地埋、全地埋式安装均可
是否为环保型材料	不属于环保型材料	不属于环保型材料	属于环保材料，PE材料可回收再利用

4.4.3　"单罐"方案的应用和问题

"单罐"式污水处理设备是指各处理单元全部集成在一个罐体内的一体化设备，污水流经罐体内各区域达到净化目的。主要应用于散户式原位污水处理或联户小集中的村落污水处理。罐体一般采用 PE 材质，采用的工艺技术以 A²/O 或多级 A/O 生物处理工艺为主。"单罐"式污水处理设备的就地处理模式方便回用，尾水可用于绿化冲厕等。

目前，环保行业推出了大量"单罐"式污水处理设备。如 CHtank 中国罐（图 4-54）采用的是化粪池与多级 A/O 接触氧化生化处理工艺，实现化粪池与生活污水处理的有效集成。采用定制版进口阀门管件与定制版进口气泵保证设备的有效运转，污水以地埋方式重力流入流出，无需动力设备。

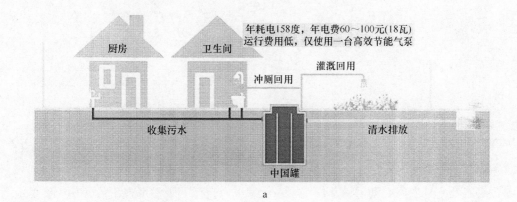

年耗电158度，年电费60~100元(18瓦)
运行费用低，仅使用一台高效节能气泵

a

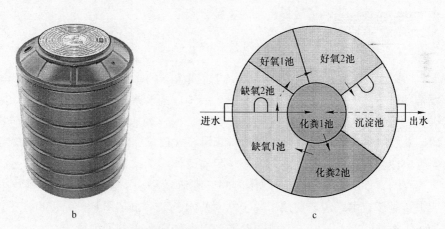

b

c

图 4-54　CHtank 中国罐

a—CHtank 中国罐运行过程；b—CHtank 中国罐实物；c—CHtank 工艺流程

河马净化罐也是一种"单罐"式污水处理设备，其采用的是多级同步 A/O 工艺，"O"段采用强化 MBBR 工艺，在每个功能段放置高效生物填料，微生物在填料上附着生长，降解水中的有机物。功能段及填料内部缺氧和好氧状态的交替变化，使得总氮通过硝化和反硝化作用得以去除。如图 4-55 所示，生活污水首先自流至固杂物分离池，然后自流至多级同步 A/O 单元进行生物处理，最后经二级沉淀后流出排放或回用。

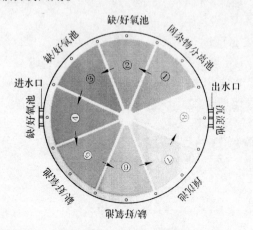

图 4-55　河马罐工艺流程

"单罐"方案采用模块化方式，罐体经特殊工艺一次成型，可确保罐体密封性，同时还具有运输便捷、安装灵活的特点。但是，"单罐"方案也存在一些不足之处，其为节省动力设备成本，一般靠重力自流实现污水在罐体各功能区的流动，工艺调控的精准化难以实现；进水中的固体杂质易导致局部堵塞；此外，罐体的紧凑型设计不利于气提设备的维护。

4.4.4　"多罐"方案的应用和问题

"多罐"方案是指将多个具有不同处理功能的罐体组合起来的一套污水处理设备。可应用于村落、小集镇、农家乐等地区的污水处理。YJFB（Yi Jiang Fixed Bed）组合式固定床污水处理系统以 YJFB 设备为核心，基于德国的固定床技术研制及二次开发。该系统由两种不同尺寸的 PE 罐体按需组合而成，填料、曝气器等原件固定安装在罐体内部，现场只需罐体间简单连接即可完成系统安装。工艺流程图，如图 4-56 所示，罐体内的三维流动实现同步硝化与反硝化，抗冲击能力强。该技术已经成功用于南宁湖南公园、玉林市陆川县、南宁市江南区、青秀区、河池罗城县、都安县等 100 多个村屯生活污水处理项目。

基于多级生物接触氧化技术（PFBP），国内环保行业还开发了 PFBP 式"多罐"处理污水设备。工艺流程图，如图 4-57 所示，采用多级 A/O 工艺与特殊仿水草生物填料相结合的生物接触氧化技术，并通过多段进水多段回流结合，强化脱氮。根据各地区处理要求的不同，还可设置不同数量的污水处理罐，因此该技术易于升级改造和扩建。

"多罐"方案罐体一般也采用 PE 材质，经特殊工艺一次成型，密封性好，

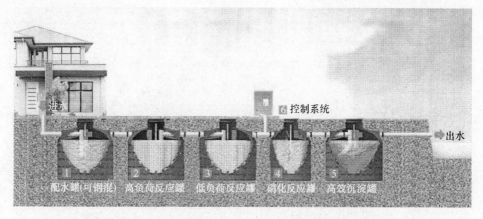

图 4-56　YJFB 组合式固定床污水处理系统工艺流程

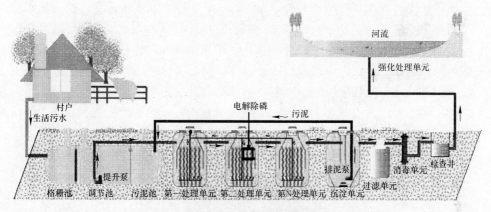

图 4-57　PFBP 多级生物接触氧化技术工艺流程

罐体间只需简单连接，具有安装快、运输方便的优点。但是相对来说占地面积较大，如 YJFB 组合式固定床污水处理系统吨水处理占地面积为 $1.5 \sim 4 m^2/t$。其次，罐体的材质及引进的先进技术（填料、曝气器等）使得造价相对较高，同时气提设备的维护也相对较困难，工艺控制的精准度也不高。

4.4.5　组合模块化的应用和问题

目前，国内集中型村镇污水处理项目的平均处理规模较小（$500 \sim 10000t/d$），部分已建成的村镇污水项目采用了大型市政污水处理厂缩微的模式建设，其建设成本和运行成本均过高，占地面积较大，同时专业运营维护人员的欠缺也是较难解决的现实问题。因此，组合模块化污水处理系统应运而生。其中以世浦泰（supratec）SUV 智能模块化污水处理系统和装配式混凝土（PC）污水处理系统为典型。

SUV 智能模块化村镇污水处理装置（图 4-58）使用改性 PE 材质罐体，外部采用塑木围挡，使用寿命20年以上。其适用范围为1~2000t/d，有SBR常规工艺、SBR强化工艺、膜法A/O和膜法A²/O等多种工艺可选，出水标准根据客户需求可实现一级B、一级A和准地表Ⅳ类水标准。不同出水标准的SUV装置外观相同，仅部分部件的增减和内置软件的设置稍有不同，可以确保用户在日后轻松升级出水标准。该装置外形，如图4-58所示，罐体间多余的空间可供运营维护人员进入装置中检查维护。

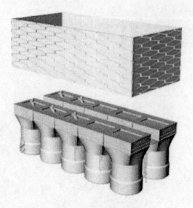

图4-58　SUV智能模块化污水处理装置

装配式污水处理厂采用预制混凝土建造技术与新型A²O-MBR超滤平板膜技术相结合的工艺，在提高建设速度的同时可以保证污水处理厂出水水质稳定达标，出水优于一级A标准。装配式污水处理厂适用范围为500~5000t/d，人口当量为5000~50000人，使用寿命可长达50年。相比传统土建现浇建设模式，装配式的土建工程的最大工作量可在工厂内提前做好，现场只需快速拼装即可。特别适用于中国集中型村镇污水处理应用。预制混凝土装配式污水处理厂，如图4-59所示。

图4-59　预制混凝土装配式污水处理厂

虽然相对于"单罐"式和"多罐"式污水处理装置，组合模块化装置在工程造价、运行成本方面偏高，但是相比于缩微式城镇污水处理厂，该种小型污水处理厂应用于较大污水量的村镇地区（如集镇、较发达的农家乐地区等）是较为经济和高效的选择。特别感谢南京瑞洁特膜分离科技有限公司、江苏河马井股份有限公司、深圳合续环境科技有限公司、广西益江环保科技股份有限公司、桑德集团、世浦泰集团对本章内容的技术支持。

**村镇生活污水处理
设施运营维护**

5.1 村镇生活污水处理厂（站）运营管理体系

5.1.1 运营管理模式

污水运营管理对于农村污水处理设施长期有效运行，保障污水处理效果具有关键作用。目前，我国农村污水运营发展仍处于探索和经验积累阶段，每种方式都有其特点和问题。总的来说，农村生活污水处理厂（站）的运营维护模式按管理主体可以分为三种模式：（1）政府运营模式；（2）第三方专业公司运营模式；（3）PPP 模式下的建设运营一体化模式。按管理方式可以分为两种模式：（1）单厂（站）运营模式；（2）连片运营模式。

5.1.1.1 按管理主体分类

政府运营模式下，通常由县级水务局主管，各乡镇政府作为管辖行政区域内农村生活污水处理设施运行运维管理工作的责任主体，具体负责组织实施管辖行政区域内农村生活污水处理设施运行维护管理。一类是乡镇统筹运营管理，由乡政府直接牵头组织运维；另一类是村级自行运营管理，由村委会牵头承担运维管理。该模式采用属地化管理，优点是易于实施，管理成本较低。但无论是乡镇统筹还是村级自行运营管理，运行人员往往是当地村民，缺乏专业培训，技术保障不足，往往导致污水处理设施运行维护效果差，难以保证处理出水水质稳定达标。

第三方专业公司运营模式下，政府通过委托运营方式引进第三方专业服务机构，将农村污水处理厂（站）的运行管理交由有技术力量的企业负责，政府主要发挥监督及管理职能，同时向提供污水处理运维服务的专业公司支付污水处理费。该模式专业程度相对较高，具有技术及管理的双重保障，污水处理设施运行及维护效果好；但专业服务机构需要赚取利润，相应的管理成本较高。

PPP 模式下的建设运营一体化，政府与社会资本合作，按照 PPP 模式的要义，由专业的社会资本方负责项目的设计、建设及运营，政府对运营效果进行绩效考核，并根据绩效考核结果支付可用性绩效付费（工程建设部分）及运营绩效付费（运营部分），避免建设单位"只管建设，不负责运行"，为赚取施工利润而降低工程建设质量。一般采用全县或全镇整体打包的方式，可以发挥项目的规模效应。该模式对参与项目的社会资本方提出了资金实力、技术和管理能力的要求，专业程度高，建、管一体，厂、网一体化，能够保障工程质量及运营效果。但PPP项目的采购流程较复杂，合同结构复杂，项目运营效果在很大程度上依赖于政府及社会资本双方各自的履约情况。

5.1.1.2 按管理方式分类

单厂（站）运营模式指为单个农村污水处理厂（站）配制管理人员、运行人员、设备维护人员等，运行人员在现场进行运行操作，管理人员实施现场管理。该模式人员配备充足，能够到场处理紧急情况，但人力成本较高，运维管理人员为当地村民，专业性较差，需要专业机构进行培训及管理。

连片运营模式下，由一个团队负责一个县或一个镇的农村污水处理厂（站）运营维护管理，能够发挥规模化管理效果。通过配制远程控制系统、自动化控制系统、视频监控系统、云平台等信息化管理手段，从而形成"无人值守/少人值守+巡检"的运维管理方式，实现农村生活污水处理设施的远程集中管理、全天候管理、线上线下联动管理。此外，可搭建省级、市级、县级政府监督平台，加强对第三方服务机构的考核管理。该模式可以极大地降低人工成本，提高运营管理效率，同时保障运行效果；缺点是对信息化技术的依赖性较高。

5.1.2 运营管理制度

制定农村污水运营相关管理制度及污水处理厂（站）《运营管理维护手册》是农村污水处理厂（站）运营的制度保障。专业化的运营通常需要一系列管理制度作为支撑，列举见表5-1。

表5-1 运营管理制度清单

序号	运营管理制度	
1	基础管理制度	运行管理制度
2		运行人员培训制度
3		岗位责任制度
4		设施运营操作规程
5		设施日常管理制度
6		运营状况记录及监督检查制度
7	设备、设施管理制度	设备、设施维护维修制度
8		设备、设施评价制度

序号	运营管理制度	
9	质量控制管理制度	污水处理厂（站）工艺管理制度
10		水质检测管理制度
11		绿化及卫生管理制度
12		成本管理制度
13	安全生产管理制度	安全生产责任制度
14		安全管理及监督管理制度
15		安全教育培训制度
16		安全应急预案
17	运营考核制度	运营目标考核制度
18		绩效管理制度
19	其他管理制度	档案管理制度
20		信息管理制度

为促进污水处理厂（站）的规范化运营管理，建立管理体系，基础内容应包括：运行管理制度、运行人员培训制度、岗位责任制度、设施运营操作规程、设施日常管理制度、运营状况记录及监督检查制度等。

5.1.2.1 基础管理制度

（1）运行管理制度。运行管理制度规范运行人员在值班期间需要对农村污水处理厂（站）主要设备进行相关操作及工作流程，为运行人员提供工作期间及工作范围内的标准规范的工作指导和行为依据。

（2）运行人员培训制度。运行人员上岗前，必须进行岗前培训并通过考核。运行人员培训制度应规定操作人员必须经过培训，并且考核合格后方可上岗，规定电工、下井作业等特殊工作岗位需进行的培训内容及所需的相关上岗证件，为安全稳定生产提供基础保障。针对实际情况，定期对员工进行业务培训、管理培训以及知识更新。每年培训员工人数不低于在职员工总数的20%。

（3）岗位责任制度。岗位责任制度应明确各岗位、各部门的工作职责和工作范围，规定各部门、各岗位的责任要求，各岗位之间的对接、交叉工作责任进行明确规定，为稳定管理秩序提供依据和保障。

（4）设施运营操作规程。在遵循国家有关运行、维护及其安全技术规程的基础上，针对项目所在地的特点，制定设施运营操作规程，以保证农村污水处理厂（站）中设施安全、稳定地运行。该规程应对各设施的操作规程进行明确规定，对设施的操作方法、流程、注意事项及应急处理措施等进行说明和规范，为污水处理厂（站）运营管理提供坚实的基础。

（5）设施日常管理制度。设备设施作为固定资产的主要组成部分，是生产运营的基础，是安全生产的保障。设施的好坏、设备技术状态的优劣，对于生产运营的正常进行以及运行费用合理控制都有着直接影响。设备设施的管理主要从维修维护管理和技术管理两方面着手。设施日常管理制度应明确维修管理和技术管理责任及管理内容，保证设备设施能够稳定有效地运行。

（6）运营状况记录及监督检查制度。针对项目所在地的实际运营需要，建立健全巡视检查记录、日常维护记录、交接班记录、安全监督记录、安全整改记录等。建立《过程控制管理制度》作为监督检查及考核管理措施，针对项目内各项管理工作的过程控制进行规范，从制度建设及执行、行政管理、安全管理、人员管理等多方面进行管理，并规定各项监督机制，为污水处理厂（站）运营提供充分的管理依据。

5.1.2.2　设备、设施管理制度

为了保障设备、设施安全运行及维护管理有章可循、有规可依，应建立完善的技术规程及管理制度，规范作业流程及实现管理效果，主要包括设备维护维修制度、设备评价制度等。

（1）设备设施维护维修制度。遵循及依据项目特点完善执行相关制度，如：《大中修管理制度》《设备维修维护管理制度》《设施维修维护管理制度》《桥梁养护管理制度》《绿化养护管理制度》《卫生管理制度》，实现科学分类、分级管理。完善的制度流程是各类资产维修、养护作业规范化、流程化的根本，有力保障养护方案的标准化、时效性及质量管理。

（2）设备评价制度。应按照相关标准建立《设备、设施评价制度》，严格对设备、设施施行科学的"四率"及关键设备性能评价工作，在对设备、设施科学利用、评价的同时对设备的预防性检修、保养提供依据。

5.1.2.3　质量控制管理制度

为保证农村污水处理厂（站）质量控制符合国家标准规范要求，建立质量控制管理体系，主要包括设备管理制度、绿化及卫生管理制度、成本管理制度等。

5.1.2.4　安全管理制度

安全管理制度应根据国家、省、市有关安全法律法规的规定，结合项目实际情况以安全管理制度为内容汇编而成。包括安全生产管理制度及应急救援预案等内容，其目的是明确安全职责，提高安全工作的自觉性，为管理人员、运行人员在生产和安全管理工作中提供方便，确保在日常安全生产管理工作中做到有法可

依、有章可循、有据可查。其中包括《安全生产责任制度》《安全管理及监督管理制度》《安全教育培训制度》《安全应急预案》等。

（1）安全生产责任制度。根据国家、省、市有关安全法律法规的规定，开展农村污水处理设施运营管理，应制定安全生产责任制度，并组织实施，确保安全工作责任落实到人。

（2）安全管理及监督管理制度。实行安全生产责任制，不断完善安全工作行为准则，制定检查制度和标准、考核奖惩办法，健全安全生产保证体系和安全生产监督体系。加强应急预案建设，根据已有的安全预案，结合污水处理厂（站）实际情况及生产的要求，对应急预案进行补充和完善。

按照《安全监督检查制度》的规定，定期组织开展安全生产监督检查：

1）每月组织综合安全大检查。主要检查员工安全意识、各项制度和操作规程是否严格执行、安全生产管理状况是否良好、生产现场是否存在安全隐患、施工现场是否存在不文明施工。

2）专业性检查包括对危险点源区定期检查，另外对关键设备及场所进行专项检查，对维修工程场所进行隐患排查。

3）季节性检查及节前检查。根据季节特点对安全生产工作的影响和节日期间特别安全要求，确保雨季期间防雷、防触电、防洪，夏季的防高温，以及节日期间的安全生产。

4）日常安全检查。随时随地检查，贯穿于整个生产过程。

（3）安全教育培训制度。组织安全法规、安全知识、技能教育培训及考核，严格执行新员工入厂"三级安全培训"制度，安全考核不合格的员工不允许上岗操作。提高安全管理人员和操作人员的安全意识及安全技能方面的素质。培训主要包括：

1）依据对项目的危害因素辨识与评价结果，对全体员工进行安全教育与培训，熟悉本岗位内危害因素的相应应急预案的内容和应对措施，熟练掌握人工急救的方法达到相关标准后方可上岗操作。

2）对设备的操作人员进行设备操作规程和安全操作规程的培训，经考核合格后才能进行操作。结合生产实际需要，通过技术比武、岗位练兵等形式，增强安全意识，激励职工钻研专业技术，提高专业知识水平和技能水平。结合各阶段安全生产特点，加强了对职工的安全知识和技能培训。

3）根据项目要求对有特殊要求的作业人员进行特殊岗位的上岗前安全培训并取得相应的岗位操作资格证方可上岗。

4）组织各项预案演练，将应急预案落实到每位员工的生产实践中去，提高对突发事件处理的应对能力。

5）建立员工安全档案卡片，记录员工安全培训内容和成绩。

（4）安全应急预案。根据项目管理体系及行业特点，安全应急预案包括综合应急预案、专项应急预案和现场处置方案。

5.1.2.5 运营考核管理制度

为规范农村污水处理厂（站）的运行管理，提高运行管理水平，特制定本管理体系。该体系主要全面考核项目运营各项工作，切实做好运营管理工作，以保障项目安全稳定运行。该体系包括但不限于以下内容：目标考核制度、绩效管理制度等。

（1）目标考核制度。严格制定年度目标指标，结合综合经营计划、统计管理及成本管理，对项目从运营目标、设施设备管理目标、安全生产考核目标、成本考核目标等几方面进行专项考核。

（2）绩效管理制度。建立科学、公正、务实绩效管理制度，与目标考核制度密切相关，保证项目目标的顺利实现；提高员工积极性和生产效率的有效手段，在项目形成奖优罚劣的氛围。

5.1.2.6 其他管理制度

为保障档案、信息资料的管理工作顺利开展，制定档案管理制度、信息建设制度等。

（1）档案管理制度。对建设基础材料、各项制度、运行记录、维修维护记录、绿化及卫生管理、设备档案等材料进行合理、规范化管理。

（2）信息建设制度。根据相关部门的管理规定，规范各项运营数据的上报流程和上报方式，指定专人熟练掌握信息平台的使用技能，准确上报并做好数据的备份工作。

5.2 预处理系统运行管理

5.2.1 格栅

（1）格栅开机前，应检查系统是否具备开机条件，经确认后方可启动。

（2）农村污水处理厂（站）常用拦截型格栅，应及时清除栅条、格栅出渣口及机架上悬挂的杂物；应定期对栅条校正；当汛期及进水量增加时，应加强巡视，增加清污次数。

（3）若使用人工格栅，需不断总结实践经验，掌握不同季节的栅渣量变化规律，控制调整，提高操作效率。

（4）应及时处置栅渣。

（5）格栅运行中应定时巡检，发现设备异常应立即停机检修。

（6）定期检查传动机构，更换磨损件及老化破损的部件，保证设备处于良好运行状态。

（7）检修格栅或人工清捞栅渣时，应切断电源，并在有效监护下进行。

（8）污水通过格栅前后水位差宜小于 0.3m。

（9）栅前渠道流速一般控制在 0.4～0.8m/s，污水过栅流速宜为 0.6～1.0m/s，实践中应根据污水中污物组成、含砂量及格栅距等具体情况调整，可通过开、停格栅的工作台数实现流速控制。

（10）做好设备的清洁保养工作，定期检查并添加润滑油，表面补漆等（具体参见设备维护管理章节）。

（11）定期检查渠道内的沉砂情况，并清理积砂，修复渠道。

（12）准确记录格栅运行情况。

5.2.2　调节池

调节池能够调节污水处理系统的水量、均衡水质，适用于解决农村生活污水水量、水质不稳定的问题。农村污水处理厂（站）调节池常用潜污泵提升或自流方式进水。

（1）根据进水水量的变化和工艺运行需求，调节水量。

（2）调节池日常运行的最高水位应保持在设计最高水位以下。

（3）进水水质水量异常时，应报请相关主管部门批准，适当开启事故排放口闸阀，分流部分水量，以免对处理系统造成冲击。

（4）水泵在运行中，必须严格执行巡回检查制度，及时清除叶轮、闸阀、管道的堵塞物。

（5）应定期检查和更换潜水泵油室的油料和机械密封件，操作时严禁损伤密封件断面和轴。

（6）经常检查备用泵的状态，检查绝缘、密封性能、点动短时运行，并进行轮换运行。

（7）出现以下情况应立即停机：1）电动机绝缘下降；2）工作电流忽然升高；3）电缆线出现破损；4）电动机漏电、机械密封漏水等严重故障。

（8）严禁以电缆牵引、起吊潜水泵，严禁水泵带故障运行。

（9）应观察和记录反映潜水泵运行状态的信息，并及时处理发现的问题。

（10）根据水质情况，开启搅拌器。

（11）定期进行水泵维护保养。

5.2.3　沉砂池/器

农村生活污水处理厂（站）设计规模小，有的厂（站）未设置沉砂工序，有的厂（站）将沉砂池与调节池合建，有的采用沉砂器。总体来说，在运行管理中应注意以下几方面：

（1）操作人员应根据沉砂池池组的设置与水量变化调节沉砂池进水闸阀的开度，保持沉砂池/器污水设计流速。

（2）各种类型的沉砂池/器均应定时排砂或连续排砂。

（3）沉砂池/器排出的砂粒和清捞出的浮渣集中存放，定期外运。

（4）沉砂池/器上的电气设备应做好防潮、防腐处理。

（5）统计沉砂量，并做好运行记录。

（6）建议沉砂池/器每运行 2 年，彻底进行一次清池检修。

5.2.4　初沉池

初沉池主要应用于进水浓度较高的污水处理厂，因此在农村污水处理中单独应用的较少。

（1）根据池组的设置与水量变化调节各池进水量，使各池均匀配水。

（2）初沉池应及时排泥，以防污泥沉积腐化及池底排泥管道淤塞，可视进水负荷、进水 SS、初沉污泥量、污泥浓度等情况连续或间歇排泥。

（3）操作人员应经常检查初沉池浮渣斗和排渣管道的排渣情况，并及时清除浮渣。清捞出的浮渣应妥善处理。

（4）刮泥机待修或长期停机时，应将池内污泥放空。

（5）建议初沉池每年排空一次，清理配水渠道、管道和池体底部积泥并检修刮泥机及水下部件。

（6）清捞浮渣、清扫堰口时，应采取安全及监护措施。

（7）应定期检修电气设备，并测试其各项技术性能。

（8）定期观察沉淀池的沉淀效果，并根据沉降性能、污泥量等确定排泥频率和时间。

5.3　活性污泥法工艺运行管理

5.3.1　活性污泥法工艺运营关键

5.3.1.1　活性污泥法主要控制指标

（1）污泥负荷。污泥负荷（F/M）是指营养物与微生物数量的比值关系，表征了生物池内单位重量活性污泥在单位时间去除有机污染物量。

根据有多少营养物可以养多少微生物的原理，调整污泥浓度与进水浓度相匹配，在系统进水水质变化较大的情况下，以日平均浓度作为调整污泥浓度的基础依据。调整污泥负荷应尽量避开 0.5~1.5kgBOD/（kgMLSS·d），该区域内污泥沉降性能差，易产生污泥膨胀。在实际操作中，调整污泥浓度最直接的方法就是控制剩余污泥排放量和污泥回流量。

（2）pH值。正常生活污水pH值稳定在6~9之间，最佳硝化速度pH范围为7.5~8，生物除磷要求pH值为6~8。当pH低于5或高于10时，活性污泥系统会受到冲击。

（3）温度。活性污泥系统中大部分微生物最适生长温度范围为20~30℃，当生化池中的水温低于10℃时，污水处理效率显著下降。因此，在日常运行管理中，应把水温作为运行参数进行监测。在水温低于10℃的冬季，可以通过延长污泥龄，以提高活性污泥浓度，从而降低低温带来的影响。

（4）溶解氧。溶解氧（DO）为微生物提供生长所需。根据不同工艺的要求，对溶解氧进行相应控制。一般来说，好氧池溶解氧宜为2~4mg/L，缺氧池溶解氧浓度宜小于0.5mg/L，厌氧池溶解氧浓度宜小于0.2mg/L。农村污水处理厂（站）运行中检测溶解氧主要依靠在线监测仪表及便携式溶解仪。

（5）活性污泥微生物量指标。混合液悬浮固体（MLSS）：生物反应池单位容积混合液所含悬浮物的总重量，单位为mg/L、g/m^3或kg/m^3。MLSS用于表示活性污泥量，通常为1500~4500mg/L。MLSS主要通过排除剩余污泥进行控制。

混合液挥发性悬浮物（MLVSS）：曝气池单位容积混合液中所含有机固体的总量，单位为mg/L、g/m^3或kg/m^3。在活性污泥系统中，MLVSS/MLSS通常在0.5~0.85之间。

（6）活性污泥沉降性能指标。污泥沉降比（SV）：曝气池中混合液倒至1000mL量筒满刻度，静置30min后，沉降的污泥体积与静置前混合液体积之比，一般用百分比表示；又称污泥沉降体积（SV30），单位用mL/L表示。正常运行时，污泥沉降比为30%左右。通过观察污泥沉降过程和测量污泥沉降比，可以综合判断活性污泥系统的运行情况。

污泥体积指数（SVI）：曝气池中的混合液静置30min后，每克干污泥所形成的沉淀污泥所占的体积，单位为mL/g。SVI=SV30/MLSS，正常范围为50~150。当污泥体积指数超过200mL/g，可以判定活性污泥结构松散，沉降性能变差，存在污泥膨胀；当SVI低于50mL/g，可以判定污泥老化，需要缩短污泥龄。

（7）污泥龄。污泥龄（SRT）指曝气池中生物固体的平均停留时间。温度为20℃时，当以去除碳源污染物为主时SRT为2.5~3d，生物脱氮时SRT为11~23d，生物除磷时SRT为3.5~7d，生物脱氮除磷时SRT为10~20d。

（8）污泥回流比。污泥回流的目的是向生物处理系统补充活性污泥，以维持系统合适的污泥浓度，有些污水处理工艺不需要进行单独的污泥回流，如SBR、MBR等工艺。污泥回流比是回流污泥量与处理污水量之比，通过调节污泥回流比，可以调节曝气池的污泥浓度，从而调整污泥负荷并改变工艺运行状态。通常将污泥回流比控制在30%~80%，应急情况则可高于100%。

5.3.1.2 污泥培养与驯化

活性污泥的培养是通过为微生物提供一定的生长繁殖条件，包括营养物质、溶解氧、适宜的温度和酸碱度等，形成活性污泥系统，最终达到处理污水所需的污泥浓度。农村生活污水处理的活性污泥培养方法有接种培养法和自然培养法：

（1）接种培养。接种培养法是利用同类型污水处理厂的新鲜剩余污泥或压滤后污泥进行接种培养。具体过程为：将曝气池注满生活污水，压滤后污泥和生活污水按干污泥量控制 2500~4000mg/L 污泥浓度投入接种污泥，再从设计流量的 10% 开始培养驯化，视污泥生长情况逐步增加负荷到 100% 设计流量。该方法污泥培养时间较短，污泥驯化后能够适应污水处理系统。农村生活污水因规模不大，污泥运输成本不高，可以直接利用污水处理厂剩余污泥快速启动农村污水处理设施。

（2）自然培养。自然培养利用污水中现有的少量微生物，提供适宜的生长环境，逐渐繁殖形成活性污泥。具体过程为：将污水引入曝气池进行充分曝气，只曝气不进水，经 1~2d 曝气后，曝气池内会出现絮体，停止曝气，沉淀 1h，然后排除 50%~70% 的污水并补充相应量的新鲜污水，以补充营养，必要时还需投加外源营养物，如面粉等。此后循环进行曝气、沉淀、排水和进水过程，排水和进水量逐渐增加，曝气时间逐渐缩短，直至污泥沉降比达到 15%~20% 为止，进行连续进水、连续曝气。该方法适用于有机物浓度较高、气候比较温和的条件，缺点是污泥培养时间较长，应谨慎选择。

当培养出的污泥浓度达到设计标准，污泥微生物镜检生物相丰富，有原生动物出现，生物处理系统的各项指标达到设计要求，同时，出水水质达到设计要求，稳定运行，则表明活性污泥培养驯化成功。

5.3.1.3 常见异常及处理方法

A 污泥膨胀

通常将污泥膨胀分为两种类型，一是活性污泥中大量丝状菌的繁殖而引起的污泥丝状菌膨胀；二是由于菌胶团细菌体内大量累积高黏性物质（如葡萄糖、甘露糖、脱氧核糖等形成的多类糖）引起非丝状菌性膨胀。发生污泥膨胀时，污泥的 SVI 值大于 200mL/g，回流污泥浓度下降，二沉池中污泥层增高。

（1）污泥膨胀原因分析。

1）温度。低温有利于丝状菌生长，研究表明 10℃ 容易导致丝状菌性污泥膨胀，而污水温度提高到 22℃ 则不容易产生污泥膨胀现象。

2）pH 值。活性污泥微生物适宜 pH 值范围为 6.5~8.5，pH 值小于 6 时，菌胶团活性减弱，生长受到抑制，但丝状菌能大量繁殖，取代菌胶团成为优势种群，污泥的沉降性能明显变差并发生污泥膨胀；pH 值低于 4.5 时，真菌完全占优势。

3）DO。低 DO 是引起丝状菌污泥膨胀的主要原因之一，若 DO 成为限制因子，菌胶团生长受抑制，而丝状菌因具有巨大的比表面积，更易获得溶解氧进行生长繁殖，在竞争中处于优势地位。

4）F/M。低负荷情况下，由于丝状菌具有巨大的比表面积，低基质下其对碳源有较强的亲和力，优先利用碳源，造成竞争优势。低负荷容易引发丝状菌污泥膨胀，高负荷容易引发污泥黏性膨胀。负荷分布不均，好氧区一直处于低负荷运行状态易造成丝状菌大量增殖。高有机负荷下，反应器内底物充裕，在这种情况中菌胶团比丝状菌具有更强的吸附与存储营养物质的能力，能够充分利用高浓度的底物迅速增殖，具有较高的比生长速率，抑制丝状菌的生长。

（2）控制污泥膨胀的方法。当发生污泥膨胀后，应针对引起膨胀的原因采取相应措施。

1）投加药剂。投加絮凝剂，如聚合氯化铝、聚丙烯酰胺等，控制丝状菌的过度繁殖。投加量约为折合三氧化二铝量的 10mg/L，投加时应从低浓度逐渐增加。药剂投加点可设在曝气池进水口或出水口。投加化学药剂，如漂白粉、次氯酸钠等，杀死或抑制丝状菌繁殖。药剂投加从小剂量开始，并注意观测生物相及 SVI 值。该方法可在短时间内迅速抑制污泥膨胀，但并不能彻底解决污泥膨胀问题。

2）工艺调整。针对造成污泥膨胀的原因，采取相应措施。在水温变化的季节提前做好水力停留时间（SRT）的控制，有助于控制丝状菌增殖。相应进行营养物质平衡，调整污泥负荷，调节 pH 值等。工艺调整需在满足出水水质要求的前提下进行。

3）设置选择池。好氧生物选择器内对污水进行充分曝气，使之处于好氧状态。缺氧选择器可以使大多数菌胶团利用硝酸盐中的化合态氧元素进行生物繁殖，抑制丝状菌的繁殖。厌氧选择器多数情况下有效，但是为避免菌胶团细菌的厌氧代谢产生硫化氢，为丝硫菌的繁殖提供条件，厌氧选择器的水力停留时间不宜过长。

4）其他方法。在曝气池上做适当的改造，用表面排泥的方式迅速排除；在沉淀池用特殊的装置排除出去。

农村污水处理厂（站）日常运行中需要加强管理，提前防控可能导致污泥膨胀的各项因素。发生污泥膨胀时，区分膨胀类型，找准原因，对照制定相应的控制措施，才能从根本上解决污泥膨胀问题。

B　泡沫

活性污泥工艺生物反应池内存在一定的泡沫是正常现象，正常运行下，泡沫面积占液面面积 10%~20%，泡沫厚度 50~80mm，呈浅棕色。在特定情况下，曝气池上会产生大量泡沫，阻碍氧气转移并降低充氧效率，携带悬浮物并影响出水水质。常见三种泡沫：白色泡沫、棕色泡沫和黑色泡沫。

（1）白色泡沫。黏稠的白色泡沫通常出现在刚开始投入运行或负荷不足的情况下，说明活性污泥尚未驯化成熟，污泥浓度较低，污水中可能含有不宜被微生物快速转化的洗涤剂或蛋白质。

可吸取活性污泥系统的处理水进行喷洒消泡，稀释表面发泡源物质浓度。同时，加强污泥驯化培养，调整污泥负荷，以彻底解决泡沫问题。

（2）棕色泡沫。棕色泡沫主要出现在低负荷状态下，多是由于诺卡氏菌属的一类丝状菌所产生的生物泡沫。引起棕色泡沫的原因可能为污泥负荷低、剩余污泥排放控制不当。

如果出现丝状菌，需对照分析原因并处理。如果泡沫中含有丝状菌，可从液面打捞并作为固体废物进行处理。控制剩余污泥的排放，在满足硝化效果的条件下，逐步增加剩余污泥排放量，降低污泥龄，能够提高生化池中的污泥负荷的同时，对生长周期较长的发泡菌产生淘汰作用。投加絮凝剂可以造成泡沫失稳，达到消泡效果。投加化学消泡剂，如聚乙二醇、硅酮等，直接喷洒到曝气池，需注意控制投加浓度和投加量，以免其对正常的微生物生长造成影响。

（3）深色或黑色泡沫。大量颜色很深或者黑色泡沫出现，说明系统曝气不足，产生了厌氧区域，也可能进水中含有深色物质。

通过增加曝气量、减少污泥浓度进行泡沫控制，同时要分析深色物质来源，解决进水水质问题。

C　污泥颜色不正常

正常的活性污泥应该呈棕褐色，当系统出现异常时，污泥可能发白或发黑。

（1）污泥发白。污泥发白可能的原因：一是缺少营养，丝状菌或固着型纤毛虫大量繁殖，菌胶团生长不良；二是 pH 值偏高或偏低，引起了丝状菌大量生长，污泥松散、体积偏大。

该情况下，应根据具体原因采取措施。一是按营养配比调整进水负荷，几天后污泥颜色可以恢复；二是调整进水 pH 值，保持在 6~8 之间微生物适宜生长的区间。

（2）污泥发黑。污泥发黑通常是由溶解氧过低引发，导致有机物厌氧分解。通过增加供氧量或加大回流污泥，提高曝气池溶解氧来解决。

D　污泥结块或上浮

污泥上浮时，可观察到沉淀池液面漂浮的块状污泥和细小的气泡上升。引起这种现象的原因是沉淀池存在死角，或停留时间过长，局部积泥形成缺氧或厌氧，发生了反硝化产生氮气或厌氧产甲烷等气体，气泡附于污泥使之上浮。

解决方法是保持系统处于好氧环境，适当提高曝气池末端溶解氧；加大回流比或加快排泥以缩短停留时间，对死角问题进行技术改造，从根本上解决问题。

5.3.2　A^2O 工艺运行管理

5.3.2.1　工艺运行主要控制参数

A^2O 工艺运行主要控制参数，见表 5-2。

表 5-2　A^2O 工艺运行主要控制参数

项　目	单　位	范　围
污泥负荷	$kgBOD_5/(kgMLSS \cdot d)$	0.1~0.3
污泥龄	d	10~20
混合液污泥浓度	mg/L	2500~4000
厌氧区停留时间	h	1~2
缺氧区停留时间	h	0.5~3
好氧区停留时间	h	5.5~9
混合液回流比	%	200~400
污泥回流比	%	20~100
污泥指数	mL/g	<150
气水比		(5~7):1

（1）为兼顾除磷和脱氮效果，污泥负荷应控制在 0.1 ~ 0.18kgBOD$_5$/（kgMLSS · d）左右，污泥龄应控制在 8~15d。

（2）水力停留时间与进水浓度、温度等因素密切相关，通常来说，好氧段水力停留时间一般应不低于 6h，缺氧段控制在 1.5~2h，厌氧段水力停留时间在 1~2h。

（3）混合液回流和污泥回流是 A^2O 工艺控制中非常关键的因素，且与进水条件、活性污泥性能相关。混合液回流的主要目的是反硝化脱氮，在满足实际停留时间的前提下，可尽量提高回流比；而污泥回流主要用于厌氧除磷以及向系统输送足够污泥量，为不影响厌氧环境，在满足回流污泥量的情况下，可尽量降低污泥回流比。

（4）由于生物除磷本身并不消耗氧，因此 A^2O 工艺曝气系统的控制与生物反硝化系统基本一致。即缺氧池 DO 应控制在 0.2~0.4mg/L 之间，而好氧段溶解氧通常控制在 2~3mg/L 左右，并确保好氧池出流溶解氧不低于 2mg/L。

（5）BOD$_5$/TKN 和 BOD$_5$/TP 应分别满足大于 4 和 20 的条件，如果其中之一不满足且影响到脱氮除磷及出水水质时，可考虑采取投加碳源等方式补充碳源。

（6）当污泥混合液 pH 值低于 6.5 时，应投加碳酸氢钠、石灰或其他碱性物质，以调节 pH 值并补充碱度。

5.3.2.2　运行管理要点

（1）水温控制。生物脱氮除磷系统在 5～40℃ 都能成功运行。温度对硝化、反硝化速率都有较大影响，一般认为负荷较低时受温度的影响相对较小；水温较低时，为保持释磷充分，可通过增加回流污泥浓度但降低污泥回流量的方式，适当延长厌氧区停留时间。

（2）pH 值控制。硝酸菌最适宜的 pH 值为 6.0～7.5，亚硝酸菌最适宜的 pH 值为 7.0～8.5，反硝化菌最适宜的 pH 值是 7.0～7.5，超出这些范围细菌活性迅速下降。生物除磷适宜的 pH 值大致是 6.0～8.0，pH 值升高会引起吸磷量少量增加，pH 值降低则会引起释磷量大量增加。

（3）溶解氧控制。硝化反应必须在需氧条件下进行，一般建议硝化反应环境溶解氧浓度为 2mg/L 以上。反硝化过程需要较为严格的缺氧条件，溶解氧含量不宜大于 0.5mg/L，因为分子态氧不仅与硝酸盐竞争电子供体，而且会抑制硝酸盐还原酶的合成或活性。厌氧段的溶解氧浓度应控制在 0.2mg/L 以下。在需氧段，为供给足够的溶解氧以维持聚磷菌的需氧呼吸，一般溶解氧浓度应控制在 1.5～2.5mg/L 之间。

（4）碳源控制。生物脱氮除磷所需碳源量一般以废水的 COD_{Cr} 或 BOD_5 与氮、磷的比值表示。通常认为，为了保证脱氮除磷效果，脱氮系统的 BOD_5/TKN 应在 4～6 以上，脱磷系统中进水的 BOD_5/TP 至少应在 15 以上，一般应在 20～30。

（5）泥龄控制。污泥泥龄一般控制在 10～20d，当除磷为主要目的时，泥龄应适当缩短，宜控制在 3.5～7d。

5.3.3　SBR 工艺运行管理

5.3.3.1　工艺运行主要控制参数

SBR 工艺运行主要控制参数，见表 5-3。

表 5-3　SBR 工艺运行主要控制参数

项　目	单　位	范　围
污泥负荷	$kgBOD_5/(kgMLSS \cdot d)$	低负荷：0.03～0.07 高负荷：0.2～0.4
污泥龄	d	15～30
混合液污泥浓度	mg/L	4000～6000
周期数	个	4～6

续表 5-3

项　目	单　位	范　围
充水比	%	20~50
进水时段溶解氧	mg/L	0.2~0.5
曝气时段溶解氧	mg/L	1.5~4
沉淀和排水时段溶解氧	mg/L	<0.7
污泥指数	mL/g	<150
气水比		(5~7)∶1

（1）根据设计能力，按时间序列，调节生化池进水水量。

（2）通过合理的时间设定，达到反应池运行状态稳定，在时间交替过程中密切关注鼓风机工况不断变化，工艺管理人员需要掌握风量、风压之间的关系，在风机允许的范围内根据工艺需求进行控制，保证风机安全和供氧。

（3）根据进水水质、水量、排水深度及出水水质要求，调整反应周期，确定每个周期内的进水、曝气、沉淀、滗水时间的分配。进水时间不宜过长，通常取 1~2h。曝气时间应根据工艺目标而定，去除 BOD 和 COD 时为 3~4h，以脱氮为目标时曝气时间需大于 4h，以除磷为目标时曝气时间不宜过长，建议低于 4h。虽然沉淀时间越长泥水分离效果越好，但由于 SBR 工艺采用静置沉淀，通常取 1~1.5h 即可。排水时间取决于排水装置的排水能力，不宜过短以免对沉淀污泥产生干扰，通常为 0.5~1h。排泥一般与排水同步进行，时间通常取 0.5h。

（4）根据进水水量、水质进行污泥负荷、污泥龄、水力停留时间、溶解氧、C∶N∶P 等工艺参数分析计算，合理控制混合液挥发性悬浮物（MLVSS），及时调控工艺参数。

（5）曝气时段溶解氧宜控制在 2~3mg/L；搅拌段溶解氧宜小于 0.5mg/L，以营造厌氧和缺氧环境。

（6）通过控制 SBR 工艺的运行程度，可以实现脱氮除磷效果，相关工艺运行参数，如溶解氧、水力停留时间等控制与 A^2O 工艺相似。需要注意的是，进行除磷时，排泥时间通常先于排水进行，具有脱氮目的时，需在曝气时间之后增加不曝气反应时段以进行反硝化脱氮。

5.3.3.2　运行管理要点

（1）剩余污泥的排放量应根据污泥龄、污泥负荷、污泥浓度和污泥沉降比等因素来具体确定，以保持处理效果的稳定。

（2）根据污泥沉降比及池中污泥 MLSS 浓度，计算确定合理的排水深度，预留适当的排水安全余量，确保出水水质、合理利用池容；

（3）根据工艺运行情况，适时观察活性污泥生物相、上清液透明度、污泥颜色、状态气味等，并定时检测反映污泥特性的有关项目。

（4）在进水水质、气候等条件变化时，除按 A^2O 工艺调控思路调整溶解氧等运行参数外，还应及时调整时段设置或投运池组数量。通常来说，进水水质较高或冬季水温较低时，反应时段应适当延长；反之，则可缩短反应时段。

（5）操作人员应经常排放曝气器空气管路中的存水，待放完后，应立即关闭放水阀。

（6）操作人员及工艺管理人员应按要求巡视检查构筑物、设备、电气和仪表的运行情况，并做好相应记录。

（7）及时清除反应池内浮渣。定期清洗、检修、更换曝气膜，放空清理反应池。定期清除部分死角淤积的死泥。定期、定量排气，保持供气通常。定期检查空气管路，及时检修，防止空气流失及供氧不足，造成能源浪费。定期对池内一般钢构件进行防腐处理。定期进行设备维护。

5.3.4　MBR 工艺运行管理

5.3.4.1　工艺运行主要控制参数

MBR 工艺运行主要控制参数，见表 5-4。

表 5-4　MBR 工艺运行主要控制参数

项　目	单　位	范　围
混合液污泥浓度	mg/L	6000~8000
污泥龄	d	15~30
水力停留时间	h	8~12
溶解氧	mg/L	>1.0

MBR 工艺自动化程度较高，膜单位技术参数与所采用的膜组件类型、膜性能等密切相关，应根据供应商提供参数进行控制。

5.3.4.2　运行管理要点

（1）为避免操作条件经常变化加速膜污染，导致膜堵塞，应保持相对稳定的操作条件。

（2）调整处理系统进水量和产水量，确保膜池液位处于正常工作水位范围，因膜池液位过低时容易引起膜变形损坏，液位过高则会溢流。

（3）定期检查与膜组件连接的风管、水管，确保密封，避免漏风或漏水，保证膜组件曝气的均匀性。

（4）膜组件表面有积泥时，应查明原因，并进行水力清洗，不能使用高压水清洗，以免膜丝断裂。

（5）必须严格按照膜组件供应商的要求进行相关操作，包括控制膜冲洗曝气量、在线化学清洗和离线化学清洗，有效防止膜污染。

（6）定期进行膜丝检测，以指导膜系统的清洗维护及膜系统正常的运行参数设定及调整。

（7）注意控制活性污泥浓度，确保混合液污泥浓度保持在合理范围内，避免膜组件发生不可逆的污染情况。

（8）注意观测和记录膜通量的衰减情况，特别是在冬季低温条件下的衰减。

5.3.4.3 膜污染管理

膜系统应采取综合的污染防控措施，以保证膜污染在可控范围内，膜通量持续稳定，可从预处理、运行控制和膜清洗几个方面进行膜污染防控。

（1）预处理。加强预处理是保障 MBR 系统正常运行的重要途径。通过机械预处理、初沉等方式，降低进入生化系统的颗粒物和悬浮固体含量。

（2）运行控制。间歇抽吸和空气擦洗是保证膜系统稳定运行的关键措施。在膜池中进行间歇抽吸，可有效降低污染物在膜表面富集和黏附的概率；同时，加以空气吹扫，可缓解浓差极化程度。运行/停止时间比例通常由膜供应厂家提供。

（3）膜清洗。膜清洗分为在线化学清洗、离线化学清洗两种类型。

1）在线清洗，又称维护性清洗，一般按照周期进行，建议为每 1~2 周进行一次，清洗持续时间 1~2h，是低强度的化学清洗。当出水膜压差达到设定值时，自动膜在线清洗系统向膜组件反向添加化学药剂，对膜孔和膜内部进行清洗。

2）离线化学清洗，又称恢复性清洗，根据运行情况每年进行 1~2 次，清洗持续时间 8~12h，是对膜组件的彻底清洗，属于高强度的化学清洗方式。当膜系统跨膜压差不断升高至终止值时，需要将膜组件从膜池中取出，经过高浓度化学药剂浸泡来实现膜清洗。一般使用的药剂是次氯酸钠溶液去除有机污染，柠檬酸或草酸去除无机结垢。

5.4 生物膜法工艺运行管理

5.4.1 生物滤池运行管理

5.4.1.1 曝气生物滤池运行管理

A 工艺运行主要控制参数

曝气生物滤池运行主要控制参数，见表 5-5。

表5-5 曝气生物滤池运行主要控制参数

项　目	单　位	范　围
滤速	m/h	2~11
BOD 负荷	kg/(m³·d)	3.5~5.0
硝化负荷	kg/(m³·d)	0.5~1.1（以氨氮计）
滤料粒径	mm	2.5~6.0（一级滤池滤料粒径较二级滤池粗）
滤料层厚度	m	3.0~4.5
反冲洗周期	h	14~40
反冲洗水量	%	5~12
反冲洗空气强度	Nm/h	45~90
反冲洗水强度	m/h	10~30
气水比		(5~7)∶1

（1）保证进水的水量和均匀性，如有并联运行的滤池，每个滤池进水水量应大致相同，污水滤池中的停留时间和上升流速合理。

（2）利用布水系统的调节装置，调节各池或池内各部分的配水量，保证均匀布水。

（3）保证工艺曝气的均匀。提供生化反应所需的足够氧气，对滤料层起到轻微的松动作用，使滤池中的滤料表面均匀挂膜。

（4）正常运行时，生物滤料上的生物膜厚度一般应控制在 $300~400\mu m$，生物活性好。

（5）应及时有效地对曝气生物滤池进行反冲洗，并控制反冲洗水量、气量等参数，保证滤料间有合适的空隙率、滤料上有足够的高活性生物膜。

B　运行管理要点

（1）对于不同的进水量，曝气生物滤池可分别采用下述措施运行：当进水流量长期低于设计最小值时，可将部分滤池置于备用状态；当进水量或负荷短时间超过最大设计值，将进水均匀地配入每个生物滤池中。

（2）曝气生物滤池工艺无论采用何种类型滤池运行，均应通过调整滤速、负荷（水力负荷、BOD 负荷、硝化和反硝化脱氮负荷）、空床水力停留时间等方式进行工艺控制。

（3）污水在进入曝气生物滤池前应进行较高程度的预处理，进入生物滤池的水质应符合设计要求，一般悬浮固体浓度不宜大于 60mg/L，平均粒径不宜大于 2mm。

（4）定期观察生物膜生长和脱膜情况，当发现生物膜颜色变化、生物膜脱落不均匀等情况时，应检查布水布气是否均匀并及时调整，适当调整曝气强度。

（5）反冲洗周期应根据出水水质、滤料层的水力损失、出水浊度综合确定，并由自动化程序进行控制。反冲洗包括快速降水、气洗、气/水反冲洗、漂洗等步骤。当滤料堵塞时，可通过加大反冲洗水力负荷或空气强度来冲洗。

（6）每年定期对滤池进行检修，测量滤池内滤料高度，根据滤料流失情况和处理水质进行滤料补充。

（7）根据设定的溶解氧值调节风机转速和空气管阀，从而控制空气量。经常对曝气系统空气管路中的积水进行排空处理，并及时关闭放水阀。

（8）建议每两年排空、清刷一次池体。

5.4.1.2 滴滤池运行管理

A 水力调控

通过启动滤池，调节不同运行阶段的滤池（并联或串联的滤池），或通过回收高负荷滤池介质上的生物膜固体，强化颗粒固体的微生物絮凝效果，进而调控处理过程。

对滤床上的污水和滤池处理水的布水速率进行控制，是滤池运行控制过程中最主要的控制步骤。通常采用循环布水模式，可以实现：（1）稀释进水中的毒性物质，降低污水中污染物浓度；（2）增加滤池的水力负荷，减少蚊蝇等生物滋扰；（3）增加水力剪切力，促进生物膜脱落，避免老化污泥固体堆积；（4）对滤池进行微生物再接种；（5）促进布水均匀，防止填料区干涸。

B 运行管理及操作要点

（1）布水系统。

1）每日观察布水器喷水状况，如喷水受阻，可以通过增加水力负荷或人工清通喷嘴。

2）定期检查布水系统，检查进水管与布水器的伸缩接头是否漏水，如密封或伸缩接头出现问题，应及时进行更换。

3）采用旋转布水器，需确保布水器的旋转平衡，旋转轴应处于水平状态。

4）根据进水流量的变化，对布水器流量进行调整，旋转布水器进行转速调节，固定式布水器可调节喷嘴的弹簧张力。

5）按照设备说明进行维护，对轴承等进行润滑，一般是每年两次。

（2）滤料。

1）每日观察滤层表面情况，清除较大的固体污染物，防止堵塞。

2）如滤层上积水明显，应尽快查明原因，并及时排除，如出现堵塞，应进行冲洗。

3）观察滤料介质的沉降过程，随着自身重量、表面生物膜和附着水的重量增加，滤料介质会发生一定的沉降，正常的沉降为均匀沉降，且在运行平稳一段时间后停止沉降，处于稳定状态。

4）观察滤料是否受到水力侵蚀，尤其是水流反射区域。

5）滤料随水流冲走而减少，应进行补充。

（3）排水系统。

1）观察排水情况，及时发现堵塞或漏水等异常，并进行处理。

2）定期冲洗排水系统，清除出水管中的固体。

C 常见故障及处理方法

（1）出水悬浮物增多。生物滴滤池出水悬浮物增多，可能是污水水质发生变化，导致生物滴滤池内生物膜脱落量增加。

此时需进一步检测污水水质，通过水质指标变化判断引起污水水质变化的污染源，并进行污染源阻断；同时，降低滤池负荷，缓解冲击。

（2）滤池产生臭味。滤池产生难闻气味，可能是有机负荷过高、通风不足、滤池积水、滤料性能变差等原因引起滤池内发生厌氧反应。

应对有机负荷过高的情况：进一步核算滤池有机负荷，通过水力调控降低滤池有机负荷。如有养殖废水或作坊废水进入引起负荷升高，则应及时联系有关部门进行处理，并加强预处理。

应对通风不足的情况：增加滤池水力负荷，冲刷掉过量生长的生物膜。清通通风管，加强通风；检查排水系统，如有堵塞，需要减小滤池水力负荷。检查滤料是否出现堵塞。

应对生物膜过量生长的情况：减少滤池的有机负荷，增加水力负荷以促进生物膜脱落。必要时以高压水冲洗滤层表面，水力剪切剥离生物膜。在滤池小流量进水时短期加氯，保持滤池内积水含氯约 $1\sim2mg/L$，污水淹没滤池 24h。

应对滤料性能变差的情况：更换滤料。

（3）滋生滤池蝇。滋生滤池蝇的情况，可能是由于滤料介质润湿不完全，水流速率不够，未能将滤池蝇卵从滤池中冲刷出去，或是滤池内存在滤池蝇繁殖小区域，清洁维护工作不到位。

通过连续向滤池投配污水，增加水力负荷，保持滤池壁潮湿，破坏滤池蝇滋生的环境。在滤池蝇繁殖的季节，每周或每两周以水淹没滤池几小时，一般不超过 24h。每周或每两周在进水中加氯，维持 $0.5\sim1.0mg/L$ 的余氯量，破坏滤池蝇的生命周期。

（4）冬季结冰。冬季滤池表面结冰，不仅会降低污水处理效率，甚至导致滤池完全失效。预防和解决滤池结冰问题，应减少出水回流次数，可以停止回流直到气候回暖为止。在处理水质达标的前提下，可缩短预处理和初级处理单元构筑物的水力停留时间。调节布水喷嘴和反射板使滤池布水均匀，同时，及时清除滤池表面出现的冰块。必要时，建设防风设施或对滤池进行加盖保温处理。

5.4.2　生物转盘运行管理

5.4.2.1　工艺运行主要控制参数

（1）预处理。预处理中悬浮固体去除率不佳，会导致悬浮固体在氧化槽内积累并堵塞废水进入的通道。通过格栅及调节池对污水进行预处理，去除悬浮物、沙粒和较大的有机颗粒，为生物转盘运行提供保障。

（2）流量与负荷波动。通常生物转盘盘片上的生物量较高，短期内流量、负荷波动对处理效果影响不大，但长时间的超负荷运行可使一级转盘超负荷，造成生物膜过厚、厌氧发黑、BOD 去除率下降，且脱落的生物膜沉降性能差，给后处理带来困难。调节池调节控制污水流量，保持相对稳定的流量与负荷环境。

（3）溶解氧。氧化槽中混合液的溶解氧值在不同级有所不同，用于除去 BOD_5 的转盘，第一级 DO 为 0.5~1mg/L，后几级可增高至 1.0~3.0mg/L，常为 2.0~3.0mg/L，最后一级达到 4.0~8.0mg/L。混合液 DO 值随水质浓度和水力负荷相应变化。

（4）出水悬浮物。挥发性悬浮固体（主要是脱落的生物膜）在氧化槽内大量积累也会产生、发臭，并影响系统运行。生物转盘中的出水悬浮物主要是脱落的生物膜，采用过滤方式，保持系统运行稳定，降低出水悬浮物浓度。

（5）生物相观察。生物转盘上的生物膜，生物呈分级分布。一级生物膜以菌胶团细菌为主，这部分生物膜最厚，随着有机物浓度的下降，分别出现丝状菌、原生动物和后生动物，生物的种类不断增多，但生物膜即膜的厚度减少，依污水水质不同，生长有其特征的生物类群。当水质浓度或转盘负荷有所变化，特征性生物层次也随之前移或后移。正常的生物膜厚度约 1.5~2mm，外观粗糙、黏性，呈灰褐色。盘片上过剩生物膜不时脱落，随即被新膜覆盖。用于硝化的转盘，生物膜薄，外观较光滑，呈金黄色。

5.4.2.2　运行管理要点

（1）经常检查与调整进水系统和回流分配系统，确保进入生物转盘的污水和污泥均匀。

（2）观察生物转盘运行状态、生物膜生长情况、生物膜量及沉降性能等，若发生异常，分析原因并及时采取针对性措施控制。

（3）观察氧化槽泡沫发生状况，判断泡沫异常增多原因，并及时采取处理措施。

（4）及时清除池内边角外飘浮的部分浮渣。

（5）注意观察曝气池液面翻腾状况，检查是否有空气扩散器堵塞或脱落情况，并及时更换。

（6）每班测定缺氧段及氧化槽混合液溶解氧含量，并及时调节转盘速率，或设置自动调节系统。

5.4.2.3 检修维护

为了保持生物转盘的正常运行，应对生物转盘的所有机械设备定期检查维修，如转轴的轴承、电机是否发热，有无不正常的杂音，传动皮带或链条的松紧程度；减速器、轴承、链条的润滑情况，盘片的变形程度等等；及时更换损坏的零部件。

生物转盘的运行维护指南，见表5-6。

表5-6 生物转盘的运行维护指南

周 期	维 护 步 骤
每日	1. 检查转轴和轴承是否过热，如果温度超过93℃，则更换轴承。 2. 注意是否听到转轴和轴承的声音不正常，判别噪声起因，有必要的话，及时维修
每周	润滑主转轴轴承和传动轴承。使用厂家推荐的润滑液。当转轴旋转时，缓慢添加润滑油。当轴承外壳渗出油脂时，说明轴承内润滑油油量适宜。在无法看到轴承的位置时，润滑油的添加量以六分满为宜
每月	1. 检查所有传动链。 2. 检查主要转轴轴承和传动轴承。 3. 采用通用的润滑油涂抹主转轴分支端，主转轴轴承和端环位置
每3个月	1. 更换传动链箱内的润滑油。使用厂家推荐的润滑油。确保油面处于量油器上的标记处或以上。 2. 检查传动带
每半年	1. 更换减速器内润滑油。使用厂家推荐的润滑油。 2. 清洁减速器内的磁性油套； 3. 提起位于输入和输出密封箱放油嘴180°对位的油塞，清理减速器的双密封轴密封内的润滑油，更换润滑油箱，然后更换油塞，使用厂家推荐的润滑油
每年	润滑电机轴承，采用厂家推荐的润滑油和润滑方法，润滑电机轴承时，需关闭电机，并去除放油塞，用压力枪注入新的润滑油，直到轴承内原有的润滑油从排油管全部排出。当所有多余的润滑油都全部排出后，可启动电机。对于某些电机来说，启动过程可能要耗时几小时，更换放油塞

生物转盘日常维护的内容包括视察转轴运转情况，及时更换破损的空气杯或盘片介质，以防止堵塞或干扰转盘旋转。日常清洁主要是指通过网状设施清除油脂球。

5.4.2.4 常见故障及预防解决办法

一般来说，生物转盘是生化处理设备中较为简单的一种，只要设备运行正常，往往会获得令人满意的处理效果。但在水质、水量、气候条件大幅度变化的情况下，加上操作管理不慎，也会影响或破坏生物膜的正常工作，并导致处理效果的下降。常见的异常现象及处理方法有如下几种。

A 生物膜严重脱落

在转盘启动的两周内，盘面上生物膜大量脱落是正常的，当转盘采用其他水质的活性污泥来接种时，脱落现象更为严重。但在正常运行阶段，膜的大量脱落会给运行带来困难。

产生这种情况的主要原因可能是由于进水中含有过量毒物或抑制生物生长的物质，如重金属、氯或其他有机毒物。此时应及时查明毒物来源、浓度、排放的频率与时间，立即将氧化槽内的水排空，用其他废水稀释。彻底解决的办法是防止毒物进入；如不能控制毒物进入时应尽量避免负荷达到高峰，或在污染源采取均衡的办法，使毒物负荷控制在允许的范围内。

pH 值突变也是造成生物严重脱落的另一原因，当进水 pH 值在 6.0~8.5 范围时，运行正常，膜不会大量脱落。若进水 pH 值急剧变化，在 pH 值小于 5 或大于 10.5，将导致生物膜大量脱落。此时，应投加化学药剂予以中和，以使进水 pH 值保持在 6.0~8.5 的正常范围内。

B 产生白色生物膜

当进水发生腐败或含有高浓度的硫化物如硫化氢、硫化钠、硫酸钠等，或负荷过高使氧化槽内混合液缺氧时，生物膜中硫细菌（如贝氏硫细菌或发硫细菌）会大量繁殖，并占优势。有时除上述条件外，进水偏酸性，使膜中丝状真菌大量繁殖。此时，盘面会呈白色，处理效果大大下降。

防止产生白色生物膜的措施有：（1）对原水进行曝气；（2）投加氧化剂（如水、硝酸钠等），以提高污水的氧化还原电位；（3）对污水进行脱硫预处理；（4）消除超负荷状况，增加第一级转盘的面积，将一、二级串联运行改为并联运行以降低第一级转盘的负荷。

C 固体累积

沉砂池或初沉池中悬浮固体去除率不佳，会导致悬浮固体在氧化槽内积累并堵塞废水进入的通道。挥发性悬浮固体（主要是脱落的生物膜）在氧化槽内大量积累也会产生腐败、发臭，影响系统运行。

在氧化槽中积累的固体物数量上升时，应用泵将其抽去，并检验固体的类型，以针对产生累积的原因加以解决。如属原生固体积累则应加强生物转盘预处理系统的运行管理；若系次生固体积累，则应适当增加转盘的转速，增加搅拌强度，使其便于同出水一道排出。

D 污泥漂浮

从盘片上脱落的生物膜呈大块絮状，一般用沉淀池进一步去除。沉淀池的排泥周期通常采用 4h。周期过长会产生污泥腐化；周期过短，则会加重污泥处理系统的负担。当沉淀池去除效果不佳或排泥不足或排泥不及时等都会形成污泥漂浮现象。由于生物转盘不需要回流污泥，污泥漂浮现象不会影响转盘生化需氧量的去除率，但会严重影响出水水质。因此，应及时检查排污设备，确定是否需要维修，并根据实际情况适当增加排泥次数，以防止污泥漂浮现象的发生。

E　处理效果变差

温度、流量、负荷、pH 值等因素发生不利于微生物生长的变化，均会影响系统处理效果。

（1）污水温度下降。当污水温度低于 13℃ 时，生物活性减弱，有机物去除率降低。

（2）流量或有机物负荷突变。当有机负荷冲击小于全日平均值的 2 倍时，出水效果降低不明显。在采取措施前，必须先了解存在问题的确切程度，如进水流量、停留时间、有机物去除率等；如属昼夜瞬时冲击，则可以通过人工调整排放污水时间或调整调节池停留时间予以解决；若长时间流量或负荷偏高，则必须从整个布局上加以调整。

（3）pH 值。氧化槽内 pH 值必须保持在 6.5~8.5 范围内，进水 pH 值一般要求调整在 6~9 范围内，经长期驯化后，范围略可扩大，超过这一范围时，处理效率将明显下降。硝化转盘对 pH 值和碱度的要求比较严格，硝化时，pH 值应尽可能控制在 8.4 左右，进水碱度至少应为进水氨氮浓度的 7.1 倍，以使反应完全进行而不影响微生物的活性。

5.4.3　生物接触氧化法运行管理

5.4.3.1　运行管理及操作要点

（1）尽量减少进水中的悬浮物，以防杂物堵塞填料过水通道，降低处理效果。

（2）控制合理进水负荷，避免进水负荷长期超过设计值，造成生物膜异常生长，从而造成堵塞。

（3）定期进行生物膜的镜检，观察生物相，发生异常及时调整运行参数。

（4）及时排出过多的积泥，接触氧化池中悬浮生长的微生物主要来源于脱落的老化生物膜，其中，相对密度较大的块状絮体难以随水流出水而沉积在池底，若不能及时排出，可能在自身氧化过程中释放污染物，影响出水水质。积泥过多还会堵塞微孔曝气器。因此，为避免以上情况发生，应定期检查接触氧化池底部积泥情况。当发现池底积泥发生黑臭或出水悬浮物浓度升高时，应及时启动排泥。

5.4.3.2 常见故障及处理方法

（1）发生堵塞时，可以通过提高曝气强度以增强接触氧化池内水流流动性，或将出水再次回流以提高水流速度，加强对生物膜的冲刷作用，恢复填料效果。

（2）生物膜增多过厚、生物膜发黑发臭使处理效果下降时，可以采取短时大流量、大气量冲刷，使过厚的生物膜从填料上脱落。还可以在冲刷前，停止一段时间曝气，使内层厌氧生物膜发酵，产生二氧化碳、甲烷等气体使生物膜黏附性降低后，再进行冲刷，效果更好。

（3）对于已结球的填料，应使用气、水进行高强度瞬时冲洗，必要时立即更换填料。

5.5 自然生态处理系统运营维护

5.5.1 人工湿地运营维护

人工湿地的运行管理，在日常巡查的基础上，进行专项的设备管理、设施管理、植被管理及水质监测及系统检测。

5.5.1.1 日常巡查

运行人员定期对设施运行状况进行检查，及时发现可能存在的故障及其他问题。做好完整的运行日志，记录设施运行情况，一旦运行过程中发现任何故障，可以从运行日志中找到可能的原因提示。

（1）每日检查设施总体运行状况，包括设备、设施、植物、水质等情况。一般农村污水处理未安装在线监测，若有在线监测设施还需查看并保存水质数据。

（2）每周检查植物生长情况是否正常，砂层渗水情况是否正常，出水是否无色无味、无可见大颗粒物，管道、阀门等是否正常。

（3）每月检查布水情况，观察水流、倾听水流声是否稳定。

5.5.1.2 设备管理

人工湿地系统主要设备是水泵，其运行管理与其他工艺类似，维护管理详见5.6节内容。

5.5.1.3 设施管理

根据运行情况，布水管、排水管每1~2年清洗一次，开启布水管盖后，用污水泵提水冲洗；排水管可通过通气管冲洗。清洗管道过程中，不得使用化学清洁剂和处理剂。及时修补巡查中发现的损坏的部分。

当池内产生短流时，可通过调节水位解决。通常造成人工湿地中短流的原因较多，最可能的原因是池内污染物堆积在池体中某处导致水流不畅，或由于池体内部气团阻碍水流通过，一般通过出水水质的监测可以发现，调节水位可以促使气团排出。如仍出现水质不稳定现象，应检查填料是否堵塞，必要时更换部分填料。

在植物生长的季节，每个月将湿地排干一次，然后马上升高水位，可以将氧气带入湿地，不仅有利于氧化沉淀在湿地的有机物，而且对细菌的活性起到一定的抑制作用。

5.5.1.4　植物管理

（1）人工湿地栽种植物后即须充水，为促进植物根系发育，初期应进行水位调节，待发芽长高后不断提高水深，以不淹没芽顶为限制。为促使根系发育和主根扎深，应周期性停水晒田。

（2）植物系统建立后，保持污水供应以保证水生植物的密度及良性生长。

（3）应根据植物的生长情况，进行缺苗补种、杂草清除、适时收割以及控制病虫害等管理，不宜使用除草剂、杀虫剂等，不得破坏砂层表面。一般建议，每年秋季进行一次植物收割，在春季发芽之前完成。收割可以将成熟的植物连同吸收的营养物和其他成分从湿地中移除，促使植物维持下一年度生长、吸收和净化效果。收割前应停止进水，使地面干燥，及时清理落下的残枝败叶。收割时应保持留下 20~30cm 植物茬，便于冬季运行时支持冰面，同时有利于春季发芽生长。植物栽种宜在春季开展，如芦苇的种植通常选择在清明前后（气温在 10℃以上）。

5.5.1.5　水质监测及系统检测

对人工湿地各系统的进出水进行检测，主要包括流量、水位、水温、pH 值、SS、BOD_5、COD、NH_3-N、总氮、总磷等，其应按国家相关标准和规定执行。监测频率建议：水位和 pH 值每周 1 次，其他指标每月 1 次。

人工湿地系统的检测还应包括降雨量、湿地水位、植被株密度等，检测频率宜为降雨量、湿地水位每天 1 次，植被株密度每年 1 次。

5.5.1.6　季节性管理

（1）春季管理。南方地区春季气候适宜植物生长，注意做好水位控制即可。而对于干旱少雨的北方地区，蒸发量大，植物处理发芽和幼苗期应及时调控进水，防止水量过大而淹没植物，或水量过小形成盐分浓缩伤害苗期发育。

（2）夏季管理。夏季气温高，如果进水负荷过高，湿地内形成厌氧环境，污泥沉积，容易生产恶臭。如果进水有机物浓度较高，可以采取出水回流提高流速，冲刷前部积泥，增大前部水深，减轻恶臭问题。夏季也是人工湿地易滋生蚊蝇的季节，保持人工湿地系统中水体流动有利于控制蚊蝇，也可以通过向水面洒水来阻碍蚊蝇向水中产卵，既能达到控制蚊蝇的目的，又能与水景观结合起来增加湿地系统的观赏性。

暴雨季节，注意调节进水水量和保持湿地中水流流速在最大设计流速范围内，防止因过度冲刷而破坏基质层。

（3）秋季管理。秋季管理应结合植物管理开展植物收割。此外，随着气温和降雨量的逐渐下降，适当提高湿地水位，增加水力停留时间，保证污水处理效果。

（4）冬季管理。人工湿地冬季管理的关键是防冻及植物越冬问题。人工湿地植物的生长期大约在 4~11 月。为了应对冬季对设备管道的影响，在设计时应布置在向阳位置，能够设置在室内的，尽量设置在室内。冬季设备及管道应采取防冻措施，池内水温保证不低于 4℃，因为微生物一般在 4℃ 以下就处于休眠状态，影响污水处理效果。为将热量损失降到最低，冬季管理可以采用一些保温措施。

1）植物覆盖：将秋季倒伏或者收割的植物覆盖在人工湿地上作为保温材料。

2）空气加冰层：在没有覆盖物时采用空气+冰层的方法可起到一定的保温作用。在深秋气候寒冷时，将水面提升 50cm 左右，直到形成一层冰面，当冰面完全冰冻后，通过调低水位在冰冻层下形成一个空气隔离层，对池体有防冻的效果。

3）塑料大棚温室：采用塑料大棚温室对人工湿地进行保温，可以使微生物正常生存。

4）增加滤层厚度或者提高人工湿地池体超高也有助于保温。

5.5.2　稳定塘运营维护

5.5.2.1　好氧塘和兼性塘

（1）颜色变化。观察稳定塘内水体的颜色变化，可指示其运行状况。

1）黑色泛绿。说明稳定塘运行效果良好，pH 值和 DO 较高，但也有可能是塘内藻类过多，藻类死亡后将导致塘内 BOD 和 TSS 急剧升高。

2）暗绿至黄。说明稳定塘运行效果不佳，塘内 pH 值和 DO 在下降，蓝-绿藻正在大量增殖。

3）灰色至黑。说明稳定塘运行效果很差，塘内出现厌氧环境。

4）黄褐色至棕色。此颜色的变化可能是藻类增殖引起，说明稳定塘运行效果尚可；也有可能是塘内淤泥或堤坝受到侵蚀引起，说明稳定塘运行效果不好。

5）红色或粉红色。说明稳定塘内存在紫色硫细菌（厌氧条件）或红藻（好氧条件）。水蚤大量繁殖也会造成塘内水体呈现红色。一般来说，只有当这些微生物死亡后作为大量有机物，引起塘内好氧微生物降解的需氧量大幅上升，造成塘内水体呈厌氧时，才会明显影响稳定塘运行效果。

6）奶白色。说明稳定塘接近或已是腐败环境，一般是负荷过高引起。

（2）季节变化。在气候温暖的春夏季节，稳定塘内微生物及藻类增殖迅速，塘内水体易呈现绿色，说明塘内水体为高 pH 值和 DO 环境，出水水质可达到排放标准。在深秋和冬季，稳定塘内生物活性降低，塘内水体颜色变深至棕色甚至灰色，水体呈棕色说明了光照减弱、温度降低或毒性物质的冲击，造成塘内光合作用减弱；水体呈灰色主要是藻类的死亡所造成。

冬季结冰时期，藻类即使在冰面以下，只要能接收到阳光照射，仍能发生光合作用，并为塘内水体供氧。但当冰面上有积雪时，积雪会阻挡阳光照射冰面下的藻类，限制其光合作用，塘内水体将逐渐形成厌氧条件。随着低温的持续，塘内供氧情况越来越差，有机污染物的生物降解效能相应降低，可沉降的有机污染物将沉积于塘底。

第二年春季来临时，塘内污泥上翻，储存在污泥中的有机污染物将扩散至整个塘内水体区域。由于塘内有机污染物量陡增，必然会导致好氧生物降解需氧量的迅速升高，并因塘内溶解氧的耗竭而出现厌氧，甚至产生异味。当稳定塘内有机污染物量增加时，应提高水力停留时间和溶解氧（如采用机械曝气强化溶解氧的供应），以保障稳定塘的出水水质。

5.5.2.2 厌氧塘

厌氧塘运行效能良好时，塘内水体液面上将聚集一层厚浮渣层。浮渣层可以抑制大气复氧，保持塘内水体良好的厌氧条件，并可限制塘内厌氧产生的臭气散逸。通过稳定水的流动，避免塘内产生波浪，能够促进浮渣层的形成，有利于厌氧状态的稳定。

低温季节，厌氧塘的污染物去除效果也会变差，应考虑在厌氧塘内预留足够容积以储存沉积的有机污染物，或将厌氧塘进水引入其他处理系统进行处理。

5.5.2.3 曝气塘

曝气塘的溶解氧浓度值是最能反映曝气塘运行效能的重要参数。曝气塘内的 DO 浓度宜保持在 1~2mg/L，当曝气塘的进水负荷达到最大限度时，塘内 DO 浓度不宜低于 1mg/L。曝气塘内 pH 值应保持在 7~8 范围内，当藻类大量繁殖时，曝气塘内 pH 值可能会超过 9。

当曝气塘采用表面曝气机曝气时，塘内水流会出现涡流运行，并可能出现少量泡沫。必须保持曝气机附近清洁，避免异物堵塞或卡住曝气机。

5.5.2.4 维护管理

通过对稳定塘进行正确的维护，可以避免很多运行故障，制定维护管理计划有利于保持稳定塘的运行效果。稳定塘运行管理计划，见表5-7。

表5-7 稳定塘运行管理计划

运行和维护内容	频 率			
	每日	每周	每月	根据需要
巡查	1. 稳定塘液面浮渣累积情况； 2. 塘内水体颜色； 3. 杂草生长情况、短流情况； 4. 堤坝是否受侵蚀或腐蚀、是否出现渗漏情况			结冰情况
预处理系统		1. 检查进水设施； 2. 清掏栅渣		
机械设备维护	1. 检查污水泵的运行状况； 2. 检查曝气机电流强度； 3. 检查清洁流量计； 4. 检查阀门和闸门是否设置正确		开闭测试以确保可正常运行	润滑、清洁维护
水质检测（需结合地方环保要求）	自行监测 BOD$_5$、COD、SS、总氮、氨氮、总磷、pH值、色度、大肠杆菌、DO 等指标		监督性监测	
塘内积泥清淤			观测积泥厚度	视出水水质、积泥厚度、水生植物生长情况定期清理

5.5.3 土地处理系统运营维护

农村污水土地处理系统的维护管理与人工湿地管理维护类似，此节主要介绍运行管理重点、冬季运行管理、常见故障及排除方法。

5.5.3.1 运行管理重点

(1) 慢速渗滤系统维护管理。采用洒水器布水的慢速渗滤系统，应每日检查洒水器、洒水喷嘴、排泄阀门等设备装置的工作情况。

每月检查空气阀、真空阀、泄压阀的运行状况，清洁洒水器及喷嘴，以避免腐蚀、堵塞、损坏等问题影响正常布水。如果在布水系统中安装有压力表，则应在闲置尤其是结冰天气中排空压力表的连接管路，以防压力表损坏。

每季度检查和维修径流控制设施，防止污水在流经土地系统的过程中出现外泄至场地外的情况。

(2) 快速渗滤系统维护管理。为保持土壤的渗滤能力，运营管理人员应防止土壤表面出现固结。定期对土壤的渗滤性能进行观测，当土壤无法正常渗透污水时需进行修复，可以采用疏松法或置换法。

1) 疏松法。为对渗滤区域进行排水空置直至土壤层完全干透，并采用人工或机械疏松地表有机层区域。

2) 置换法。完全铲除表层土壤，并置换成渗滤性能好的土壤。但该方法人力和机械设备强度较大、耗费较大、成本较高。需注意避免换土过程中因机械设备压实渗滤床而削弱渗滤性能。

(3) 地表漫流系统维护管理。为保证地表漫流系统处理出水水质，应确保污水在漫流坡地沿程始终保持薄层水流状态。当因漫流系统建设不完善或水力负荷过高时，需修建沟渠以收集污水并进一步引入地表漫流处理系统。

为避免发生水力短流情况，应将污水尽量引入荒芜区域。当漫流坡顶部出现固体积累时，需予以清除，否则覆盖地表易形成厌氧条件。可通过耙齿将积累的固体物质混入土壤中。在漫流系统坡地上收割植物时，应垂直于坡向进行收割。

(4) 地下渗滤系统维护管理。地下渗滤系统通过干湿交替运行方式避免系统堵塞。

5.5.3.2 冬季运行管理

在冬季，气候条件恶劣，污水土地处理系统运行难度增大。一方面，要对系统管道、阀门、管件等采取一定的保温措施，尤其是北方地区；另一方面，要防止渗滤床上的冰层或土壤表层结冰阻止污水入渗的情况发生。

为避免渗滤床出现冬季堵塞，可在每年的夏季末或秋季，用耙齿对表层土壤进行疏松，耙齿犁地后形成相间的垄沟和垄脊，冰碴碎片会滞留在垄脊处，污水则能在冰面下流动，从而把污水和土壤表层隔绝开来，有效保持土壤表层的渗滤性能。当污水液面与垄脊齐平时，液面结冰，即会形成垄间的冰桥，污水可以持续在垄沟区域进行渗滤。

5.5.3.3　常见故障及排除方法

土地处理系统在农村污水处理的实践应用中可能出现的问题主要是：负荷过高、温度低、营养物质匮乏、短流、灌溉设备故障、蚊蝇滋生、污染地下水等。常见故障问题及解决措施总结见表5-8。

表 5-8　土地处理系统的常见故障判断及解决措施

现象	可能的原因	检查判断指标	解决措施
喷洒孔嘴不出水	灌溉泵故障或灌溉喷头堵塞	1. 检查灌溉泵； 2. 检查喷头	维修或更换喷头，加强预处理以降低污水中颗粒物的含量
污水呈径流状态流经灌溉区域	1. 土壤表面被固体物质堵塞封闭； 2. 灌溉速率超出土壤过滤速率； 3. 布水管线破裂； 4. 连续采用污水灌溉，导致土壤渗透性降低； 5. 降雨使土壤中水分处于饱和状态	1. 观察土壤表面状态； 2. 检查灌溉速率； 3. 检查补水管线是否破裂； 4. 径流区域连续运行时间； 5. 降雨情况	1. 去除种植区域表层土； 2. 减小灌溉速率，直至与土壤过滤速率相近； 3. 维修或更换破裂管道； 4. 在连续灌溉后，设置一定闲置时间，间歇运行； 5. 调节污水投配量，直至土壤中水分排出
灌溉后作物死亡	1. 灌溉水量过大或过小； 2. 污水中含有大量有毒物质	1. 分析比较特定作物的需水量与灌溉量； 2. 分析水质	1. 合理调整灌溉速率和水量； 2. 禁止工业废水等含有大量毒性物质的污水进入土地处理系统
灌溉泵流量和压力低于正常值	1. 泵轮受到损坏； 2. 堵塞	1. 检查泵轮； 2. 检查进水颗粒物情况	1. 更换叶轮； 2. 加强预处理
灌溉泵压力超出正常值，但流量低于平均值	布水系统出现堵塞，如喷头堵塞、阀门堵塞等	检查布水系统	确定堵塞位置，并及时疏通
产生异味	1. 将污水传输到灌溉区域时，其中的易腐物质散发异味； 2. 调节池或厌氧处理池散发异味		1. 加强植物隔离带建设，环境敏感区域应进行除臭处理； 2. 强化预处理，进行一定的曝气处理

5.6 常用村镇污水处理设备的维护检修

5.6.1 设备维护保养分类及主要内容

5.6.1.1 设备养护

设备保养的内容包括润滑、防腐、清洁、零部件调整更换等，一般将设备维修保养分类如下：

（1）日常保养。设备的清洁、检查、加油等外部维护。

（2）一级保养。对设备易损零部件进行的检查保养，包括清洁、润滑、设备局部和重点的拆卸、调整等。

（3）二级保养。对设备进行严格的检查和修理，包括更换零部件、修复设备的精度等。

5.6.1.2 设备维修

每年对厂（站）区设备进行一次计划内检修和维护，检修时间不超过10天。除计划检修和维护外，保证每年因设备设施故障导致的停止运营总时间不超过5天。如因设备检修影响生产，需提前向政府相关部门报告检修计划及相关事项。

设备维修管理的内容包括建立机械设备档案，如名称、性能、图纸、文件、运行日期、测试数据、维修记录等。

坚持机械设备保养和维修制度；制定机械设备的检修规程，如检修的技术标准、检修的程序、检修的验收等；建立备品、备件制度。

A 设备维修分类

小修。设备维修工作量最小的局部性修理，只进行局部修理、更换和调整。

中修。设备维修工作量较大的计划修理，污水处理厂均安排1年一次中修工作，内容包括更换和修复设备主要部分，检查整个设备并调整校正，使设备能达到应有的技术标准。

大修。设备维修工作量最大的一种计划修理，包括对设备全面解体、检查、修复、更换、调整，最后重新组装成新的整机，并对设备外表进行重新喷漆或粉刷。可由专业（修配）厂来完成。

设备检修计划，见表5-9。

表5-9 设备检修计划

序 号	名 称	建议时间安排	备 注
1	小修		视设备运行状况决定
2	中修	1年1次	在枯水季节进行
3	大修	3~6年1次	视设备运行状况，同时考虑污水厂运行状况决定

B 设备维修工作原则

预修制原则。设备在使用过程中，零部件、关键部件会不断"磨损"，影响设备的性能、效率和安全。实行设备预修制，根据设备的"磨损"规律，通过日常保养，有计划地进行检查和修理，保证使设备经常处于良好状态的工作制度。设备预修制的主要内容包括日常维护、定期检查和计划维修。

维护保养和计划检修并重原则。坚持良好的保养，预防为主，可以减轻设备的"磨损"程度；及时检修又能防止小毛病拖成大毛病。坚持先维修、后生产的原则。生产必须有良好的设备，所以离不开维修。不能为了赶生产任务，使维修的设备"带病运转"，以致造成严重损坏或事故，会给生产带来更大的损失。

坚持专业修理和群众维护相结合的原则。工人是设备的使用者，他们最熟悉设备的性能和技术状况；而专业修理人员具有专门知识和检修手段等优势，所以设备维修要以专业为主，专群结合。

C 设备维修工作的组织

为搞好设备维修的工作组织，主要应做好以下几方面工作：

（1）建立设备管理职能部门，明确责任制；

（2）建立专业维修队伍；

（3）制订设备保养和维修计划；

（4）做好设备试运转、测试及维修的记录归档工作，做好设备故障及事故的处理工作，对其记录资料加以分析整理；

（5）好设备的安全操作运行职工培训工作，调动全员参加设备管理工作；

（6）设备管理和维修人员要实行经济责任制，规定设备管理和维修的考核指标，如设备实际运行率、完好率、故障停机率、平均维修时间、维修费用等。

5.6.2 水泵

农村污水处理中常用的水泵类型为潜水泵，水泵的维护保养应按照设备规程进行。潜水泵主要保养项目及频率建议，见表5-10。

表5-10 潜水泵维护保养内容

维护频次	维护保养内容
半年	1. 检查监控装置和指示灯是否正常； 2. 紧固电气箱端子连接部门； 3. 检查三相电阻平衡和对地绝缘值，绝缘不低于 2MΩ； 4. 检查电缆的紧固情况和提升钢绳是否正常

续表 5-10

维护频次	维护保养内容
一年	除以上半年维护保养内容以外,还需开展以下保养项目: 1. 检查油、水的漏泄情况,并更换新油,当油中水含量大于 30% 或油总量低于额定量 80% 时,应提前更换机械密封; 2. 更换泵部分轴承并进行润滑; 3. 检查叶轮的磨损状态; 4. 检查整体运转是否平稳,轴承转动噪声是否变大; 5. 检查并紧固电控系统所有电气连接部件,更换不能紧固的电气连接部件; 6. 检查机械和电气连接处的所有固定螺栓是否紧固
两年	除年维护保养内容以外,还需开展以下保养项目: 1. 检查与污水泵运行有关的低压电气; 2. 电动机大修,更换所有轴承和密封圈; 3. 检查基座是否下沉或出现裂缝; 4. 检查电动机定子导线和能接触到的绝缘件是否处于正常工作状态; 5. 检查电缆入口和电缆状况,视情况更换电缆或更换电缆入口处的密封圈并转移电缆入口位置; 6. 检查叶轮的磨损状况,根据磨损程度进行修复或更换

5.6.3 鼓风机

鼓风机维护检修应按设备规程进行,以农村污水处理中常用风机类型包括回转式风机、涡流风机、隔膜气泵等。一般来说根据运行时间开展保养,表 5-11 为通识性保养维护方法,具体应参考设备规程进行维护保养。

表 5-11 鼓风机维护保养内容

维护频次	保 养 内 容
日常检查	1. 检查各紧固件是否紧固,如有松动应及时进行紧固; 2. 检查风机振动情况,保证风机平稳运行
三个月	除以上日常维护保养内容以外,还需开展以下保养项目: 1. 清理进风气路积垢; 2. 检查、清洗或更换入口过滤器/网; 3. 如有传动皮带,还需要检查传动皮带是否破损、断裂、变形、打滑等现象,并及时进行处理; 4. 检查润滑电是否有润滑油,确保油质、油量达到设备运行要求
半年	除以上维护保养内容以外,还需开展以下保养项目: 检查润滑油、减震垫片、管路等

续表 5-11

维护频次	保 养 内 容
一年	除以上维护保养内容以外，还需要开展以下保养项目： 1. 更换滤芯，应按不同滤芯的维护方法和使用寿命进行； 2. 更换润滑油； 3. 进行电机年度维护； 4. 检查磨损情况
两年	除以上维护保养内容以外，还需开展以下保养项目： 1. 检查润滑油、减震垫片、管路等； 2. 检查润滑油系统的密封性； 3. 检查机体与空气接触的表面，特别是叶轮及主轴等； 4. 更换轴承、油封； 5. 检查电气部分工作情况

5.6.4 格栅除污机

以农村污水处理中常用的回转式格栅为例说明格栅除污机的维护保养。当采用人工格栅时，参照执行表 5-12 除电气部分以外的内容。

表 5-12 格栅除污机维护保养内容

维护频次	保 养 内 容
半年	1. 检查和调整传动链的张力； 2. 格栅带座轴承、传动链加润滑油脂； 3. 检查导向装置的外观、空转轮和传动链的磨损情况； 4. 检查并调整耙齿的张紧情况
一年	除以上半年维护保养内容以外，还需开展保养项目： 1. 仔细检查传动带，更换断裂或损坏的部件； 2. 更换电动机减速器的润滑油； 3. 检查传动链、传动链轮以及传动链调节装置的磨损情况，如果传动链的容限不能调节或者链轮已被磨损，应立即更换； 4. 检查导向装置的磨损情况，磨损严重的，应进行更换； 5. 开展电动机小修以及控制箱维护检查
五年	除年维护保养内容以外，还需开展以下保养项目： 1. 对设备进行重新油漆，腐蚀严重的应提前开展此项目； 2. 更换所有轴承和耙齿； 3. 电动机大修

5.6.5 闸阀、阀门设备

闸阀、阀门设备的维护保养内容，见表 5-13。

表 5-13　闸阀、阀门设备的维护保养内容

维护频次	保养内容
半年	1. 检查和恢复阀瓣或闸板在行程内的灵活性； 2. 检查电动阀门闸门限位和扭矩可靠性和有效性； 3. 润滑闸门丝杠
一年	除以上半年维护保养内容以外，还需开展保养项目： 1. 对驱动装置添加润滑脂； 2. 确保电动阀门限位和扭矩有效可靠，进行重新设定； 3. 检查执行机构的密封情况
两年	除年维护保养内容以外，还需开展以下保养项目： 1. 驱动装置解体检查更换； 2. 驱动装置更新润滑脂； 3. 密封条更换

5.7　村镇生活污水处理自控及监测

5.7.1　村镇生活污水处理自动控制

5.7.1.1　村镇生活污水处理远程监控

将物联网和 3G/4G 技术运用于分散式村镇污水处理设施的远程管理，为用户提供生产运营、水质监测、安全管理、数据分析等关键业务的标准化信息模式管理以及从规划、设计、施工到运营等全过程信息整合和分析，提高用户管理效率和生产水平，为节能减排、工艺改进、实现精细化和智能化管理提供支持。

通过 GPRS 与互联网网络系统，将生活污水处理站点数据实时传递到监控室的集中监控中心，以实现对系统的统一监控和分布式管理。多个污水处理站点通过 GPRS 网络把污水处理站的设备运行数据传输到监控中心。监控系统由服务器计算机、数据库软件、数据采集配置软件、WEB 服务器、现场传感元件及采集控制器组成，现场设备经过网络设备（有线和无线）把数据、设备状态等参数传输到平台的数据中心，用户在分级授权的前提下，不受空间和时间限制通过网络登录平台查看相关数据，并根据工艺要求设置工艺运行参数，此平台集数据采集、分析、控制、运营和档案管理为一体，实现物联网"一站式"集中监管。

远程监控系统的应用能够对污水处理点的水质、水量以及设备运行的相关数据进行实时的监测，一旦污水处理站点出现突发事故，监控系统就能够及时的发出警报，并通过短信、邮件等方式对管理人员进行通知，管理人员在收到通知之后，可以通过监控系统的终端控制软件，对监控系统进行管理，对污水处理站点的历史数据进行查阅，为提升事故处理水平奠定基础。例如，当污水处理站点的

进水量大于或小于标准值时，监控系统会迅速发出警报，并将进水量的实时数据发送给管理人员；管理人员能够结合事故的实际情况，迅速制定出合理的处理策略。

5.7.1.2　村镇生活污水处理自控系统运行维护

A　计算机控制系统运行维护

（1）系统维护人员应掌握系统工作原理，熟悉系统运行各类软件。

（2）保证良好的运行环境，如运行环境温度、防尘等。

（3）定期做好清洁维护，包括对计算机的硬件部分、现场控制站等进行外部灰尘清洁维护。

（4）检查配电系统的电压值、电流值是否正常。

（5）检查运行信号及相关数据信息与现场实际运行状态是否一致。

（6）维护人员应定期巡视检查现场子站运行情况，发现异常情况或故障，应及时汇报并处理，对故障现象、原因、处理方法及结果做好记录。

（7）存有一定的备品备件，减少停机时间。

（8）定期对数据库及报表进行备份。

B　视频监控系统运行维护

（1）每季度对设备进行除尘清理，对摄像头等部件除尘后用无水酒精或专用清洁器将镜头擦拭干净，调整清晰度。

（2）及时处理监控系统出现的各类故障，保证视频监控连续运行。

（3）定期备份视频数据，保存一定时限以备查验。

C　仪器及仪表管理

（1）建立仪器仪表管理台账，对安装地点、厂家、型号、编号、维护保养、维修换件等情况进行记录。

（2）日常巡查检查各类仪器仪表外观情况、数值显示、报警等。

（3）定期清扫、清洗、润滑仪器仪表，更换耗材等。

（4）根据仪器校准周期规定及水质状况，对仪器进行定期校验。

（5）对在线监测系统进行重新标定，保证监测数据的可靠性，延长使用寿命。

（6）出现故障时，及时分析原因并妥善处理。

5.7.2　村镇生活污水处理水质监测

5.7.2.1　村镇生活污水处理水质监测内容

农村生活污水处理设施出水需设置规范化排污口，并对水污染物排放情况进行监测。水质监测的频次、采样时间等要求，应按照国家和地方有关污染源技术规范的规定执行。

从运行管理角度来说，建议根据工艺运行情况开展表 5-14 项目的监测。

表 5-14 污水分析化验项目及监测周期

监测周期	监测项目	取样位置
每日或每周	pH 值	进水、生化池出口、出水
	生化需氧量（BOD$_5$）	进水、生化池出口、出水
	化学需氧量（COD）	进水、生化池出口、出水
	悬浮物（SS）	进水、出水
	氨氮（NH$_3$-N）	进水、出水
	总氮（TN）	进水、出水
	总磷（TP）	进水、出水
	粪大肠杆菌群数	进水、出水
	污泥沉降比（SV）	生化池（仅限于活性污泥法）
	污泥体积指数（SVI）	生化池（仅限于活性污泥法）
	悬浮物浓度（MLSS）	生化池（仅限于活性污泥法）
	溶解氧（DO）	生化池、滤池、生态处理池出口
	镜检	活性污泥、生物膜
每月或每季	阴离子表面活性剂	出水
	硫化物	出水
	色度	出水
	动植物油	出水
	石油类	出水
	氟化物	出水
	挥发酚	出水
每年	总汞	出水
	烷基汞	出水
	总镉	出水
	总铬	出水
	六价铬	出水
	总砷	出水
	总铅	出水
	总镍	出水
	总铜	出水
	总锌	出水
	总锰	出水

注：针对含农家乐废水的处理设施动植物油监测周期为每日或每周。

5.7.2.2　村镇生活污水处理水质监测方法

村镇生活污水处理设施水污染物监测分析方法应按照国家有关水污染物监测技术规范执行，主要分析方法，见表 5-15。

表 5-15　水质监测分析方法

序号	监测项目	分析方法	方法来源
1	pH	玻璃电极法	GB/T 6920
2	悬浮物（SS）	重量法	GB/T 11901
3	生化需氧量（BOD_5）	稀释与接种法	HJ 505
4	化学需氧量（COD_{Cr}）	重铬酸钾法 快速消解分光光度法	GB/T 11914 HJ 399
5	氨氮（以 N 计）	纳氏试剂分光光度法	HJ 535
6	总氮（以 N 计）	碱性过硫酸钾消解紫外分光光度法	HJ 636
7	总磷（以 P 计）	钼酸铵分光光度法	GB/T 11893
8	动植物油	红外分光光度法	HJ 637

6 村镇生活污水投资建设

6.1 中国村镇污水处理市场概况

近年来，中央财政和各级地方财政逐年加大对村镇生活污水治理投入，重点依托各部委专项资金项目实施。农村生活污水治理资金来源，目前主要靠国家安排的一些公共项目。目前，规模效益最大的主要是原环境保护部指导实施的"农村环境综合整治项目"及相关政策配套，此外，还有农业部的"农村清洁工程""美丽乡村工程"，住建部的"宜居小镇、宜居村庄"，发改委"新农村建设"，水利部"农村饮水安全工程"等专项治理工程。

然而，当前中国农村污水治理市场存在巨大的缺口，由于农村基础设施较差、污水治理起步较晚，单靠政府资金投资仍然无法满足农村污水的治理需求。根据 2017 年中国统计年鉴数据，2016 年末全国乡村人口为 58973 万人，人口自然增长率 5.86‰，预测到 2020 年农村污水年产生量约为 172 亿吨，按处理率 20% 计算，污水处理能力需达到 943.6 万吨/d。根据原环保部制定的《农村生活污水处理项目建设与投资指南》，农村污水处理设施投资按照 5000 元/t 估算（不包含配套管网及泵站），到 2020 年农村污水处理潜在市场规模将达到 472 亿元，且不含配套管网、泵站投资及设施建成后的运营市场规模。由此可见，农村生活污水处理的市场具有广阔前景。

6.2 政府投资建设模式

政府投资建设模式以政府为实际主体，投资建设农村污水处理项目，一般以行业主管部门，如水务、环保、农业等为项目业主。根据资金来源的不同，可以分为财政资金建设模式、国际金融机构贷款建设模式、地方政府债权资金建设模式。

6.2.1 财政资金建设模式

财政资金建设模式是政府作为建设主体，资金来源为财政资金，由国家预算资金和预算外资金组成。国家预算资金指列入国家预算金进行收、支和管理的资金，它是财政资金的主体。预算外资金指不列入国家预算，由各地区、各单位按照国家规定单独管理、自收自支的资金，它是国家预算资金的重要补充。

由原环境保护部指导实施的"农村环境综合整治项目"、地方政府组织实施的"美丽乡村工程"等项目下的农村污水处理工程，属于财政资金建设模式。财政资金建设模式下，农村污水项目应按照有关规定实行项目法人责任制、招投标制、建设监理制和合同管理制。

6.2.2　国际金融机构贷款建设模式

国际金融机构贷款是由一些国家的政府共同投资组建并共同管理的国际金融机构提供的贷款，目的是帮助成员国家开发资源、发展经济和平衡国际收支。国际金融机构包括全球国际金融机构和区域国际金融机构，如世界银行（以下简称"世行"）、亚洲开发银行、亚洲基础设施投资银行等。

国际金融机构的借款有严格的条件限制，如世界银行的借款人主要是基金成员国政府、政府机构、由政府担保的公私企业。利息低于商业贷款，甚至无息，通常为中长期贷款，最长可达到30年。国际金融机构在项目形成、执行和评价过程中参与程度较高。

政府投资建设的农村污水处理项目可以利用国际金融机构贷款资金，该模式以世界银行贷款模式为主要代表。世界银行近年来在中国参与的农村污水处理项目包括浙江农村生活污水处理系统及饮水工程建设项目、西部农村供水项目、宁波新农村发展项目、江西城乡供排水综合项目、四川德阳供排水项目等。

世行贷款项目管理模式基本上来自FIDIC（国际咨询工程师联合会）合同条件。FIDIC合同条件是国际通用的项目管理模式，它科学地将土建工程权益、法律、技术、管理、经济整合在一起。以招投标和监督机制，促进工程承包项目更加科学化、规范化和系统化，尤其是对业主、承包商的规范化管理。

FIDIC合同条例具有以下几个特征：（1）竞争择优原则。通过公平竞争的招标制度，实现效益和利益的最大化。（2）第三方监督原则。将监理工程师作为第三方引入管理机制，以独立、公正的工程监理为核心的相互制约、相互联系的合同管理模式。（3）公平合理原则。在合同中表现为权利与义务对等，利益与风险共存，风险分担公平、合理。（4）依法管理原则。被管理者与管理者都要依法行事，管理者不能滥用职权。（5）诚实、信用原则。

6.2.2.1　项目选择

根据世界银行对实施农村污水处理项目的要求，项目选择通常应满足以下条件：

（1）村庄应表达改善村庄给排水设施的意愿。

（2）村庄支持项目建设方案并同意为项目实施提供支持。

（3）村庄同意负责组织接户并达到一定接户率以实现村庄建设项目效益。

（4）农村集镇给排水基础设施建设与提升项目应该将周边村庄给排水设施改善纳入系统方案，以使村庄受益。

（5）项目的技术经济和财务指标满足项目实施手册规定的要求。

（6）按照国内程序要求开展前期准备。

（7）框架项目应该编制项目报告或者可研报告，报省项目办和世行审查。

6.2.2.2　采购要求

根据合同额度和合同类别，采用不同的采购方式。包括 ICB 国际竞争性招标、NCB 国内竞争性招标、Shopping 询价采购、QCBS/QBS 基于质量和费用/基于质量的选择、CQS 基于咨询顾问资质的选择、IC 个人咨询顾问、SSS 单一来源（个人或机构）等采购方式。

6.2.2.3　资金筹措及管理

（1）资金筹措。利用世行贷款资金的农村污水处理项目，资金筹措来源可能包括世行贷款，省、市、县配套资金等。

世行贷款以外的资金由作为实施主体的政府负责筹集。项目单位、各有关部门应根据世行评估报告和已批准的项目可行性研究报告确定的投资额，负责筹措、调配、落实国内配套资金，并列入其年度资金计划。

（2）世界银行贷款管理。世界银行资金只能用于世界银行《项目评估文件》《项目贷款协议》《项目协议》中规定的用途，不得挪作他用。世行只支付符合世行规定的合格费用。

6.2.3　政府债券资金建设模式

《国务院办公厅关于创新农村基础设施投融资体制机制的指导意见》（国办发〔2017〕17 号）中明确指出，允许地方政府发行专项债券支持农村污水处理等基础设施建设："发挥政府投资的引导和撬动作用，采取直接投资、投资补助、资本金注入、财政贴息、以奖代补、先建后补、无偿提供建筑材料等多种方式支持农村基础设施建设。鼓励地方政府和社会资本设立农村基础设施建设投资基金。建立规范的地方政府举债融资机制，推动地方融资平台转型改制和市场化融资，重点向农村基础设施建设倾斜。允许地方政府发行一般债券支持农村道路建设，发行专项债券支持农村供水、污水垃圾处理设施建设，探索发行县级农村基础设施建设项目集合债。"

2015 年起实施的新预算法中，地方政府债券被分为一般债券和专项债券。专项债券是指为了筹集资金建设某专项具体工程而发行的债券。具体而言，专项债券是针对有一定收益的公益性项目，以与其对应的政府性基金或专项收入偿还，是纳入政府性基金预算管理的。

财政部在《地方政府专项债务预算管理办法》资金监管方面已做出明确规定：县级以上地方各级财政部门应当按照法律、法规和财政部规定，向社会公开专项债务限额、余额、期限结构、使用、项目收支、偿还等情况，主动接受监督；县级以上地方各级财政部门应当建立和完善相关制度，加强对本地区专项债务的管理和监督；专员办应当加强对所在地专项债务的监督，督促地方规范专项债务的举借、使用、偿还等行为，发现违反法律法规和财政管理规定的行为，及时报告财政部。

6.3　BT 模式

　　BT（Build-Transfer）模式是基础设施项目建设领域中采用的一种投资建设模式，指根据项目发起人通过与投资者签订合同，由投资者负责项目的融资、建设，并在规定时间内将竣工后的项目移交给项目发起人，项目发起人根据签订的回购协议分期或一次性向投资者支付项目总投资及确定的回报。

　　BT 模式在实践中存在出诸多弊端，一是相关法律法规依据支撑不足，仅在《关于培育发展工程总承包和工程项目管理企业的指导意见》（建市〔2003〕30号）有所提及；二是 BT 模式风险分配不明确、不清晰，金融机构难以为 BT 项目提供有限追索的项目融资；三是项目监管难度大，易出现因建设方过分逐利而影响工程建设质量等问题。

　　《关于制止地方政府违法违规融资行为的通知》（财预〔2012〕463 号）要求切实规范地方政府以回购方式举借政府性债务行为，坚决制止地方政府违规担保承诺行为。"除法律和国务院另有规定外，地方各级政府及所属机关事业单位、社会团体等不得以委托单位建设并承担逐年回购（BT）责任等方式举借政府性债务。""地方各级政府及所属机关事业单位、社会团体，要继续严格按照《担保法》等有关法律法规规定，不得出具担保函、承诺函、安慰函等直接或变相担保协议，不得以机关事业单位及社会团体的国有资产为其他单位或企业融资进行抵押或质押，不得为其他单位或企业融资承诺承担偿债责任，不得为其他单位或企业的回购（BT）协议提供担保，不得从事其他违法违规担保承诺行为。"自此，市场不得不开始探索参与基础设施与公共服务项目的新途径。

　　近年来，我国农村污水处理工程中，依然有部分 BT 模式存在，主要应用在管网配套建设工程部分。然而，在政策导向、监管约束下，以及污水处理项目"建管一体化""厂网一体化"的行业趋势下，BT 模式应用受限。

6.4　PPP 模式

6.4.1　运作模式解析

　　政府和社会资本合作模式（Public-Private Partnership，PPP）是在基础设施及公共服务领域建立的一种长期合作关系。通常模式是由社会资本承担设计、建设、运营、维护基础设施的大部分工作，并通过"使用者付费"及必要的"政府付费"获得合理投资回报；政府部门负责基础设施及公共服务价格和质量监管，以保证公共利益最大化。

自2014年财政部推广运用政府和社会资本合作模式以来，污水处理领域广泛采用PPP模式进行项目投资建设及运营管理。2016年10月，财政部公布《关于在公共服务领域深入推进政府和社会资本合作工作的通知》（财金〔2016〕90号），要求进一步加大PPP模式推广应用力度。该文件指出，在中央财政给予支持的公共服务领域，可根据行业特点和成熟度，探索开展两个"强制"试点。在垃圾处理、污水处理等公共服务领域，项目一般有现金流，市场化程度较高，PPP模式运用较为广泛，操作相对成熟，各地新建项目要"强制"应用PPP模式，中央财政将逐步减少并取消专项建设资金补助。在其他中央财政给予支持的公共服务领域，对于有现金流、具备运营条件的项目，要"强制"实施PPP模式识别论证，鼓励尝试运用PPP模式，注重项目运营，提高公共服务质量。

《关于创新农村基础设施投融资体制机制的指导意见》也明确要求支持各地通过政府和社会资本合作模式，引导社会资本投向农村基础设施领域。鼓励按照"公益性项目、市场化运作"理念，大力推进政府购买服务，创新农村基础设施建设和运营模式。支持地方政府将农村基础设施项目整体打包，提高收益能力，并建立运营补偿机制，保障社会资本获得合理投资回报。对农村基础设施项目在用电、用地等方面优先保障。鼓励有条件的地区将农村基础设施与产业、园区、乡村旅游等进行捆绑，实行一体化开发和建设，实现相互促进、互利共赢。

PPP项目运作方式主要包括委托运营、管理合同、建设-运营-移交、设计-建设-运营-移交、建设-拥有-运营、转让-运营-移交和改建-运营-移交等，以下主要介绍农村污水处理项目中较为适用的几类。

6.4.1.1 委托运营（O&M）

委托运营（Operations & Maintenance，O&M），是指政府将存量公共资产的运营维护职责委托给社会资本或项目公司，社会资本或项目公司不负责用户服务的政府和社会资本合作项目运作方式。政府保留资产所有权，只向社会资本或项目公司支付委托运营费。委托运营的合同期限一般不超过8年。适用于存量农村污水处理项目。

6.4.1.2 建设-运营-移交（BOT）

建设-运营-移交（Build-Operate-Transfer，BOT），是指由社会资本或项目公司承担新建项目设计、融资、建造、运营、维护和用户服务职责，合同期满后项目资产及相关权利等移交给政府的项目运作方式。合同期限一般为20~30年。

适用于新建农村污水处理项目，特许经营。

6.4.1.3 设计-建设-运营-移交（DBOT）

设计-建设-运营-移交（Design-Build-Operate-Transfer，DBOT），是指由社会资本方自行设计、投资建设、经营管理，合同期限满后项目资产及相关权利等移交给政府的项目运作方式。该模式由 BOT 方式演变而来，二者区别主要是 DBOT 方式下社会资本或项目公司负责项目设计，有利于避免因设计不合理造成的运营潜在问题。合同期限一般为 20～30 年。适用于新建农村污水处理项目，特许经营。

6.4.1.4 转让-运营-移交（TOT）

转让-运营-移交（Transfer-Operate-Transfer，TOT），是指政府将存量资产所有权有偿转让给社会资本或项目公司，并由其负责运营、维护和用户服务，合同期满后资产及其所有权等移交给政府的项目运作方式。合同期限一般为 20～30 年。适用于存量农村污水处理项目，盘活政府资产。

6.4.1.5 改建-运营-移交（ROT）

改建-运营-移交（Rehabilitate-Operate-Transfer，ROT），是指政府在 TOT 模式的基础上，增加改扩建内容的项目运作方式。合同期限一般为 20～30 年。适用于出现破损而不能发挥其功能的农村污水处理设施，或有提标、扩建需求的农村污水处理项目。

6.4.2 村镇污水处理 PPP 模式策划要点

采用 PPP 模式投资建设村镇污水处理项目，能够吸引社会资本参与污水处理设施建设和污水处理运营服务，提高效率，更有效地利用资源，通过职能、激励和责任、风险的再分配推动村镇污水处理行业的发展和改革。PPP 模式下，政府将村镇污水处理项目的建设和运行职能转移给高效的服务商，更多地行使监督、管理的核心职能。

6.4.2.1 运作模式选择

确定 PPP 项目运作模式，需要从两个方面进行考量分析，一方面是从政府角度分析项目能够实现的公共效益和给社会资本方的回报方式。另一方面是从社会资本的角度分析项目的盈利模式。

农村污水处理属于市政公用基础设施项目，具有公益性。但由于广大农村地区污水处理收费制度尚不健全甚至尚未建立，农村污水处理项目不同于城市污水处理项目。当前阶段实施农村污水处理项目，需要政府对运营过程中的服务支付全部或部分费用，即通过政府付费或可行性缺口补助方式实现。

在农村污水处理 PPP 项目，可以与所有县（区）城镇污水处理厂打捆，或周边农业项目、农旅项目打包，优化项目收益结构，提高社会资本参与的积极性，同时还能够降低政府支付压力。

设计农村污水处理 PPP 项目的运作模式，需根据实际需求，建议在一定区域范围内统筹开展，以发挥项目的规模效应，分别选取 BOT、DBOT、TOT、ROT 及委托运营等模式综合实施。

对于新建部分，可采用 BOT 模式，或由社会资本负责设计工作的 DBOT 模式（设计-建设-运营-移交），有利于工程的专业化设计和运营，实现建设、运营一体化。对于已建部分，无需进行改造的，可以采用委托运营模式，由社会资本方或项目公司负责专业化的运营维护和管理，不涉及资产的评估、转让等环节，缩短项目准备时间，也无需社会资本有偿支付，有利于提高参与项目积极性。对于部分需要进行提标改造或扩建等的，可采用 ROT 模式，由社会资本方负责融资和建设。

6.4.2.2　付费机制

农村污水处理 PPP 项目付费机制主要说明社会资本取得投资回报的资金来源，包括使用者付费、可行性缺口补助和政府补助等支付方式。项目付费机制关系到 PPP 项目的风险分配和收益回报，属于 PPP 项目的核心内容。

（1）使用者付费，指由最终用户直接支付费用的方式。目前，我国农村地区污水处理收费制度尚不健全，部分地区甚至完全缺失，仅依靠使用者付费难以覆盖项目建设、运营成本。

（2）可行性缺口补助，指使用者付费不足以满足社会资本或项目公司成本回收和合理回报的部分，由政府以财政补贴、股本投入等其他形式给予经济补贴。

（3）政府付费，指政府直接付费，依据项目设施的可用性、使用量和绩效等因素向社会资本或项目公司支付费用。在尚未建立污水处理收费制度的地区，需要依靠政府付费。

可用性付费，是指政府依据项目公司所提供的污水处理设施是否符合合同约定的标准和要求来付费，主要为建设成本部分，按一定比例参与绩效考核后支付。

运营绩效付费，是指政府依据项目公司所提供的污水运营服务是否符合合同约定的标准和要求来付费，可以分为按"污水处理量×污水处理单价"计算和按"成本+合理利润"计算。按水量计算时，项目的需求风险通常主要由项目公司承担。由于农村污水水量波动大，污水处理量对单价成本易造成影响，实践中，社会资本方常要求设置保底水量，即当实际处理水量低于保底水量时，按照保底水量进行费用结算；当实际处理水量高于保底水量时，按照实际处理水量进行费用结算。

《关于创新农村基础设施投融资体制机制的指导意见》明确提出探索建立污水垃圾处理农户缴费制度，有利于农村污水处理项目的投资动力。鼓励先行先试，在有条件的地区实行污水垃圾处理农户缴费制度，保障运营单位获得合理收益，综合考虑污染防治形势、经济社会承受能力、农村居民意愿等因素，合理确定缴费水平和标准，建立财政补贴与农户缴费合理分摊机制。完善农村污水垃圾处理费用调整机制，建立上下游价格调整联动机制，价格调整不到位时，地方政府和具备条件的村集体可根据实际情况对运营单位给予合理补偿。

项目应设置一定的调价机制，以应对项目合作期内的变化。建议：一是建设期结束调价，主要体现为项目总投资的变化对可用性付费的影响，以工程竣工决算总价为基准进行一次性调价；二是运营期调价，主要体现为运维成本的变化对运营绩效付费，以成本审计、约定调价公式等方式进行调价。鼓励社会资本通过改善管理、提升效率等以增加收益，有利于对项目全生命周期成本的控制。

6.4.2.3　风险分配

PPP 项目的风险分配原则主要有：

（1）最优风险分配原则。在受制于法律约束和公共利益考虑的前提下，风险应分配给能够以最小成本（对政府而言）、最有效管理它的一方承担，并且给予风险承担方选择如何处理和最小化该等风险的权利。

（2）风险收益对等原则。既关注社会资本对于风险管理成本和风险损失的承担，又尊重其获得与承担风险相匹配的收益水平的权利。

（3）风险可控原则。应按项目参与方的财务实力、技术能力、管理能力等因素设定风险损失承担上限，不宜由任何一方承担超过其承受能力的风险，以保证双方合作关系的长期持续稳定。

就农村污水处理项目而言，通常法律、政策等方面的风险主要由政府承担；项目建造、财务和运营维护等商业风险主要由项目公司承担；工程设计缺陷风险原则上由责任方承担；不可抗力等风险根据各自救济原则由政府和社会资本合理共担。当由法律、政策等风险给项目公司造成损失时，政府需承担相应的支出责任。

6.4.3　村镇污水处理 PPP 项目操作流程

根据《政府和社会资本合作模式操作指南（试行）》及政府和社会资本合

作相关政策文件要求，结合村镇污水处理实际，梳理村镇污水处理 PPP 项目主要操作流程，以供项目实操参考。

6.4.3.1 项目识别

（1）项目发起。村镇污水处理 PPP 项目可以由政府或社会资本发起，一般以政府发起为主。

1）政府发起。财政部门（政府和社会资本合作中心）负责项目征集，水务、住建、环保等行业主管部门发起潜在村镇污水处理 PPP 项目，可从新建、改建项目或存量村镇污水处理项目中遴选潜在 PPP 项目。

2）社会资本发起。社会资本应以项目建议书的方式向财政部门（政府和社会资本合作中心）推荐潜在政府和社会资本合作项目。财政部门（政府和社会资本合作中心）会同行业主管部门，对潜在政府和社会资本合作项目进行评估筛选，确定备选项目。

（2）项目前期准备。根据规定，财政部门（政府和社会资本合作中心）应根据筛选结果制定项目年度和中期开发计划。

对于列入年度开发计划的项目，项目发起方应按财政部门（政府和社会资本合作中心）的要求提交相关资料。新建、改建项目应提交可行性研究报告、项目产出说明和初步实施方案；存量项目应提交存量公共资产的历史资料、项目产出说明和初步实施方案。

财政部门（政府和社会资本合作中心）会同行业主管部门，从定性和定量两方面开展物有所值评价工作。定性评价重点关注项目采用政府和社会资本合作模式与采用政府传统采购模式相比能否增加供给、优化风险分配、提高运营效率、促进创新和公平竞争等。定量评价由各地根据实际情况开展，主要通过对政府和社会资本合作项目全生命周期内政府支出成本现值与公共部门比较值进行比较，计算项目的物有所值量值，判断政府和社会资本合作模式是否降低项目全生命周期成本。

为确保财政中长期可持续性，财政部门应根据项目全生命周期内的财政支出、政府债务等因素，对部分政府付费或政府补贴的项目，开展财政承受能力论证，每年政府付费或政府补贴等财政支出不得超出当年财政收入的一定比例。

通过物有所值评价和财政承受能力论证的项目，可进行项目准备。

6.4.3.2 项目准备

县级（含）以上地方人民政府可建立专门协调机制，主要负责项目评审、组织协调和检查督导等工作，实现简化审批流程、提高工作效率的目的。政府或其指定的有关职能部门或事业单位可作为项目实施机构，负责项目准备、采购、监管和移交等工作。在村镇污水处理项目中，政府通常根据行业主管职责划分，指定水务局作为实施机构。

财政部门（政府和社会资本合作中心）应对项目实施方案进行物有所值和财政承受能力验证，通过验证的，由项目实施机构报政府审核；未通过验证的，可在实施方案调整后重新验证；经重新验证仍不能通过的，不再采用政府和社会资本合作模式。

项目实施机构应组织编制项目实施方案，实施方案应包含以下内容：

（1）项目概况。项目概况主要包括基本情况、经济技术指标和项目公司股权情况等。

基本情况主要明确项目提供的公共产品和服务内容、项目采用政府和社会资本合作模式运作的必要性和可行性，以及项目运作的目标和意义。

经济技术指标主要明确项目区位、占地面积、建设内容或资产范围、投资规模或资产价值、主要产出说明和资金来源等。

项目公司股权情况主要明确是否要设立项目公司以及公司股权结构。

（2）风险分配基本框架。按照风险分配优化、风险收益对等和风险可控等原则，综合考虑政府风险管理能力、项目回报机制和市场风险管理能力等要素，在政府和社会资本间合理分配项目风险。

原则上，项目设计、建造、财务和运营维护等商业风险由社会资本承担，法律、政策和最低需求等风险由政府承担，不可抗力等风险由政府和社会资本合理共担。

（3）项目运作方式。项目运作方式主要包括委托运营、管理合同、建设-运营-移交、建设-拥有-运营、转让-运营-移交和改建-运营-移交等。具体运作方式的选择主要由收费定价机制、项目投资收益水平、风险分配基本框架、融资需求、改扩建需求和期满处置等因素决定。

（4）交易结构。交易结构主要包括项目投融资结构、回报机制和相关配套安排。

项目投融资结构主要说明项目资本性支出的资金来源、性质和用途，项目资产的形成和转移等。项目回报机制主要说明社会资本取得投资回报的资金来源，包括使用者付费、可行性缺口补助和政府付费等支付方式。相关配套安排主要说明由项目以外相关机构提供的土地、水、电、气和道路等配套设施和项目所需的上下游服务。

（5）合同体系。合同体系主要包括项目合同、股东合同、融资合同、工程承包合同、运营服务合同、原料供应合同、产品采购合同和保险合同等。项目合同是其中最核心的法律文件。

项目边界条件是项目合同的核心内容，主要包括权利义务、交易条件、履约保障和调整衔接等边界。权利义务边界主要明确项目资产权属、社会资本承担的公共责任、政府支付方式和风险分配结果等；交易条件边界主要明确项目合同期限、项目回报机制、收费定价调整机制和产出说明等；履约保障边界主要明确强制保险方案以及由投资竞争保函、建设履约保函、运营维护保函和移交维修保函组成的履约保函体系；调整衔接边界主要明确应急处置、临时接管和提前终止、合同变更、合同展期、项目新增改扩建需求等应对措施。

（6）监管架构。监管架构主要包括授权关系和监管方式。授权关系主要是政府对项目实施机构的授权，以及政府直接或通过项目实施机构对社会资本的授权；监管方式主要包括履约管理、行政监管和公众监督等。

（7）采购方式选择。项目采购应根据《中华人民共和国政府采购法》及相关规章制度执行，采购方式包括公开招标、竞争性谈判、邀请招标、竞争性磋商和单一来源采购。项目实施机构应根据项目采购需求特点，依法选择适当采购方式。公开招标主要适用于核心边界条件和技术经济参数明确、完整、符合国家法律法规和政府采购政策，且采购中不作更改的项目。

6.4.3.3 项目采购

A 资格预审

项目实施机构应根据项目需要准备资格预审文件，发布资格预审公告，邀请社会资本和与其合作的金融机构参与资格预审，验证项目能否获得社会资本响应和实现充分竞争，并将资格预审的评审报告提交财政部门（政府和社会资本合作中心）备案。

项目有3家以上社会资本通过资格预审的，项目实施机构可以继续开展采购文件准备工作；项目通过资格预审的社会资本不足3家的，项目实施机构应在实施方案调整后重新组织资格预审；项目经重新资格预审合格社会资本仍不够3家的，可依法调整实施方案选择的采购方式。

资格预审公告应在省级以上人民政府财政部门指定的媒体上发布。资格预审合格的社会资本在签订项目合同前资格发生变化的，应及时通知项目实施机构。

资格预审公告应包括项目授权主体、项目实施机构和项目名称、采购需求、对社会资本的资格要求、是否允许联合体参与采购活动、拟确定参与竞争的合格社会资本的家数和确定方法，以及社会资本提交资格预审申请文件的时间和地点。提交资格预审申请文件的时间自公告发布之日起不得少于15个工作日。

B 项目采购文件内容

项目采购文件应包括采购邀请、竞争者须知（包括密封、签署、盖章要求等）、竞争者应提供的资格、资信及业绩证明文件、采购方式、政府对项目实施机构的授权、实施方案的批复和项目相关审批文件、采购程序、响应文件编制要求、提交响应文件截止时间、开启时间及地点、强制担保的保证金交纳数额和形式、评审方法、评审标准、政府采购政策要求、项目合同草案及其他法律文本等。

采用竞争性谈判或竞争性磋商采购方式的，项目采购文件除上款规定的内容外，还应明确评审小组根据与社会资本谈判情况可能实质性变动的内容，包括采购需求中的技术、服务要求以及合同草案条款。

C　评审小组

评审小组由项目实施机构代表和评审专家共 5 人以上单数组成，其中评审专家人数不得少于评审小组成员总数的 2/3。评审专家可以由项目实施机构自行选定，但评审专家中应至少包含 1 名财务专家和 1 名法律专家。项目实施机构代表不得以评审专家身份参加项目的评审。

D　采购方式及流程

项目采用公开招标、邀请招标、竞争性谈判、单一来源采购方式开展采购的，按照政府采购法律法规及有关规定执行。项目实施机构应组织社会资本进行现场考察或召开采购前答疑会，但不得单独或分别组织只有一个社会资本参加的现场考察和答疑会。

项目采用竞争性磋商采购方式开展采购的，按照下列基本程序进行：

（1）采购公告发布及报名。竞争性磋商公告应在省级以上人民政府财政部门指定的媒体上发布。竞争性磋商公告应包括项目实施机构和项目名称、项目结构和核心边界条件、是否允许未进行资格预审的社会资本参与采购活动，以及审查原则、项目产出说明、对社会资本提供的响应文件要求、获取采购文件的时间、地点、方式及采购文件的售价、提交响应文件截止时间、开启时间及地点。提交响应文件的时间自公告发布之日起不得少于 10 日。

（2）资格审查及采购文件发售。已进行资格预审的，评审小组在评审阶段不再对社会资本资格进行审查。允许进行资格后审的，由评审小组在响应文件评审环节对社会资本进行资格审查。项目实施机构可以视项目的具体情况，组织对符合条件的社会资本的资格条件，进行考察核实。

采购文件售价应按照弥补采购文件印制成本费用的原则确定，不得以营利为目的，不得以项目采购金额作为确定采购文件售价依据。采购文件的发售期限自开始之日起不得少于 5 个工作日。

（3）采购文件的澄清或修改。提交首次响应文件截止之日前，项目实施机构可以对已发出的采购文件进行必要的澄清或修改，澄清或修改的内容应作为采购文件的组成部分。澄清或修改的内容可能影响响应文件编制的，项目实施机构应在提交首次响应文件截止时间至少 5 日前，以书面形式通知所有获取采购文件的社会资本；不足 5 日的，项目实施机构应顺延提交响应文件的截止时间。

（4）响应文件评审。项目实施机构应按照采购文件规定组织响应文件的接收和开启。评审小组对响应文件进行两阶段评审。

第一阶段：确定最终采购需求方案。评审小组可以与社会资本进行多轮谈判，谈判过程中可实质性修订采购文件的技术、服务要求以及合同草案条款，但不得修订采购文件中规定的不可谈判核心条件。实质性变动的内容，须经项目实施机构确认，并通知所有参与谈判的社会资本。具体程序按照《政府采购非招标方式管理办法》及有关规定执行。

第二阶段：综合评分。最终采购需求方案确定后，由评审小组对社会资本提交的最终响应文件进行综合评分，编写评审报告并向项目实施机构提交候选社会资本的排序名单。具体程序按照《政府采购货物和服务招标投标管理办法》及有关规定执行。

E　履约保证

项目实施机构应在资格预审公告、采购公告、采购文件、采购合同中，列明对本国社会资本的优惠措施及幅度、外方社会资本采购我国生产的货物和服务要求等相关政府采购政策，以及对社会资本参与采购活动和履约保证的强制担保要求。社会资本应以支票、汇票、本票或金融机构、担保机构出具的保函等非现金形式缴纳保证金。参加采购活动的保证金的数额不得超过项目预算金额的 2%。履约保证金的数额不得超过政府和社会资本合作项目初始投资总额或资产评估值的 10%。无固定资产投资或投资额不大的服务型合作项目，履约保证金的数额不得超过平均 6 个月的服务收入额。

F　谈判及谈判备忘录

项目实施机构应成立专门的采购结果确认谈判工作组。按照候选社会资本的排名，依次与候选社会资本及与其合作的金融机构就合同中可变的细节问题进行合同签署前的确认谈判，率先达成一致的即为中选者。确认谈判不得涉及合同中不可谈判的核心条款，不得与排序在前但已终止谈判的社会资本进行再次谈判。

确认谈判完成后，项目实施机构应与中选社会资本签署确认谈判备忘录，并将采购结果和根据采购文件、响应文件、补遗文件和确认谈判备忘录拟定的合同文本进行公示，公示期不得少于 5 个工作日。合同文本应将中选社会资本响应文件中的重要承诺和技术文件等作为附件。合同文本中涉及国家秘密、商业秘密的内容可以不公示。

G　合同签署

公示期满无异议的项目合同，应在政府审核同意后，由项目实施机构与中选社会资本签署。需要为项目设立专门项目公司的，待项目公司成立后，由项目公司与项目实施机构重新签署项目合同，或签署关于承继项目合同的补充合同。

项目实施机构应在项目合同签订之日起 2 个工作日内，将项目合同在省级以上人民政府财政部门指定的媒体上公告，但合同中涉及国家秘密、商业秘密的内容除外。

6.4.3.4　项目执行

（1）项目公司设立。社会资本可依法设立项目公司。政府可指定相关机构依法参股项目公司。项目实施机构和财政部门（政府和社会资本合作中心）应监督社会资本按照采购文件和项目合同约定，按时足额出资设立项目公司。

（2）项目融资。项目融资由社会资本或项目公司负责。社会资本或项目公司应及时开展融资方案设计、机构接洽、合同签订和融资交割等工作。财政部门（政府和社会资本合作中心）和项目实施机构应做好监督管理工作，防止企业债务向政府转移。

社会资本或项目公司未按照项目合同约定完成融资的，政府可提取履约保函直至终止项目合同；遇系统性金融风险或不可抗力的，政府、社会资本或项目公司可根据项目合同约定协商修订合同中相关融资条款。

当项目出现重大经营或财务风险，威胁或侵害债权人利益时，债权人可依据与政府、社会资本或项目公司签订的直接介入协议或条款，要求社会资本或项目公司改善管理等。在直接介入协议或条款约定期限内，重大风险已解除的，债权人应停止介入。

（3）政府支付义务及监管职责。项目合同中涉及的政府支付义务，财政部门应结合中长期财政规划统筹考虑，纳入同级政府预算，按照预算管理相关规定执行。财政部门（政府和社会资本合作中心）和项目实施机构应建立政府和社会资本合作项目政府支付台账，严格控制政府财政风险。在政府综合财务报告制度建立后，政府和社会资本合作项目中的政府支付义务应纳入政府综合财务报告。

项目实施机构应根据项目合同约定，监督社会资本或项目公司履行合同义务，定期监测项目产出绩效指标，编制季报和年报，并报财政部门（政府和社会资本合作中心）备案。

政府有支付义务的，项目实施机构应根据项目合同约定的产出说明，按照实际绩效直接或通知财政部门向社会资本或项目公司及时足额支付。设置超额收益分享机制的，社会资本或项目公司应根据项目合同约定向政府及时足额支付应享有的超额收益。

项目实际绩效优于约定标准的，项目实施机构应执行项目合同约定的奖励条款，并可将其作为项目期满合同能否展期的依据；未达到约定标准的，项目实施机构应执行项目合同约定的惩处条款或救济措施。

社会资本或项目公司违反项目合同约定，威胁公共产品和服务持续稳定安全供给，或危及国家安全和重大公共利益的，政府有权临时接管项目，直至启动项目提前终止程序。

政府可指定合格机构实施临时接管。临时接管项目所产生的一切费用，将根据项目合同约定，由违约方单独承担或由各责任方分担。社会资本或项目公司应承担的临时接管费用，可以从其应获终止补偿中扣减。

（4）实施机构管理重点。在项目合同执行和管理过程中，项目实施机构应重点关注合同修订、违约责任和争议解决等工作。

1）合同修订。按照项目合同约定的条件和程序，项目实施机构和社会资本或项目公司可根据社会经济环境、公共产品和服务的需求量及结构等条件的变化，提出修订项目合同申请，待政府审核同意后执行。

2）违约责任。项目实施机构、社会资本或项目公司未履行项目合同约定义务的，应承担相应违约责任，包括停止侵害、消除影响、支付违约金、赔偿损失以及解除项目合同等。

3）争议解决。在项目实施过程中，按照项目合同约定，项目实施机构、社会资本或项目公司可就发生争议且无法协商达成一致的事项，依法申请仲裁或提起民事诉讼。

4）项目实施机构应每3~5年对项目进行中期评估，重点分析项目运行状况和项目合同的合规性、适应性和合理性；及时评估已发现问题的风险，制订应对措施，并报财政部门（政府和社会资本合作中心）备案。

（5）政府其他职能部门管理职责。政府相关职能部门应根据国家相关法律法规对项目履行行政监管职责，重点关注公共产品和服务质量、价格和收费机制、安全生产、环境保护和劳动者权益等。社会资本或项目公司对政府职能部门的行政监管处理决定不服的，可依法申请行政复议或提起行政诉讼。

6.4.3.5　项目移交

A　项目合同约定

项目移交时，项目实施机构或政府指定的其他机构代表政府收回项目合同约定的项目资产。

项目合同中应明确约定移交形式、补偿方式、移交内容和移交标准。移交形式包括期满终止移交和提前终止移交；补偿方式包括无偿移交和有偿移交；移交内容包括项目资产、人员、文档和知识产权等；移交标准包括设备完好率和最短可使用年限等指标。

采用有偿移交的，项目合同中应明确约定补偿方案；没有约定或约定不明的，项目实施机构应按照"恢复相同经济地位"原则拟定补偿方案，报政府审核同意后实施。

B　移交工作

项目实施机构或政府指定的其他机构应组建项目移交工作组，根据项目合同约定与社会资本或项目公司确认移交情形和补偿方式，制定资产评估和性能测试方案。

项目移交工作组应委托具有相关资质的资产评估机构，按照项目合同约定的评估方式，对移交资产进行资产评估，作为确定补偿金额的依据。

项目移交工作组应严格按照性能测试方案和移交标准对移交资产进行性能测试。性能测试结果不达标的，移交工作组应要求社会资本或项目公司进行恢复性修理、更新重置或提取移交维修保函。

社会资本或项目公司应将满足性能测试要求的项目资产、知识产权和技术法律文件，连同资产清单移交项目实施机构或政府指定的其他机构，办妥法律过户和管理权移交手续。社会资本或项目公司应配合做好项目运营平稳过渡相关工作。

C　绩效后评价工作

项目移交完成后，财政部门（政府和社会资本合作中心）应组织有关部门对项目产出、成本效益、监管成效、可持续性、政府和社会资本合作模式应用等进行绩效评价，并按相关规定公开评价结果。评价结果作为政府开展政府和社会资本合作管理工作决策参考依据。

6.5　EPC 模式

6.5.1　基本概念

设计采购施工总承包（Engineering，Procurement，Construction，EPC）指工程总承包企业受业主委托，按照合同约定，承担工程项目的设计、采购、施工、试运行服务等工作，并对承包工程的质量、安全、工期、造价全面负责。工程总承包的具体方式、工作内容和责任等，由业主与工程总承包企业在合同中约定。

工程总承包模式可以实现建设生产过程的组织集成化，克服由于设计与施工的分离致使投资增加，以克服由于涉及和施工的不协调而影响建设进度等弊病。

《关于培育发展工程总承包和工程项目管理企业的指导意见》（建市〔2003〕30 号）文件明确指出，鼓励具有工程勘察、设计或施工总承包资质的勘察、设计和施工企业，通过改造和重组，建立与工程总承包业务相适应的组织机构、项目管理体系，充实项目管理专业人员，提高融资能力，发展成为具有设计、采购、施工（施工管理）综合功能的工程公司，在其勘察、设计或施工总承包资质等级许可的工程项目范围内开展工程总承包业务。工程勘察、设计、施工企业也可以组成联合体对工程项目进行联合总承包。

提倡具备条件的建设项目，采用工程总承包、工程项目管理方式组织建设。鼓励有投融资能力的工程总承包企业，对具备条件的工程项目，根据业主的要求，按照建设-移交（BT）、建设-运营-移交（BOT）、建设-拥有-运营（BOO）、建设-拥有-运营-移交（BOOT）等方式组织实施。

6.5.2　管理程序

EPC 项目管理程序一般包括 5 个阶段：项目策划管理阶段、设计管理阶段、采购管理阶段、施工管理阶段、调试移交阶段：

（1）项目策划管理阶段。项目策划管理阶段属于设计咨询范畴，由具有相应资质的单位完成项目规划。对于村镇污水处理项目，在该阶段应选择适宜的工艺、确定工程方案、总体投资、进度。同时，确立人员团队，完成项目组织建设和机构设置。

（2）设计管理阶段。EPC 模式下，以设计和施工为主导，设计、施工、调试合理交叉，在保证工程质量与工程进度的情况下，尽量降低工程成本和工程工期，从而获得综合效益。在技术依赖性较强的村镇污水处理项目中，设计阶段的主导更为明显。

（3）采购管理阶段。采购管理阶段是根据设计要求采购工程所需的所有设备材料。污水处理工程中专业设备较多，应根据设计确定的设备和材料技术要求，明确采购物资的材质、功能和规格，严格采购合同管理，确立严格的分包商准入制，控制好采购运输时间对工程进度的影响。

（4）施工管理阶段。施工管理阶段为项目实施的主要阶段，也是管理上投入最大、管理难度最大的阶段。围绕质量控制、进度控制、投资控制、合同管理、安全管理等核心工作，协调多部门工作，实现项目整体利益。

（5）项目调试移交阶段。项目调试移交阶段是验证工程成果的阶段，也是 EPC 总承包项目实施的最后阶段。调试运行通过后，便可将项目移交给业主单位。除完成调试外，还需要对业主操作人员进行培训，明确后期项目服务以及质保期的工作内容。

6.5.3　衍生应用

6.5.3.1　EPC+F

EPC+F 指工程总承包+融资，又称融资项目工程总承包模式，是应业主及市场需求派生出的一种新型项目管理模式。工程总承包单位在承接 EPC 项目的同时，承担项目融资任务，解决项目资金来源的同时，充分发挥设计的核心作用，同时协调设计、施工、设备采购安装及调试。由于该模式对工程承包企业的融资能力、垫资能力提出了更高的要求，且存在风险转移、债务转移等问题，在村镇污水处理中应用较少。

6.5.3.2　EPC+O

EPC+O指工程总承包+运营，项目总承包单位负责工程的设计、采购、施工、调试，并在工程完工后继续负责运营、维护。该模式符合污水项目建设-运营一体化的趋势，对承担单位提出更高更长远的要求，能够充分发挥技术单位的优势，适用于村镇污水处理项目。

6.5.3.3　PPP+EPC

PPP+EPC不是投资建设的一种具体模式，而是在PPP框架下，社会资本方在工程建设环节，采用EPC模式发包，将工程建设的设计、采购、施工一并交由工程总承包单位负责。该模式下既能发挥PPP模式在投融资方面的优势，又能发挥EPC模式在建设管理方面的优势，适用于村镇污水处理项目。

《中华人民共和国招标投标实施条例》第九条规定，已通过招标方式选定的特许经营项目投资人依法能够自行建设、生产或者提供的，可不进行招标。即中标社会资本如具备本项目的施工等资质的，可不再进行招标。EPC+PPP模式项目架构下，不具备资质的社会资本可以与工程建设企业形成联合体投标参与村镇污水处理项目，工程建设企业与项目公司签订EPC合同。

6.6　典型村镇污水处理建设模式案例

6.6.1　村镇污水处理PPP项目案例

6.6.1.1　项目概况

福建省漳州市长泰县农村污水处理设施建设工程项目，入选2018年全国第四批政府和社会资本合作（PPP）示范项目。

项目建设内容包括新建及改造长泰农村污水处理设施、新建农村污水收集管道，项目污水处理设施规模共21260m³/d，总投资约47538.61万元，建设期3年。

6.6.1.2　运作模式

鉴于项目为新建+改造项目，且需要通过引入社会资本投资人解决本项目融资问题，采用政府和社会资本合作（PPP）模式，具体运作方式为"建设-运营（维护）-移交"，且为工程总承包模式，故采用BOT+EPC模式。社会资本方在中标（成交）之后，应依据中国适用法律的规定组建项目公司，项目公司自主经营，全面负责本项目的投资、融资、勘察设计、建设、运营、维护、移交及PPP项目合同约定的其他内容等。将以可行性缺口补助方式支付项目公司提供本项目公共产品和公共服务。在项目合同约定的期限届满之后，项目公司将PPP项目无偿移交给县政府或其授权的其他机构。

项目基本运作方式，如图6-1所示。

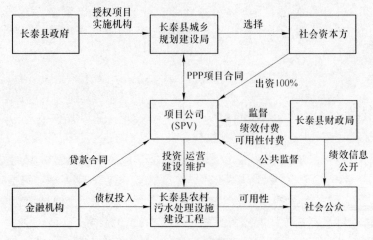

图6-1　项目交易结构

6.6.1.3　项目边界条件

（1）项目合作期。合作期25年（建设期3年，运营期22年）。

1）所有权移交后，由项目公司根据《PPP项目合同》，在运营期内对整体项目进行排他性运营，直至项目合作期满。

2）运营期22年，其中运营期自项目竣工验收完成之日算起。

3）项目运营权移交：项目运营期结束即项目合作期届满，项目公司拥有的特许经营权终止，须对在经营过程中使用的相关设施进行清点，并移交给长泰县政府授权实施机构。项目公司有义务在前述期限届满前六个月对项目做可用性修护，相关费用纳入项目公司运营成本。项目合作期届满之日，若合同双方均无合作意愿，则项目公司按《中华人民共和国公司法》清算解散。

（2）产出标准和绩效考核。产出设计标准、建设标准，在移交和验收时，均应符合国家、地方及行业相关标准，以及《初步设计方案》及《施工图设计》要求。绩效考核指针对项目的维护按绩效考核，并支付运营补贴的办法。

（3）项目融资资金。中标社会资本方负责筹集项目融资资金。项目公司将以项目的特许经营权、收益权质押进行贷款。如项目公司无法如期取得融资资金，则由社会资本方自行负责解决，若社会资本方在约定期限内未能解决，则应承担相应违约责任。

6.6.1.4　项目回报机制

（1）项目回报内容。项目采用"使用者付费+政府可行性缺口补助"的模式。项目回报内容包括：

1）政府向项目公司支付本项目的可用性费用（符合验收标准的公共产品——长泰县农村污水处理设施建设工程）；

2）政府向项目公司支付的为维护本项目可用性所需的维护管理服务费用（符合绩效要求的公共服务）；

3）项目中包含的可经营性内容产生的经营性收费（长泰县农村污水处理设施建设工程的特许经营收入）。

（2）项目回报方式。

1）建设总投资本金偿还。政府向项目公司支付长泰县农村污水处理设施建设工程可用性的费用，自项目竣工验收完成后第一年（指运营年度，非日历年度，下同）起，按等额本息分22年偿还建设本金。

2）PPP项目建设总投资的收益回报。项目建设总投资收益回报采用项目综合回报法。分3年期，以每年建成的处理分区独立子项目为计费基数，从项目运营期开始，按项目建设成本以等额本息方式计算项目综合回报。综合回报率按照7.0%计算，该指标将作为政府对社会资本方的采购条件纳入谈判。

3）特许经营收入。污水处理项目具有一定经营性，特性经营收入主要为自来水公司代为收缴的污水处理费。

4）维持项目可用性所需的运营维护服务费用。自项目运营期开始第一年（指运营年度，非日历年度，下同）起，政府方需根据绩效考核情况支付处理站维持可用性所需的运营费用。根据《建设工程质量管理条例》，给排水管道工程最低保修期限为2年，验收后2年内不另行支付管网维护费用，自项目管网保修期2年满起，政府方每年需根据绩效考核情况支付管网维持可用性所需的维护服务费用。

运营维护的绩效考核包括常规考核和临时考核。常规考核每季度进行一次，项目公司向政府方指定机构提交季度运营维护报告后5日内进行，并在7日内完成。

运营考核分为指定考核与临时考核：即政府方指定机构可提前48小时通知项目公司考核的时间，也可根据需要进行临时考核，项目公司在政府方指定机构的监督下，按绩效考核标准及协商制定的考核协议，对项目进行绩效考核。运营维护绩效服务费需要制定评价等级进行管理，根据县政府对绩效的评价确定等级，支付对应等级的费用，其余相应比例运营维护费用将被扣除；在运营期内可以二年为周期，进行定期调价。

6.6.2 村镇污水处理世行贷款项目案例

6.6.2.1 浙江宁海县农村污水处理项目

A 项目内容

宁海县世行贷款农村生活污水处理项目，作为世行贷款宁海新农村建设示范项目的子项目，于 2010 年 7 月正式签约生效，由宁海市农办负责组织实施。项目总投资约 6000 万美元，其中，世行贷款资金 2000 万美元，市财政配套资金 2000 万美元，县（市）区财政配套资金约 2000 万美元。分五批共完成 150 个左右村庄的生活污水处理设施建设。

B 项目资金来源

污水处理项目资金来源包括两个部分，县级政府申请世行贷款，再由县级和镇级两级分头拨付。其中，70% 来自县级政府，30% 来自乡镇。项目世行贷款为 2000 万美元，全部由县级政府统借统还，对地方全部为赠款，其他为县镇两级财政配套资金。3000 万元户费用为估算值，在项目执行期间，按照户均 600 元的金额对按要求将污水从户内接出的农户进行补贴，补贴资金下拨到村，资金来源为县镇两级配套资金。

C 项目运营

运营管理方面，采用村镇联合管理方式，村庄主要维护，镇级层面提供技术支持和维护保障，对各村的生活污水处理工作进行指导和定期检查。

6.6.2.2 浙江农村生活污水处理系统及饮用水工程建设项目

A 项目概况

浙江农村生活污水处理系统及饮水工程建设项目是世行为浙江省选定市县提供的可持续的农村供排水服务。投资共 4 亿美元，其中，世行贷款 2 亿美元，地方配套 2 亿美元，地点位于安吉、富阳、天台、龙泉四县市区，超过 20 个集镇，500 个自然村，受益人口超过 100 万人。

B 项目管理机构

农村污水处理项目在浙江省利用国外贷款项目领导小组领导下准备与实施。领导小组在省发改委设项目管理办公室，统一组织实施此次世行项目。省农办、环保、建设、国土、水利等部门为成员单位。主要负责：（1）指导县市执行世行政策（财务管理、采购、安全保障）；（2）安排采购计划，对招投标工作提供技术指导，审核招标文件报世行（前审）/审核招标文件（后审）；（3）对规划子项目提供技术指导，审核技术文件并报世行；（4）负责编写半年度报告；（5）审核各县市提款报账材料，报省财政厅；（6）安排世行每年两次的检查；（7）

咨询公司的管理，组织培训；（8）组织外部监测。

各县市组建县市项目领导小组和办公室，协调项目准备和实施。主要负责：（1）与省项目办对接，指导实施单位执行世行政策；（2）协助实施单位进行政策处理、项目审批等；（3）协调并督促村委会实施污水管接户；（4）协助实施单位准备远期子项目的技术文件，并报省项目办；（5）配合省项目办进行外部监测，并编写该县项目半年报；（6）审核并签署提款报账材料，报省项目办；（7）制订配套资金计划，帮助实施单位落实配套资金；（8）监督指导采购过程及合同管理。

四个县市的五家水务公司为项目法人，负责项目准备和实施，承担业主的职责，资产的运营维护，执行世行相关政策。

项目管理机构设施，如图6-2所示。

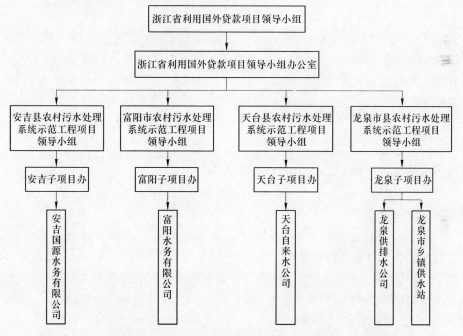

图6-2　浙江农村生活污水处理系统及饮用水工程建设项目管理机构

此外，各项目村村委会是根据国家有关法律成立的村民自治组织，在项目中负责组织污水接户。承包商在村内实施工程施工时，村委会负责做好施工阶段的配合工作。协助污水收集及处理系统的设计、施工及日常维护。

C　项目运营

浙江农村生活污水处理系统及饮水工程建设项目运营，以安吉县为例，采用排水公司管运维和村民日常管理相结合的模式。由安吉国源水务下属子公司——安吉国源排水有限公司负责县域内农村污水管网及终端设施的运营、维护、巡查，村民负责清扫口、隔油池、化粪池的日常维护。

排水公司拥有综合管理部、生产技术部以及管线所三个部门。依据《世行贷款安吉县农村生活污水处理终端运行维护管理办法》，运营管理内容包括：污水处理日常巡检工作前期准备、污水处理日常巡检内容、污水处理维护保养、污水处理设施运行管理、突发情况应急处理、安全管理制度、公众参与及人员培训等。

在运维工作初期，公司组成了两个巡检组，对 14 个农村生活污水处理终端及管网设施进行日常巡检，巡检内容为管网、设施（检查井、井盖等）、终端。在巡检常态化、保障农村生活污水处理系统正常运行的同时，公司内部针对巡查中发现的问题，提出了有效的整改方案并推进落实。

D　项目转贷

a　转贷方式

中华人民共和国财政部与债务人浙江省人民政府签订《世行项目转贷协议》，浙江省财政厅作为省政府债权代表人，与债务人（市、县人民政府）签订世行项目再转贷协议。农村污水接户费用、龙泉里弄小巷项目建设费用转贷至县市政府，由县市政府承担债务。其他世行贷款费用由县市政府财政再转贷至五家水务公司，由水务公司承担债务。

b　转贷条件

转贷本金。指根据财政部与浙江省人民政府签订的本项目转贷协议，向世界银行借取总额 2 亿美元的贷款。

先征费。项目生效后，国际复兴开发银行（IBRD）从贷款总额中一次性收取 0.25% 的费用。

利息。指国际复兴开发银行（IBRD）和按照单一货币制美元条款所借用本金及浮动利率计算收取的费用，每半年收取一次。

宽限期。指世界银行给予债务人在借款期间不用偿还本金的宽限时间，在此期间只支付先征费及利息，本项目转贷期为 29 年，前 6 年为宽限期。

c　贷款回收方式

财政部发出《世行贷款还本付息通知单》，通知省财政厅上缴本息费。

省财政厅进行债务分割，下发《还本付息通知单》给县财政局，县财政局将《还本付息通知单》下发至五家运维公司。

各县财政局上缴本息费至省财政厅还本付息账户后，由省财政厅统一归还财政部。

7 村镇生活污水处理 工程案例分析

7.1 华东地区案例

7.1.1 大柳溪村案例研究

7.1.1.1 村庄概况

大柳溪村（图 7-1）位于浙江省天台县泳溪乡，村庄位于山区，地势西高东低（村庄标高 204.6～223.3m），村庄居民房屋沿清溪两岸建设。大柳溪位于清溪两岸，清溪属于山溪性河流，具有源头短、水流急、落差大、支流多等特点。流域面积 81km²，主流长 18km，平均流量 1.72m³/s。

图 7-1 大柳溪村庄现场照片

大柳溪村现有常住人口 690 人，227 户，人均收入 7850 元。住户背山临溪而建，房屋建筑结构以砖木和砖混结构为主，村庄住户以片区集中居住为主要形式。村内主管道平均宽 3m，为水泥路面。内部支路平均宽 2～3m，为混凝土硬化。村庄基本情况，见表 7-1。

表 7-1 调查村庄基本情况

村庄名称	所在乡镇	村庄面积/hm²	自然村数	户数	人口数/人				村庄类型	农民人均纯收入/元·年⁻¹	住户化粪池	自来水用水情况		
					户籍人口	本村常住人口	外来常住人口	常住人口				水源类型	收费情况	用水量现状/t·d⁻¹
大柳溪村	泳溪乡	243.93	2	227	718	647	43	690	山区	7855	室内或室外	地表水	收费	90

7.1.1.2 村庄给排水现状

A 村庄供水

目前村内已经全部实现自来水统一供水，给水设施基本建设完成，水源为水库水，经简单沉淀消毒处理。

B 村庄排水

居住农居基本都有户厕，生活污水经化粪池沉淀处理后主要以渗漏的形式排入土壤。村庄内有两座公厕。洗涤废水主要包括居民洗菜、洗衣等废水，废水一般直接就地排放。

C 卫生条件

农村村庄住户一般单户独院，住户主屋前有庭院，主屋一般不低于2层，每层均有卫生间，大多数楼上和楼下卫生间在同一平面位置，上面卫生间排水立管沿墙安装；有些住户一层卫生间放置在主屋外庭院内。部分住宅由于用地紧张，采用几户住宅建在一起的建筑形式，卫生间一般位于楼梯下面。

卫生间位置：（1）位于住户院落中，单层建筑；（2）位于住户主屋内靠近外墙；（3）位于住户主屋内不靠近外墙，排水管道需要穿过室内房间才可以到达室外，且部分卫生间可能位于楼梯下面。

目前农村住户卫生间卫生洁具一般有：（1）坐便器；（2）洗脸盆；（3）淋浴（部分有浴缸）；（4）洗衣机。

厨房使用现状，如图7-2所示。厨房一般有洗涤盆，洗涤盆采用不锈钢或陶瓷盆。一些住户厨房可能没有洗涤盆，有的厨房灶台上有排水口通向室外，有些厨房没有任何排水管道，洗刷废水直接舀至户外排水沟。目前农村厨房大多数有排水管道穿过外墙至室外，容易造成恶臭，滋生蚊蝇。

一般住户庭院内有洗涤槽，主要用来洗净衣服、蔬菜等。农村庭院内的洗涤槽使用非常普遍，典型做法，如图7-3所示。庭院内的地面一般为水泥地面，有些为地面砖，洗涤槽排水通过地面或者雨水沟散排。

图 7-2 农村厨房排水方式典型图

图 7-3 农村庭院洗涤槽典型图

D 化粪池

化粪池一般位于：（1）室内卫生间地下；（2）室内其他房间以及住户庭院地下；（3）位于住户室外。

室内化粪池位于卫生间地下或者紧邻卫生间的地下，室内化粪池一般为三格式或者二格式，砖砌，上面盖预制板，预制板上面铺瓷砖。坐便器、洗脸盆、地漏等排水管道伸进化粪池内，化粪池内有一根 $\phi110mm$（极少数为 $\phi160mm$）UPVC 管通至室外，如图 7-4 所示。

根据现场调查，30% 化粪池位于户内，70% 化粪池位于户外。70% 户外化粪池中 35% 漏底，35% 不漏底。

图 7-4 正在施工中的室内化粪池

7.1.1.3 设计排水量

A 设计水平年

设计水平年近期为 2020 年，远期为 2030 年。

B 人口预测

根据 2012 年浙江省 5‰人口抽样调查数据结果，并经国家统计局评估核定，2012 年浙江省常住人口为 5477 万人，人口出生率为 10.12‰、人口死亡率为 5.52‰、人口自然增长率为 4.60‰，本工程人口增长率取 0.4%。

C 水量预测

由于农村的给排水管网受到村庄形态影响较大，不可能 100%全部服务，根据现场踏勘情况，服务人口按照全部常住人口的 93%计算。

此次项目实施的农村住户室内卫生设施较齐全，有淋浴房、洗衣机、厨房水池、抽水马桶，生活用水量指标取 100L/d。

此项目村庄的折污率取值按 85%。地下水渗入/渗出量综合按平均污水量的 15%计算。服务范围内污水收集率按 70%计算。

水量预测，见表 7-2。

表 7-2 第一批村庄水量预测

乡镇	行政村	农户数量/户	现状人口/人	2020 年常住人口/人	服务户数/户	服务人口/人	接户数/户	设计污水量/m³·d⁻¹
泳溪乡	大柳溪村	227	690	712	211	662	145	46

7.1.1.4 模式选择

针对该村实际情况，有三种适用模式，对三种模式下收集系统和末端处理进行技术经济比较，结果见表7-3。

表 7-3 不同模式方案技术经济比较

指标	模式1 城镇集中治理 （纳管）	模式2 村庄自建集中治理	模式3 村庄自建区域联片集中治理
水量：80t/d			
水量/t·d⁻¹	46	46	46
市政污水厂吨水运行成本/元·t⁻¹	0.5		
末端站投资/万元		11.53	11.53
村庄内部管网投资/万元	112.80	112.80	112.80
区域干管综合造价/万元·m⁻¹	0.02		0.02
末端站专业巡视人员成本/万元·年⁻¹		0.70	0.18
村庄末端站及化粪池污泥处置	0.5	0.5	0.5
村庄末端站运行电费		0.06	0.06
村庄兼职管网维护人员成本/万元·年⁻¹	0.4	0.4	0.4
村庄末端站维修成本/万元·年⁻¹		0.12	0.12
污水厂运行成本/万元·年⁻¹	0.84		
工程费用（不含区域干管）/万元	112.80	124.33	124.33
运维费用/万元·年⁻¹	1.74	1.78	1.25
运维费用折现/万元	13.46	13.74	9.68

由上表中的数据可以得到全寿命周期费用与区域干管长度之间的函数关系，3 种模式的全寿命周期费用函数图，如图7-5 所示。

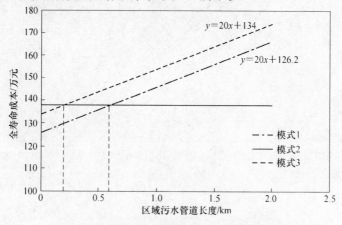

图 7-5 村庄收集系统模式全寿命周期费用图

由图7-5可知，在村庄距离市政污水处理厂小于0.6km时模式1最优，在村庄间距离小于200m时模式3最优，在不满足模式1和模式3的情况下可以采用模式2。大柳溪村距离最近的坦头镇10.9km，不具备接入污水厂的条件，周边也无合适的村庄可以联片集中治理，因此采用模式2。

3种模式的末端工艺比较，见表7-4。

表7-4　农村污水收集系统方案技术工艺比较

模式	模式1 城镇集中治理（纳管）	模式2 村庄自建集中治理	模式3 村庄自建区域联片集中治理
收集管网	重力式污水管为主		
一级处理	格栅+沉砂	格栅+厌氧	
二级处理	A^2/O、SBR、氧化沟等 常规活性污泥处理工艺	滴滤或湿地	
出水	排入河流	排入河流、村庄沟渠或土地排放	
污泥处理	污泥浓缩脱水后填埋	清掏出的污泥现场处置后农用或者运至市政污水处理厂处置	
设备形式	设备多，需要专业的运维人员	设备少，无人值守，运维人员定期巡视维护	
出水标准	一级A或一级B	$COD_{Cr} \leq 100mg/L$、$BOD_5 \leq 30mg/L$、$NH_3-N \leq 25mg/L$、 $SS \leq 30mg/L$	

7.1.1.5　系统设计方案

大柳溪村排水管网布置图，如图7-6所示。排水管网工程量清单，见表7-5。

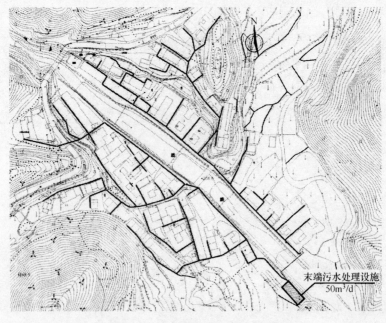

末端污水处理设施
50m³/d

图7-6　大柳溪村排水管网布置图

表 7-5　大柳溪村排水管网工程量清单

序号	细目名称	单位	数量
1	开槽埋管		
2	De160 管道，胶粘剂接口，平壁 UPVC 管，SN8，100mm 厚砂石基础，平均埋设深度 0.8m	m	1289
3	De225 管道，胶圈柔性接口，加筋 UPVC 管道，SN8，100mm 厚砂石基础，平均埋设深度 1.2m	m	1204
4	DN200 管道，法兰柔性接口，球墨铸铁管道，过河	m	30
5	DN80 管道，热熔接口，HDPE 实壁管，100mm 厚砂石基础，平均埋设深度 1.0m	m	45
6	小计		
7	检查井		
8	ϕ300 塑料检查井；防护井盖，平均井深 1.2m	座	154
9	清扫口	座	230
10	小计		
11	路面修复		
12	管道开挖影响、车行道水泥路面，10cm 碎石垫层，15cm 厚 C25 混凝土	m²	720
13	管道开挖影响、人行道水泥路面，10cm 碎石垫层，8cm 厚 C25 混凝土	m²	1800
14	小计		
15	接户及室内管道改造		
16	接户数	户	145

7.1.2　良朋镇西亩村工程方案设计

7.1.2.1　村庄概况

良朋镇西亩村位于浙江省安吉县西北部。下辖西亩、施基坞、老坟山、东长冲、横山、西长冲、枫树、石桥、太平桥、白虎山、西庄、梅树坞 12 个自然村，具体如图 7-7 所示。

此次设计的西亩自然村共有 479 户，1830 人。建筑形态以单户二层建筑为主，建筑结构以砖木和砖混结构为主，村庄住户基本以面状聚集。村庄西南部为山地，东南侧为西苕溪。村内整体地势为西南高东北低。有 12 省道南北贯穿集镇，西亩溪东西横穿集镇后汇入村庄东侧西苕溪。据了解，村内地质条件主要以黏土为主，地下水水位较浅，约 2~5m。

图 7-7 西亩村地理位置示意图

西亩村以白茶种植、加工、销售为主要产业，附带蚕桑养殖、迷你番薯种植及销售，以及劳务输出。人均年收入 14647 元。村内设有 2 家毛竹拉丝工厂，主要生产拉丝，职工共 18 人。

7.1.2.2 村庄给排水现状

A 供水现状

目前村内已经全部实现自来水供水，水源来自大河口水库水厂。水厂输水主干管沿 12 省道敷设至村，为 DN300 球墨铸铁管。进村后通过 φ63PE 主管输送，转输至各用户，供水给水管如图 7-8 所示。

B 排水现状

（1）居民排水及处理现状。西亩村除部分农户已建农村生活污水处理设施（图 7-9）外，其余农户卫生间污水都排入化粪池内处理。据了解，现状村内化粪池以无底渗漏为主。居民洗菜、洗衣等废水一般直接就地排放（图 7-10）。现有污水处理设施情况，见表 7-6。

图 7-8　供水给水管

图 7-9　已建污水处理池

图 7-10　生活废水直接就地排放

表 7-6　现有污水处理设施情况

序　号	处理模式	建设年份	户　数	人　口	运行情况
1	太阳能微动力	2011	15	59	正常
2	无动力厌氧处理	2011	3	15	正常
3	无动力厌氧处理	2011	4	20	正常
4	无动力厌氧处理	2011	9	41	正常
5	无动力厌氧处理	2007	15	71	正常
6	无动力厌氧处理	2007	6	31	正常
7	无动力厌氧处理	2007	13	57	正常
合　计			65	294	

注：本表依据西亩村提供的《农村生活污水处理设施建设统计表》绘制。

（2）公建设施排水现状及处理现状。西亩村现有的主要公建设施有幼儿园、卫生院（图7-11）、菜市场、老年活动中心及公厕（图7-12），均带有三格式无底化粪池，污水经化粪池处理后下渗进入土地。

图7-11　卫生院　　　　　　　　　　　　图7-12　公共厕所

C　卫生现状

村内总体环境卫生条件一般，菜市场污水及部分农户生活废水通过沟渠或者管道排入现状河道，环境差，排出的污水对附近小溪水质影响较大，如图7-13、图7-14所示。

图7-13　农户废水沟渠排入河中　　　　　图7-14　河道内杂物较多

D　道路情况

村内主干道路宽5.5m，支路平均宽1~3m，为沥青路面和混凝土路面，如图7-15、图7-16所示。

7.1.2.3　设计排水量

（1）西亩自然村总人口为1825人，其中现有污水处理设施已收纳294人，设计总人口为1531人。

图 7-15　主干道沥青路面

图 7-16　支路（水泥路面）

（2）人均排水量按 120L/（人·d）。

7.1.2.4　模式选择

根据现场踏勘及西亩村现状调查的实际情况，结合村庄地形及建筑分布。提出两种系统方案：

方案一：村庄集中-集中处理模式

各居民生活污水经化粪池处理后，通过污水管道收集后，最终排入位于现状 3 号路与 12 省道中间污水处理设施进行处理，达标后排入水体。

方案二：村庄集中-分块处理模式

除西亩溪南侧的 2 个区块用户均纳入污水处理设施外，12 省道、西北线、西亩溪划分的西亩村其余 3 个区块内的低点各设污水处理设备，两种方案比选见表 7-7、表 7-8。

表 7-7　工程方案比选

序号	名称	指标	方案一		方案二	
			数量	造价/万元	数量	造价/万元
1	污水管 D200	245.99 元/m	2658 个	65.38	2575 个	63.34
2	污水管 D300	364.42 元/m	875 个	31.89	1050 个	38.26
3	废除新建化粪池	1000 元/m	479 个	47.90	479 个	47.90
4	检查井（500×500）	1374 元/座	266 个	36.58	258 个	35.48
5	检查井（750×750）	2180 元/座	35 个	7.63	42 个	9.81
6	倒虹管（DN200 钢管）	5500 元/m	20 个	11	—	—
7	污水处理设施	3500 元/吨	1 个	64.30	3 个	64.30

续表 7-7

序号	名 称	指标	方案一		方案二	
			数量	造价/万元	数量	造价/万元
8	破除旧路	62.89 元/m²	2600 条	16.35	3200 条	20.12
9	道路修复	101.21 元/m²	2600 条	26.31	3200 条	32.39
10	驳岸修复	1000 元/m	10 个	1	—	—
11	总投资			308.34		311.61

表 7-8 方案综合比较

序 号	名 称	方案一	方案二
1	管道工程量	略小	稍大
2	管道管径	D200~D300	D200~D300
3	管道平均埋深/m	1.9	1.7
4	处理池座数/座	1	3
5	征地面积	集中	分散多处
6	对现状构筑物及交通影响	对现状驳岸影响较大	对交通影响稍大
7	后期运行维护	集中，后期运行维护费用约 4 万元/年	分散，后期运行维护费用约 5 万元/年
8	村内意见	赞成	不赞成
9	总投资/万元	308.34	311.61（略高）

综上比较，两个方案管道工程量基本相同，但方案二需要建设 3 座污水处理池，总体投资方案二略高，且处理池分散，日常运行维护管理较为不便。同时征求村内意见偏向方案一，因此，此次设计推荐方案一。

7.1.2.5 系统设计方案

工程数量及造价统计，见表 7-9。

表 7-9 工程数量及造价统计

序号	名 称	指标	数量	造价/万元
1	污水管 D200	245.99 元/m	2658m	65.38
2	污水管 D300	364.42 元/m	875m	31.89
3	废除新建化粪池	1000 元/m	479m	47.9
4	检查井（500×500）	1374 元/座	266 座	36.58
5	检查井（750×750）	2180 元/座	35 座	7.63

序 号	名 称	指 标	数 量	造价/万元
6	倒虹管 （DN200 钢管）	5500 元/m	20m	11
7	污水处理设施	3500 元/t	1 座	64.30
8	破除旧路	62.89 元/m²	2600m²	16.35
9	道路修复	101.21 元/m²	2600m²	26.31
10	驳岸修复	1000 元/m	10m	1
11	总投资			308.34
12	人均投资			0.20

7.1.3　皈山乡尚书圩村工程方案设计

7.1.3.1　村庄概况

尚书圩村位于浙江省皈山乡西北部，东邻皈山场村，南界孝丰镇白杨村，西邻鄣吴镇上堡村，北界鄣吴镇上吴村，距离安吉县城 18km。

此次设计的尚书圩自然村共有 122 户，523 人，人均年收入 18000 元。建筑形态以单户二层建筑为主，建筑结构以砖混结构为主，村庄住户基本以线状聚集。村庄卫生院如图 7-17 所示，村庄建筑如图 7-18 所示。

图 7-17　村卫生院

图 7-18　村庄建筑

尚书圩村现有竹胶板厂、竹筷厂、拉丝厂等 7 家企业，村全年集体收入 9 万元。目前，尚书圩村形成了以毛竹、茶叶等山林经济为基础，其他工业逐步发展的经济格局。

7.1.3.2 村庄给排水现状

A 供水现状

目前，居民用水水源为山泉水。山泉水经收集处理后，由管网输送至各用户。

B 排水现状

尚书圩自然村内现建有集中污水处理池 2 座。已建污水处理池如图 7-19 所示，农户出户管如图 7-20 所示。

图 7-19 已建污水处理池   图 7-20 农户出户管

C 卫生现状

村内总体环境卫生条件较好。村内竹林郁郁葱葱，自然环境秀丽，空气清新，如图 7-21、图 7-22 所示。

图 7-21 村容村貌   图 7-22 村内农庄

D 道路情况

村内主干道路宽 5.5m，支路平均宽 2m，为沥青路面和混凝土路面。

7.1.3.3　设计排水量

（1）尚书圩自然村设计人口为 523 人。

（2）人均排水量按 100L/（人·d）。

7.1.3.4　模式选择

采用集中处理模式。根据村庄地形及建筑分布，设 D200～D300 污水管道，收集农户化粪池微处理后的生活污水后，排入新建的污水处理池进行处理，达标后排放。

此工程污水处理后排入溪流，排放标准执行城镇一级 B 标准，根据对处理工艺的分析，此次污水处理工艺选择厌氧＋人工湿地处理，工艺参数如下：厌氧：HRT≥24h，湿地表面负荷：≤0.2m³/（m²·d）。

7.1.3.5　系统设计方案

工程数量及造价统计，见表 7-10。

表 7-10　工程数量及造价统计

序　号	名　　称	指　标	数　量	造价/万元	备　注
1	污水管 D200	245.99 元/m	3485m	85.73	
2	污水管 D300	364.42 元/m	675m	24.60	
3	检查井（500×500）	1374 元/座	349 座	48.00	
4	检查井（750×750）	2180 元/座	27 座	5.89	
5	新建化粪池	1000 元/座	61 座	12.2	
6	倒虹管（DN200 钢管）	5500 元/m	20m	11.00	
7	驳岸修复	1000 元/m	10m	1.00	
8	污水处理设施	1700 元/吨	1 座	10.00	按 523 人计，污水量 52.3t/d
9	破除旧路	62.89 元/m²	1000m²	6.29	
10	道路修复	101.21 元/m²	1000m²	10.12	
11	总投资			214.81	
12	人均投资			0.41	

7.1.4　皈山乡洛四房村工程方案设计

7.1.4.1　村庄概况

洛四房村位于浙江省皈山乡南部，东邻递铺镇鹤鹿溪村，南界孝丰镇李家村，西邻竹根村，北界皈山场村，距县城递铺 12km，12 省道穿村而过，西苕溪支流西溪和南溪在村子的北面交汇，将村子勾画成半岛状。

此次设计的洛四房村行政村约 293 户，1115 人。建筑形态以单户二层建筑为主，建筑结构以砖混结构为主，村庄住户基本以面状聚集。洛四房村依山傍水，但总体地势平坦，视野开阔，兼有山野之趣、溪流之秀、田园之美，如图 7-23、图 7-24 所示。

图 7-23　村内建筑　　　　　　　　　　图 7-24　村内农庄

洛四房村工业企业以茶叶、竹木加工、转椅配件为主。2008 年全村人均纯收入 13049 元，人均集体可支配收入 330 元。

7.1.4.2　村庄给排水现状

A　供水现状

目前村内已经全部实现自来水统一供水，村内住户均已安装水表。

B　排水现状

洛四房村除梅园里区块农户生活污水排入已建集分户式污水处理池处理外，大多数农户生活污水经化粪池（无底化粪池）处理后，接出室外，排入附近边沟或水系。

C　卫生现状

村内总体环境卫生条件较好。

D　道路情况

村内主干道路宽 5.5m，支路平均宽 3.5m，为沥青路面和混凝土路面，如图 7-25、图 7-26 所示。

7.1.4.3　设计排水量

（1）洛四房村设计人口为 1115 人。

图 7-25 混凝土路面　　　　　　　　图 7-26 沥青路面

（2）人均排水量按 100L/（人·d）。

7.1.4.4 模式选择

采用分散处理模式。根据村庄地形及建筑分布，设 D200~D300 污水管道，收集农户化粪池微处理后的生活污水后，分区块排入各自的新建处理池进行处理，达标后排放。

此工程污水处理后排入溪流，排放标准执行城镇一级 B 标准，根据对处理工艺的分析，此次次污水处理工艺选择厌氧+多介质过滤处理，工艺参数如下：厌氧：HRT≥24h，过滤表面负荷：≤1.0m³/（m²·d）。

7.1.4.5 系统设计方案

工程数量及造价统计见表 7-11。

表 7-11 工程数量及造价统计

序号	名称	指标	数量	造价/万元	备注
1	污水管 D200	245.99 元/m	5254m	129.24	
2	污水管 D300	364.42 元/m	2569m	93.62	
3	检查井（500×500）	1374 元/座	525 座	72.19	
4	检查井（750×750）	2180 元/座	103 座	22.45	
5	新建化粪池	1000 元/座	293 座	29.3	
6	污水处理设施	3000 元/吨	1 座	33.3	按 1115 人计，污水总量 111.5t/d
7	破除旧路	62.89 元/m²	3130m²	19.68	
8	道路修复	101.21 元/m²	3130m²	31.68	
9	总投资		448.17		
10	人均投资		0.40		

7.2 湖北省梁子湖区案例

7.2.1 项目背景

梁子湖区污水处理项目位于湖北省鄂州市。该地区现有 2 座自来水厂，位于太和、梁子岛，供水规模分别为 10000m³/d、1000m³/d。而梁子湖区域污水收集处理率偏低，除梁子岛污水处理厂（1300m³/d）、太和污水处理厂（6000m³/d）建成并投入使用外，其余 3 镇和梧桐湖新区的污水处理厂均在筹划当中。90%的村庄没有排水管网和污水处理系统，生活污水随意排放，严重污染了农村的生态环境，直接威胁广大农民群众的身体健康以及区域的经济发展。

该项目由鄂州市梁子湖区人民政府授权梁子湖区住房和城乡建设管理局发起，采用 PPP 模式建设。拟建设鄂州市梁子湖区全区域内的集镇和农村污水处理设施，其中新建污水处理厂 3 座（东沟镇污水处理厂、涂家垴镇污水处理厂、沼山镇污水处理厂）、改建污水处理厂 1 座（梁子岛污水处理厂）、新建农村微动力污水处理站 205 座，项目实施后年处理污水约 434.5 万立方米。项目总投资 26991.21 万元。

7.2.2 厂址选择

东沟镇污水处理厂：东沟大桥社区西北角，占地面积 0.73hm²。
涂家垴镇污水处理厂：涂家垴镇区南侧潘家湾，占地面积 1.21hm²。
沼山镇污水处理厂：沼山镇桥柯村委会后、集镇西北角，拟用地面积 1hm²。
梁子岛污水处理厂：原污水处理厂改建（梁子岛步行街北侧）。
农村自然湾生活污水处理站：这 205 个自然湾的生活污水处理站的占地面积都不大，一般只需占用村民家门前屋后一角即可。
各污水处理厂地理位置如图 7-27 所示。

7.2.3 设计处理规模

东沟镇污水处理厂：拟建规模为 3000m³/d（近期建设规模为 1500m³/d，远期增设规模为 1500m³/d）。

涂家垴镇污水处理厂：拟建规模为 2000m³/d（近期建设规模为 500m³/d，远期增设规模为 1500m³/d）。

沼山镇污水处理厂：拟建规模为 2000m³/d（近期建设规模为 1000m³/d，远期增设规模为 1000m³/d）。

梁子岛污水处理厂：将梁子岛现有污水处理厂规模（1300m³/d）改造升级为 2000m³/d。

图 7-27　各污水处理厂地理位置

7.2.4　进出水水质和处理程度

7.2.4.1　污水处理厂

污水处理厂设计进水水质的确定，通常是根据污水处理厂服务范围内的污水水质实测资料、《室外排水设计规范》、国内同类型城市污水处理厂进水水质及城市将来的发展等方面进行综合考虑。

参考鄂州城区污水处理厂提供的资料以及类似的城市污水水质指标并结合实际的调查情况和实测情况，确定本工程各污水处理厂进水水质，见表 7-12。

表 7-12　各污水处理厂进水水质预测值 （mg/L）

COD	BOD$_5$	SS	TN	NH$_3$-N	TP
300	150	180	40	35	3

根据《城镇污水处理厂污染物排放标准》（GB18918—2002）和《梁子湖生态环境保护规划》（鄂政办法〔2010〕95 号）的规定，东沟镇污水处理厂、涂家垴镇污水处理厂、沼山镇污水处理厂及梁子岛污水处理厂污水处理排放出水应达到《地表水环境质量标准》（GB3838—2002）Ⅲ类标准，具体各项水质出水标准及处理程度，见表 7-13。

表 7-13　各污水处理厂出水标准及处理程度汇总

污染物	进水浓度/mg·L^{-1}	出水浓度/mg·L^{-1}	总去除率/%
COD	300	≤20	≥93.3
BOD$_5$	150	≤4	≥97.3
SS	180		
TN	40	≤1.0	≥97.5
NH$_3$-N	35	≤1.0	≥97.1
TP	3	≤0.2	≥93.3

7.2.4.2　农村微动力污水处理站

参考类似的污水水质指标并结合各村民生活污水水质的调查情况和实测情况，确定此工程农村微动力污水处理站进水水质，见表 7-14。

表 7-14　农村微动力污水处理站进水水质预测值　　　　（mg/L）

COD$_{Cr}$	BOD$_5$	SS	TN	NH$_3$-N	TP
250	130	200	30	22	3

综合《城镇污水处理厂污染物排放标准》要求及地方要求，出水执行从严标准，本工程微动力污水处理站排放出水应达到《城镇污水处理厂污染物排放标准》一级 A 标准。详细出水水质标准及处理程度，见表 7-15。

表 7-15　各污水处理站出水标准及处理程度汇总

污染物	进水浓度/mg·L^{-1}	出水浓度/mg·L^{-1}	总去除率/%
COD	250	≤50	≥80.0
BOD$_5$	130	≤10	≥92.3
SS	200	≤10	≥95.0
TN	30	≤15	≥50.0
NH$_3$-N	22	≤5	≥77.3
TP	3	≤0.5	≥83.3

7.2.5　工艺设计

目前各种主流的城镇污水处理工艺大多可分为：生物法（活性污泥法和生物膜法）和物理法（主要以膜处理技术为代表）两类。世界上包括中国绝大多数污水处理厂均采用生物处理方法，这主要是因为生物处理方法技术成熟、费用低廉、处理效果较好。

7.2.5.1　污水处理厂工艺设计

（1）工艺方案的比选。为了保证各污水处理工艺出水可达到《地表水环境质量标准》（GB3838—2002）Ⅲ类标准，本方案拟选择国内外先进的膜技术与传统污水生物处理工艺相结合的 A^2/O-MBR+RO 反渗透工艺、A^2/O+A/O 工艺、BioComb 一体化水处理装置和 BioDoppAB 工艺四种工艺方案进行比较。

上述四种主体处理工艺方案的主要技术比较，见表 7-16。

表 7-16　污水处理厂拟选工艺技术特点比较

方案	方案一 A^2/O-MBR+RO 反渗透工艺	方案二 A^2/O-A/O	方案三 BioCombo 一体化 水处理装置	方案四 BioDoppAB 工艺
主要处理单元	进水及预处理单元	相同	相同	相同
	初沉单元 （高效沉淀池）	相同	无	无
	A^2/O-MBR 工艺反应池（包括厌氧池、缺氧池、好氧池、MBR 池）	A^2/O-A/O 工艺反应池（包括厌氧池、一级缺氧池、好氧池、二级缺氧池、复氧池）	BioCombo 一体化水处理装置（包括 BioCombo 一级、BioCombo 二级、VF 沉淀池）	BioDoppAB 工艺生化池（A 段曝气区、A 段速澄区）
	消毒单元	相同	无	无
	RO 反渗透系统	二沉池	VF 沉淀池	B 段曝气区、B 段速澄区
工艺特点	1. 出水水质优质稳定； 2. 占地面积小，不受设置场合限制； 3. 可去除氨氮及难降解有机物； 4. 该工艺实现了水力停留时间（HRT）与污泥停留时间（SRT）的完全分离，运行控制更加灵活稳定，是污水处理中容易实现装备化的新技术，可实现微机自动控制，从而使操作管理更为方便； 5. 容易出现膜污染，给操作管理带来不便，MBR 泥水分离过程必须保持一定的膜驱动压力； 6. MBR 池中 MLSS 浓度非常高，要保持足够的传氧速率，必须加大曝气强度；还有为了加大膜通量、减轻膜污染，必须增大流速，冲刷膜表面，造成 MBR 的能耗要比传统的生物处理工艺高	1. 污染物去除效率高，运行稳定，有较好的耐冲击负荷； 2. 污泥沉降性能好； 3. 厌氧、缺氧、好氧三种不同的环境条件和不同种类微生物菌群的有机配合，能同时具有去除有机物、脱氮除磷的功能； 4. 若要提高脱氮效率，必须加大内循环比，因而加大了运行费用； 5. 内循环液来自曝气池，含有一定的 DO，使缺氧段难以保持理想的缺氧状态，影响反硝化效果，脱氮率很难达到 90%	1. 适合于大、中、小各种规模的污水处理厂； 2. 采用生物处理技术，处理效率高，出水可以达到景观回用水的要求； 3. 采用模块式组合结构，可以根据处理要求和发展需要同步建设，减少初期的投资建设费用； 4. 运行管理简易，采用无人值守，减少维持管理成本； 5. 产污泥量少，没有噪声臭气等二次污染； 6. 单体设施外形与周围景观相融合协调	1. 出水指标优越，在同等进水指标条件下，出水效果较传统工艺优，出水水质指标优于一级 A 标准； 2. 节能降耗，SND 缩短了脱氮反应历程，辅以高效的 BioMat 曝气技术，工艺运行能耗大幅降低，节能 35% 以上； 3. 节省占地，高污泥浓度下 SND 过程，能承受更大的极限污泥负荷，最大限度地扩大了容积利用率，节省占地面积，减少基建投资； 4. 运行可靠，独特的一体化结构，工艺流程短、设备少简便自动化控制，运行管理简单，VF/VR 一体化澄清区固液分离效果比一般二沉池高，使系统在较大的流量浓度范围内稳定、高效运行； 5. 污泥产量少，污泥有机物含量高，污泥沉降性能优异； 6. 工艺稳定性强，本工艺的核心具有极强的生物稳定性，能持续稳定地保障处理效果

上述四种主体处理工艺方案的主要综合技术经济比较，见表 7-17。

表 7-17 污水处理厂拟选工艺综合技术经济比较

项目方案	方案一 A²/O-MBR +RO	方案二 A²/O-A/O	方案三 BioCombo 一体化水处理装置	方案四 BioDoppAB 工艺
处理效果	稳定	稳定、灵活	稳定、灵活	稳定、灵活
技术先进、成熟	先进、成熟，适用于各种规模	先进、成熟，适用于各种规模	先进、成熟，适用于各种规模	先进、成熟，适用于水环境较为敏感区域、大中小污水处理厂，或场地受限
运行可靠性	较高	高	高	高
操作、管理及维护	要求自动化管理程度高	自动化程度高	可实现全自动化，操作简单	可实现全自动化，操作简单
对管理人员的要求	高	普通	低	低
水处理投加药剂	1. A²/O-MBR 工艺需添加药剂（除磷药剂、膜组件清洗药剂等）； 2. 总磷要达到严格出水要求，除磷需要投加 PAC 或者 PFS； 3. RO 系统需要消毒剂、清洗药剂、还原剂等	1. 为增加脱氮效率需要投加甲醇； 2. 部分时段需要加 PAC 或 PFS	1. BioCombo 一体化水处理装置工艺不投加任何化学品； 2. 总磷要达到严格出水要求，除磷需要投加 PAC 或者 PFS	BioDoppAB 水处理装置工艺不投加任何化学品
占地面积	中	较大	中	小
吨水耗电	高	中	较小	小
工程总投资	高	较高	低	低
吨水运行成本	较高	中	低	低
经营成本	高	较高	低	低
污泥产生量	高	中	低	低
风险	1. 产泥量（干重）相对较高； 2. 抗冲击力较弱； 3. 能耗较高； 4. 运营成本较高； 5. 易出现膜污染； 6. 采用 RO 投资及运行成本高，并需考虑浓水出路	1. 因为有二沉淀，主工艺占地面积较大； 2. 产泥量（干重）相对较高； 3. 需要添加甲醇，甲醇储存存在一定安全风险	需要添加甲醇，甲醇储存存在一定安全风险	对设备质量要求较高

通过四种方案的技术特点与综合经济比较，方案二、方案三、方案四相较方案一具有处理范围广、处理效率高、运行稳定、管理方便、投资及运营成本低等特点。

由于东沟镇、沼山镇人口较稳定，采用自动化程度高，先进、成熟，适用于各种规模的 A^2/O-A/O 工艺。

涂家垴镇人口增长缓慢，近期建设规模仅为 $500m^3/d$，涂家垴镇污水处理厂拟采用 BioCombo 一体化水处理装置，其运行成本较低，对管理人员要求较低，工艺先进、成熟，适用于各种规模，远期可灵活地调整规模。

梁子岛污水处理厂目前规模为 $1300m^3/d$，采用的硅藻精土处理剂强化 A/O 法处理净化技术。根据其污水预测，梁子岛污水处理厂拟提升规模至 $2000m^3/d$，为了能够充分利用现有工艺提升规模，减少投资，拟采用 A^2/O-A/O 工艺。

（2）生产构筑物工艺设计。东沟镇污水处理厂排水体制为雨、污分流制。该污水厂生产构筑物包括预处理池、A^2/O-A/O 池、辐流式沉淀池、污泥泵池、污泥浓缩池等。

涂家垴镇污水处理厂排水体制为雨、污分流制。该污水厂生产构筑物包括格栅间、中间水池、潜流人工湿地池、污泥浓缩池、鼓风机房、配电房等。

沼山镇污水处理厂排水体制为雨、污分流制。该污水厂生产构筑物包括格栅间及调节池、A^2/O-A/O 池、辐流式沉淀池、中间水池、精密过滤池、污泥浓缩池、鼓风机房、配电房等。

对原梁子岛污水处理厂进行扩能改造，改造后规模为 $2000m^3/d$。排水体制为雨、污分流制。结合实际情况，该污水处理厂主要改造构筑物包括初沉池、厌氧池、缺氧池、好氧池、二沉池等。

梁子岛污水处理厂改造工艺流程，如图 7-28 所示。

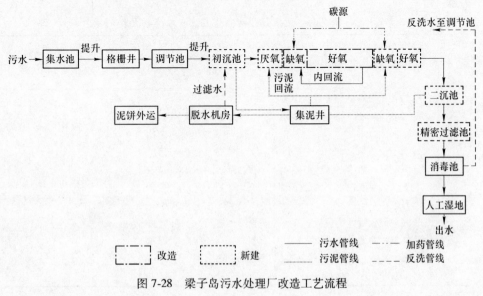

图 7-28　梁子岛污水处理厂改造工艺流程

7.2.5.2 污水处理站工艺设计

为了保证工艺出水可达到《城镇污水处理厂污染物排放标准》一级 A 类标准，该工程拟选择传统水解酸化+接触氧化工艺、MLBF 工艺和氧化塘三种工艺方案进行比较。

传统水解酸化+接触氧化工艺是在接触氧化池中进行鼓风曝气，使接触氧化法和活性污泥法有效结合起来，同时具备两者的优点，并克服两者的缺点，使污水处理水平进一步提高。

腐殖填料生物滤池工艺（Humified media Filter，HF 工艺，又名 Multiple Layer Biological Filter，MLBF 工艺）是南京大学环境工程系研发，利用腐殖填料结合人工强化手段构建的一种生活污水分散处理专利技术（发明专利"一种生活污水分散处理的方法及其反应器"，专利号：ZL200610166396.2）。它针对农村乡镇生活污水处理"投资省、运行费用低、处理效果好、维管容易"的现实需求，利用腐殖填料优良的水动力学特性、物理化学特性以及丰富的生物相和生物量等特性构建的新型多层复合生物滤池，涉及厌氧、缺氧、好氧环境串联交替布置，表面复氧强制通风技术，小回流比回流技术等，确保在一个构筑物内实现含碳有机物和氮磷营养元素高效去除。

稳定塘旧称氧化塘或生物塘，是一种利用天然净化能力对污水进行处理的构筑物的总称。其净化过程与自然水体的自净过程相似。通常是将土地进行适当的人工修整，建成池塘，并设置围堤和防渗层，依靠塘内生长的微生物来处理污水。主要利用菌藻的共同作用处理废水中的有机污染物。

上述三种主体处理工艺方案的主要技术比较列于表 7-18。

表 7-18 污水处理站拟选工艺技术特点比较

方案	方案一 传统水解酸化+ 接触氧化工艺	方案二 MLBF 工艺	方案三 稳定塘工艺
工艺优点	1. 抗冲击负荷的能力强。接触氧化法的平均停留时间在 6h 以上； 2. 具有脱氮除磷能力，并可以通过调节设备的构造，达到处理工业废水、生活污水、城市污水的能力； 3. 接触氧化池内的填料多为组合软填料，物理化学性质稳定，比表面积大，生物膜附着能力强，污水与生物膜的接触效率高；	1. 吨水处理成本较低； 2. 处理系统出水稳定达到《城镇污水处理厂污染物排放标准》（GB 18918—2002）中的一级 A 标准； 3. MLBF 工艺出水生态安全未发现异常，可就近回用，有利于缓解水资源紧张的矛盾；	1. 能充分利用地形，结构简单，建设费用低； 2. 可实现污水资源化和污水回收及再用，实现水循环，既节省了水资源，又获得了经济收益； 3. 处理能耗低，运行维护方便，成本低；

方案	方案一 传统水解酸化+ 接触氧化工艺	方案二 MLBF 工艺	方案三 稳定塘工艺
工艺优点	4. 接触氧化池内采用曝气器进行鼓风曝气，曝气均匀，微生物生长成熟，具有活性污泥法的特征； 5. 出水水质稳定，污泥产量少并易于处理； 6. 潜水泵可设于设备之中，减少工程投资； 7. 设备可设于地面上，也可埋于地下，站区占地面积少； 8. 易于完成自动控制，管理操作简单	4. MLBF 工艺可设置中控系统实时监控该系统的运行情况，若运行过程中出现问题，能够及时发现及时解决	4. 美化环境，形成生态景观； 5. 污泥产量少； 6. 能承受污水水量大范围的波动，其适应能力和抗冲击和能力强
工艺缺点	1. 不利于维修，设备出现故障后，不方便检修与更换； 2. 对环境适应性差，冬天防冻、夏天防洪，北方需要埋入较深，并做保温处理； 3. 由于设备的局限性，该设备只能用在废水量比较小的项目中； 4. 管理复杂，不适合当前涂家垴镇各村湾村委会的管理，需交由专业污水处理公司管理； 5. 使用年限不高，设备易损件多，后期设备维护费巨大	1. 占地面积较传统地埋式水解酸化+接触氧化工艺大，比厌氧好氧及自然生态处理组合工艺的占地面积小； 2. 进水碳源不足时需要外加碳源保证 TN 去除率	1. 占地面积过于多； 2. 气候对稳定塘的处理效果影响较大； 3. 若设计或运行管理不当，则会造成二次污染； 4. 易产生臭味和滋生蚊蝇； 5. 污泥不易排出和处理利用

上述三种主体处理工艺方案的主要综合技术经济比较列于表 7-19。

表 7-19 污水处理站拟选工艺综合技术经济比较

项目方案	方案一 传统水解酸化+ 接触氧化工艺	方案二 MLBF 工艺	方案三 氧化塘工艺
处理效果	稳定	稳定、灵活	较稳定
技术先进性和成熟性	先进、成熟， 适用于中小规模	先进、成熟， 以中小规模为主	先进、成熟， 适用于中小规模
运行可靠性	高	高	较高

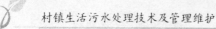

项目方案	方案一 传统水解酸化+ 接触氧化工艺	方案二 MLBF 工艺	方案三 氧化塘工艺
对管理人员的要求	高	普通	普通
总投资估算	高	普通	较低
直接成本	较高	较低	低
总成本 /元·(m³水)⁻¹	约 0.60	约 0.15	约 0.05
风险	1. 产泥量（干重）相对较高； 2. 能耗较高； 3. 运营成本较高	无	1. 若氧化塘未做好防渗处理，存在污染突然的风险； 2. 出水偶有不达标的风险

通过三种方案的技术特点与综合经济比较，方案二相较方案一和方案三具有处理范围广、处理效率高、管理方便、投资及运营成本低、处理稳定性高等特点。结合区内自然村落的实际情况，推荐梁子湖区域所有村落均选择方案二作为处理工艺。

7.2.6 处理后污水与污泥处置

7.2.6.1 处理后污水的处置

处理后污水的处置方式主要有灌溉农田、重复利用和排放水体。对各种处置方式分述如下：

（1）灌溉农田。污水处理厂（站）附近有大片农田，可以利用处理后污水解决附近农田的灌溉问题。待污水处理厂（站）建成后，排放水经测定符合《农业灌溉水质标准》（GB 5084—2005），可用于农田灌溉。

（2）重复利用。我国水资源并不丰富，且随季节变化较大，从城市的发展来看，处理后水的重复利用很有实际意义。污水的回用（重复利用）是污水最终处置的发展方向，此次设计污水处理厂（站）采用的处理工艺，为处理后污水的回用创造了有利的条件。可通过建立中水管网，利用中水冲厕及其他杂用。污水厂出水含有一定的肥分，也可用其浇灌绿地，可促进植物生长。

（3）排放水体。排放水体是较常用也是最便利的处置方式，当重复利用或灌溉不具备条件时，均采用排放水体处置。该工程污水厂厂址靠近受纳水体，尾水排放方便。

7.2.6.2 污泥处置

结合当地的特点，污泥的处理处置途径应是首先解决减量化，使污泥的含水率得到一定程度的降低，便于后续阶段处理；其次进行无害、稳定化，去除或分解污泥中的有害有毒物质（重金属及有机有害物质）并杀灭泥中的致病微生物；最终考虑资源化。

相对于污泥的其他处理方法，污泥的机械脱水减量是非常经济有效的一种方法。可采用不同的机械脱水方式，使出泥含固率提高，便于后续处理。污泥经过浓缩脱水，含水率降至 60% 以下后，外运填埋，实现污泥的最终妥善处置。

7.3 西南地区案例

7.3.1 贵州省正安县十六乡镇污水处理工程案例

7.3.1.1 项目案例概况

贵州省正安县十六乡镇污水处理工程建设内容主要包含正安县 16 个乡镇集镇的 16 座污水处理站，设计处理规模为 350~1000m³/d，总处理规模 9900m³/d，配套管网约 102km。采用生物转盘工艺，污水排放标准除芙蓉江镇污水处理站出水执行《城镇污水处理厂污染物排放标准》（GB 18918—2002）中一级 A 标外，其余 15 座污水处理站均执行《城镇污水处理厂污染物排放标准》（GB 18918—2002）中一级 B 标。项目总投资 11856.67 万元。

正安县政府采用 PPP 模式，以公开招标方式选择社会资本方，将 16 座农村污水处理工程的设计、建设、运营维护与县城 5 座已建污水处理厂的运营维护进行打捆实施。项目合作期限为 20 年（16 个乡镇污水处理工程：建设期 1 年+运营期 19 年；5 个存量污水处理厂：运营期 20 年）。

正安县十六乡镇污水处理工程 PPP 项目入选贵州省第三批政府和社会资本合作示范项目，并获得贵州省城镇污水垃圾处理设施及污水管网工程项目 2017年中央预算内投资 1000 万元。

7.3.1.2 工程方案

A 排水体制

各乡镇总规中已规划各集镇均采用雨污分流制。结合《正安县十六乡镇污水处理工程建设规划》以及当地的发展状况，确定工程排水体制以雨污分流制为主，同时，根据部分乡镇实际，将原有排污系统改造成截流式合流制。

B 建设规模

处理站按近期（2020 年）规模建设，结合《镇（乡）村给水工程技术规程》（CJJ 123—2008）、《室外给水设计规范》（GB 50013—2006）、《城市给水工程规划规范》（GB 50282—1998）等技术规范，各乡镇集镇用水量采用人均综合指标法进行预测。用水定额选用 100L/（人·d），工业用水量取其生活综合用水量的 10%，变化系数取 1.3，污水形成率按 80% 确定，污水收集率按 90% 确定。

C　进出水水质

参照正安县县城，以及贵州省已建设的乡镇污水处理厂进水水质，结合规划各乡镇经济发展水平和生活水平，污水厂进水水质预测见表 7-20。

表 7-20　正安县十六乡镇污水处理工程进水水质预测

项目	BOD_5 /mg·L^{-1}	COD_{Cr} /mg·L^{-1}	SS /mg·L^{-1}	TN /mg·L^{-1}	NH_3-N /mg·L^{-1}	TP /mg·L^{-1}	pH 值
水质	120	250	200	40	30	3	6~9

16 个乡镇集镇中，芙蓉江镇污水处理站出水排入沙阡水库库区（县城供水水源），其余 15 个乡镇尾水均排入附近河流或用于农灌。因此芙蓉江镇污水处理站出水执行《城镇污水处理厂污染物排放标准》（GB 18918—2002）一级 A 标准。除芙蓉江镇外的 15 个集镇污水处理站出水标准执行《城镇污水处理厂污染物排放标准》（GB 18918—2002）一级 B 标准。

D　处理工艺

项目生物处理工艺统一采用带脱氮除磷功能的一体化生物转盘工艺。为确保总氮去除率，在传统生物转盘工艺的基础上增加缺氧模块，通过回流进一步加强脱氮效果；针对一级 A 排放标准，强化化学除磷，并增加过滤布滤模块。污水消毒工艺选用紫外线消毒方式。污泥采用叠螺脱水机脱水处理后，进一步自然干化至含水率 60% 后统一集中收集，进行综合利用。

E　自控设计

项目自控系统包含两个部分：远程监控中心和现场 PLC 控制系统。现场 PLC 控制系统以 PLC 为核心控制器，对现场设备进行自动控制，同时采集设备状态的实时数据，形成可靠的闭环控制；远程监控中心以组态系统为基础，接收 PLC 控制系统数据，并存储、动态显示、报警等。

远程监控结合互联网及移动通信技术，以远程监控定向维护的方式来管理分布较广的众多站点，提高效率的同时节省运维开支。通过接收数据采集模块发出的 RS485 信号，通过 GPRS 模块发送至移动基站，移动基站通过互联网将数据发送到工业以太网交换机。

远程监控中心设于县城，以便与县城已建污水处理厂进行统筹管理，发挥规模效应。远程监控系统可显示现场设备的工作状况、工艺数据、报警信息、突发事件记录等，并可实现数据报表打印功能，同时可通过键盘或鼠标控制设备的开停。远程监控为一套通用，主要包括工业计算机、服务器、打印机以及大屏显示器等。

7.3.1.3 项目建设情况

项目建设期 1 年，根据 PPP 合同约定，社会资本方独资成立项目公司，负责 16 个乡镇污水处理工程投融资，设计、施工以及运营。

项目建设采用 EPC 模式，工程总承包单位与项目公司签订 EPC 协议，由项目总承包单位负责设计、采购、施工以及试运行，该项目实景如图 7-29 所示。

图 7-29 正安县十六乡镇污水处理项目实景

7.3.1.4 项目运作模式

项目采用政府和社会资本合作（PPP）模式进行投资建设，具体运作模式包括已建部分委托运营（O&M），新建部分 DBOT（设计-建设-运营-移交）。

（1）县人民政府授权县水务局作为项目实施机构、采购人、PPP 项目合同签署主体、政府购买服务协议签署主体和特许经营权授权主体，统筹物有所值评价、财政承受能力论证、实施方案编制等 PPP 前期流程。

（2）县水务局通过公开招标方式确定中标社会投资人。贵州水务股份有限公司、厦门市市政工程设计院有限公司以及贵州水务建设工程有限公司组成联合体中标该项目。贵州水务股份有限公司作为联合体牵头方，总体负责项目出资、项目公司设立、工程建设及维护等工作，贵州水务建设工程有限公司负责项目施工，厦门市市政工程设计院有限公司负责项目设计。

（3）中标社会投资人组建项目公司，县水务局通过签订 PPP 项目合同方式授予项目公司特许经营权，项目公司在合作期限内自行承担费用、责任和风险，负责该项目 16 个乡镇污水处理工程的设计、投资、建设和运营维护，5 个已建污水处理厂的运营维护。

（4）项目开始运营后，县水务局根据 PPP 项目合同及政府购买服务协议购买项目公司提供的可用性服务及污水处理服务，向项目公司支付政府购买服务费。项目公司通过在合作经营期内获得政府支付的政府购买服务费，以补偿经营成本、还本付息、回收投资、缴纳税金并获取合理投资回报。

（5）合作经营期 20 年届满后，项目公司应按照《PPP 项目合同》约定，将该项目资产无偿、完好、无债务、不设定担保地移交给政府指定机构。

7.3.2 大理市双廊镇生活污水处理工程案例

7.3.2.1 项目案例概况

大理市双廊镇生活污水处理工程是《云南省建制镇供水、污水和生活垃圾处理设施建设项目专项规划（2013—2017 年）》的规划项目，是云南省住建厅"一水两污"试点示范项目。

项目位于云南省大理市双廊镇洱海旁，主要针对双廊镇居民生活污水和部分餐饮废水，采用污水一体化处理设备进行污水处理，处理规模为 $300m^3/d$（$2\times150m^3/d$）。污水经处理后，出水可达到《城镇污水处理厂污染物排放标准》（GB 18918—2002）一级 A 标准以及《城市污水再生利用城市杂用水水质标准》（GB/T 18920—2002）中部分回用水水质标准，可用于绿化、景观、洗车、冲厕和补充河湖等。

7.3.2.2 工程方案

A 核心技术

项目采用基于移动床生物膜反应器（MBBR）和传统 A^2/O 工艺的一体化处理设备，在传统厌氧区前设置预脱硝区，即包含预脱硝区、厌氧区、缺氧区和好氧区，优化污泥回流系统和硝化液回流系统，从而实现降低 COD 的同时强化脱磷除氮效果。

B 工艺流程

生活污水经排污管道进入格栅槽，先去除污水中较大悬浮物，保证后续处理设备的正常运行。污水经格栅后自流进入调节池，在调节池中进行均质、均量处理，减轻后续设备的冲击负荷。污水经调节池后用泵提升至一体化设备中进行生化处理，处理后的清水经紫外消毒后达标排放，污泥池的上清液回流至预脱硝区循环使用。剩余污泥较少，可酌情定期经污泥干化处置后外运。

C 工艺参数

（1）生化水力停留时间（HRT）为9h（一级A标准）；

（2）悬浮填料填充率为10%～30%；

（3）污泥浓度为2000～4500mg/L；

（4）生化段的容积负荷为1.1kg（BOD）/（m³·d）；

（5）好氧池溶解氧为2.0～4.0mg/L；

（6）沉淀池表面负荷0.7～1.0m³/（m²·d）；

（7）硝化液回流比为100%～200%，污泥回流比为50%～100%；

（8）污泥产率与水源水质有关。

7.3.2.3 项目建设情况

项目于2015年完成验收，通过项目实施实现了生活污水的就地收集、就地处理、就地排放及回用，项目实景如图7-30所示。

图 7-30 项目实景图

设备安装调试后由深圳合续环境科技有限公司负责例行巡检和运营、维护等工作。工程调试结束后，合续环境提供3年免费的质量保证期，保质期满后可以提供延保服务，延保期间每年收取一定的运营和维护费用。

致谢：感谢中国电建集团华东勘测设计研究院有限公司、南京柯若环境技术有限公司、湖北鄂美环保科技有限公司、贵州水务股份有限公司、深圳合续环境科技有限公司为相关地区工程案例提供相关资料和技术细节的支持。

参 考 文 献

［1］苏红键，魏后凯．改革开放 40 年中国城镇化历程、启示与展望［J］．改革，2018，11：71-81.

［2］任亮，张晓峰．我国农村水环境综合治理思路及建议［J］．中国水利，2016，17：19-22.

［3］魏后凯，闫坤．中国农村发展报告——以全面深化改革激发农村发展新动能（2017）［M］．北京：中国社会科学出版社，2017.

［4］韩长赋．全面深化农村改革：农业农村现代化的强大动力［J］．求是，2018：13.

［5］中华人民共和国住房和城乡建设部．2016 年城乡建设统计年鉴［M］．北京：中国统计出版社，2017.

［6］蒋克彬，彭松，张小海，等．农村生活污水分散式处理技术及应用［M］．北京：中国建筑工业出版社，2009.

［7］中华人民共和国生态环境部．2017 中国生态环境状况公报，2018.

［8］王夏晖，王波，吕文魁．我国农村水环境管理机制改革创新的若干建议［J］．环境保护，2014，15：20-24.

［9］闫凯丽，吴德礼，张亚雷．我国不同区域农村生活污水处理的技术选择［J］．江苏农业科学，2017，45（12）：212-216.

［10］夏玉立，夏训峰，王丽君，等．国外农村生活污水治理经验及对我国的启示［J］．小城镇建设，2016，10：1-5.

［11］赵晖．我国村镇污水治理的现状与思路［J］．水工业市场，2014，8：10-13.

［12］陈梅雪．村镇污水处理问题与推进计划［R］．第六届中国农村和小城镇水环境治理论坛．

［13］常杪，小柳秀明，水落元之，等．小城镇农村生活污水分散处理设施建设管理体系［M］．北京：中国环境科学出版社，2012.

［14］刘俊良，马放，张铁坚．村镇污水低碳控制原理与技术［M］．北京：化学工业出版社，2016.

［15］张列宇，王晓伟，席北斗．分散型农村生活污水处理技术研究［M］．北京：中国环境出版社，2014.

［16］中共中央、国务院．《中共中央 国务院关于全面深化农村改革加快推进农业现代化的若干意见》，2014.

［17］中共中央、国务院．《中共中央 国务院关于加大改革创新力度加快农业现代化建设的若干意见》，2015.

［18］中共中央、国务院．《中共中央 国务院关于落实发展新理念加快农业现代化实现全面小康目标的若干意见》，2016.

［19］中共中央、国务院．《中共中央 国务院关于深入推进农业供给侧结构性改革加快培育农业农村发展新动能的若干意见》，2017.

［20］中共中央、国务院．《中共中央 国务院关于实施乡村振兴战略的意见》，2018 国家环保总局、发改委、农业部、建设部、卫生部、水利部、国土资源部、林业局．关于加强农村环境保护工作的意见（国办发〔2007〕63 号），2007.

［21］ 环境保护部、财政部、发展改革委. 关于实行"以奖促治"加快解决突出的农村环境问题的实施方案（国办发〔2009〕11号），2009.

［22］ 国务院. 国务院办公厅关于改善农村人居环境的指导意见（国办发〔2014〕25号），2014.

［23］ 中共中央办公厅、国务院办公厅. 农村人居环境整治三年行动方案，2018.

［24］ 中华人民共和国国务院. 水污染防治行动计划（国发〔2015〕17号），2015.

［25］ 中华人民共和国国务院. 土壤污染防治行动计划（国发〔2016〕31号），2016.

［26］ 中华人民共和国国务院. 中华人民共和国国民经济和社会发展第十三个五年规划纲要，2016.

［27］ 全国农村经济发展"十三五"规划，2016.

［28］ 中华人民共和国国务院. "十三五"生态环境保护规划（国发〔2016〕65号），2016.

［29］ 环境保护部，科学技术部. 国家环境保护"十三五"科技发展规划纲要，2016.

［30］ 环境保护部、财政部. 《全国农村环境综合整治"十三五"规划（环水体〔2017〕18号）》，2017.

［31］ 上海市政工程设计研究总院. CJJ 124—2008 镇（乡）村排水工程技术规程［S］. 北京：中国建筑工业出版社，2008.

［32］ 中国科学院生态环境研究中心（住房和城乡建设部农村污水处理技术北方研究中心）. CJJ/T 163—2011 村庄污水处理设施技术规程［S］. 北京：中国建筑工业出版社，2011.

［33］ 哈尔滨工业大学. CJJ/T 54—2017 污水自然处理工程技术规程［S］. 北京：中国建筑工业出版社，2017.

［34］ 北京城市排水集团有限责任公司. GJJ 131—2009 城镇污水处理厂污泥处理技术规程［S］. 北京：中国建筑工业出版社，2009.

［35］ 上海市排水管理处，江苏通州四建集团有限公司. CJJ 68—2016 城镇排水管渠与泵站运行、维护及安全技术规程［S］. 北京：中国建筑工业出版社，2017.

［36］ 上海市政工程设计研究总院（集团）有限公司. GB 50014—2006 室外排水设计规范［S］. 北京：中国计划出版社，2006.

［37］ 北京市市政工程管理处. GB 24188—2009 城镇污水处理厂污泥泥质［S］. 北京：中国标准出版社，2009.

［38］ 中国市政工程协会，天津城建集团有限公司. GB 50334—2017 城镇污水处理厂工程质量验收规范［S］. 北京：中国建筑工业出版社，2017.

［39］ 中国环境科学研究院. GB 3838—2002 地表水环境质量标准［S］. 2002.

［40］ 中华人民共和国环境保护部. GB/T 14848—1993 地下水质量标准［S］. 北京：中国环境出版社，1997.

［41］ 中华人民共和国环境保护部. GB 8978—1996 污水综合排放标准［S］. 北京：中国环境出版社，1997.

［42］ 北京市环境保护科学研究院，中国环境科学研究院. GB 18918—2002 城镇污水处理厂污染物排放标准［S］. 北京：中国环境出版社，2002.

［43］ 农业部环境保护科研监测所. GB 20922—2007 城市污水再生利用 农田灌溉用水水质［S］. 北京：中国标准出版社，2007.

［44］农业部环境保护科研监测所．GB 5084—2005 农田灌溉水质标准［S］．北京：中国标准出版社，2005.

［45］浙江省湖州市安吉县人民政府，浙江省标准化研究院，福建省标准化研究院，等．GB/T 32000—2015 美丽乡村建设指南［S］．2015.

［46］沈阳环境科学研究院．HJ 2005—2010 人工湿地污水处理工程技术规范［S］．北京：中国环境出版社，2010.

［47］中国环境科学研究院，中国科学院生态环境研究中心．HJ2032—2013 农村饮用水水源地环境保护技术指南［S］．2010.

［48］中国建筑设计研究院．GB 50445—2008 村庄整治技术规范［S］．北京：中国建筑工业出版社，2008.

［49］环境保护部环境规划院，中国环境科学研究院，中国科学院生态环境研究中心，等．HJ 2031—2013 农村环境连片整治技术指南［S］．2013.

［50］中国科学院生态环境研究中心．农村生活污水处理设施技术标准（征求意见稿），2017.

［51］刘俊新．国外农村污水治理经验的三大启示［J］．水工业市场，2016，10：22-24.

［52］中国环境科学研究院，宁夏环境科学设计研究院，宁夏大学．DB64/T 700—2011 农村生活污水排放标准［S］．2011.

［53］浙江省环境保护科学设计研究院，浙江大学．DB 33/973—2015 农村生活污水处理设施污染物排放标准［S］．2015.

［54］河北省环境科学研究院．DB13/2171—2015 农村生活污水排放标准［S］．2015.

［55］山西省生态环境研究中心．DB14/726—2013 山西省农村生活污水处理设施水污染物排放标准［S］．2013.

［56］国家发展和改革委员会国家投资项目评审中心．建标 148—2010 小城镇污水处理工程建设标准，2010.

［57］北京市环境保护科学研究院，清华大学．HJ 574—2010 农村生活污染控制技术规范［S］．北京：中国环境出版社，2010.

［58］住房和城乡建设部农村污水处理技术北方研究中心，哈尔滨工业大学．东北地区农村生活污水处理技术指南（试行），2010.

［59］住房和城乡建设部农村污水处理技术北方研究中心，浙江大学，中国科学院城市环境研究所，同济大学．东南地区农村生活污水处理技术指南（试行），2010.

［60］住房和城乡建设部农村污水处理技术北方研究中心，北京建筑工程学院．华北地区农村生活污水处理技术指南（试行），2010.

［61］住房和城乡建设部农村污水处理技术北方研究中心．西北地区农村生活污水处理技术指南（试行），2010.

［62］住房和城乡建设部农村污水处理技术北方研究中心，重庆大学．西南地区农村生活污水处理技术指南（试行），2010.

［63］住房和城乡建设部农村污水处理技术北方研究中心．中南地区农村生活污水处理技术指南（试行），2010.

［64］中华人民共和国环境保护部．农村生活污染防治技术政策（环发〔2010〕20 号），2010.

［65］天津市环境保护科学研究院（中国环境保护产业协会水污染治理委员会），天津工业大

学、北京市环境保护科学研究院、中国城市建设设计研究院．村镇生活污染防治最佳可
行技术指南（试行）（HJ-BAT-9），2014.

[66] 中华人民共和国环境保护部．分散式饮用水水源地环境保护指南（试行），2010.

[67] 天津市环境保护科学研究院，北京国环清华环境工程设计研究院有限公司．农村生活污
水处理项目建设与投资指南，2013.

[68] 住房城乡建设部农村污水处理技术北方研究中心．县（市）域城乡污水统筹治理导则
（试行），2014.

[69] 嵇欣．国外农村生活污水分散治理管理经验的启示［J］．中国环保产业，2010（2）：
57-61.

[70] 沈哲，黄劼，刘平养．治理农村生活污水的国际经验借鉴——基于美国、欧盟和日本模
式的比较［J］．价格理论与实践，2013（2）：49-50.

[71] 田泽源，吴德礼，张亚雷．美国分散型生活污水治理的经验与启示［J］．给水排水，2017
（5）：52-57.

[72] 李爽蓉．日本乡村污水治理的责任管理及其启示［J］．现代农业科技，2016（17）：
170-171.

[73] 闻海燕．借鉴国际经验，对浙江农村污水治理的思考［J］．古今谈，2015（1）：69-72.

[74] 范彬，武洁玮，刘超，等．美国和日本乡村污水治理的组织管理与启示［J］．中国给水排
水，2009，25（10）：6-10.

[75] 黄文飞，韦彦斐，王红晓，等．美国分散式农村污水治理政策、技术及启示［J］．环境
保护，2016，44（7）：63-65.

[76] 李宪法，许京骐．北京市农村污水处理设施普遍闲置的反思（Ⅱ）——美国污水就地生
态处理技术的经验及启示［J］．给水排水，2015（10）：50-54.

[77] 杨卫萍，陆天友．日本净化槽技术应用对农村污水处理的启示［J］．福建建设科技，
2014（5）：86-88.

[78] 干钢，唐毅，郝晓伟，等．日本净化槽技术在农村生活污水处理中的应用［J］．环境工程
学报，2013，7（5）：1791-1796.

[79] 侯京卫，范彬，曲波，等．农村生活污水排放特征研究述评［J］．安徽农业科学，2012，
40（2）：964-967.

[80] 亓玉军，魏英华，侯述光．农村生活污水治理现状及对策研究［J］．环境科学与管理，
2014，39（6）：98-100.

[81] 王清良．农村畜禽养殖污染防治对策［J］．环境科学导刊，2014，33（S1）：58-59.

[82] 张志远．农村农产品家庭加工业环境污染防治［D］．杭州：浙江大学，2013.

[83] 范理，李坤，王亚娟，等．农村生活污水收集与处理模式的探讨［J］．环境工程，2014，
32（S1）：169-209.

[84] 王淑梅，王宝贞，曹向东，等．对我国城市排水体制的探讨［J］．中国给水排水，2007
（12）：16-21.

[85] 夏冬青．农村集镇排水体制的选择［J］．环境科学导刊，2009，28（4）：49-50.

[86] 李红雁．农村污水处理中管网设计问题［J］．企业科技与发展，2010（4）：52-54.

[87] 陈星霖．建筑排水管材的选择方式［J］．中国高新区，2017（23）：163.

[88] 王宏彦，张晓峰．HDPE 双壁波纹管在市政排水工程中的应用及经济性评价 [J]．城市道桥与防洪，2014（10）：124-128.

[89] 赵娜．浅谈高密度聚乙烯（HDPE）双壁波纹管在小城镇排水管网中的应用 [J]．城市建设理论研究（电子版），2015，（8）：1960-1961. DOI：10. 3969/j. issn. 2095-2104. 2015. 08. 1175.

[90] 赵劲松．塑料检查井简介及改进措施 [J]．聚氯乙烯，2011，39（5）：30-33.

[91] 陈奕．道路检查井的适用性分类 [J]．城市问题，2013（4）：31-36.

[92] 张祥中，林廷献．塑料排水检查井在住宅小区的应用前景 [J]．中国给水排水，2008（12）：99-101.

[93] 周建忠，罗本福，蒋岭．新型城市污水截流井介绍 [J]．西南给排水，2007（3）：5-7.

[94] 程腾．住宅小区塑料排水检查井施工技术 [J]．科技经济市场，2013（5）：26-29.

[95] 范彬，王洪良，张玉，等．化粪池技术在分散污水治理中的应用与发展 [J]．环境工程学报，2017，11（3）：1314-1321.

[96] 陈杰，姜红．化粪池在实际生活中的比选及应用 [J]．环境与发展，2018，30（2）：45-46，48.

[97] 赵类．农村家用沼气池的类型 [J]．山西农机，2005（3）：16-17.

[98] Cortez S，Teixeira P，Oliveira R，et al. Rotating biological contactors：a review on main factors affecting performance. Reviews in Environmental Science and Bio/Technology [J]．2008，7（2）：155-172.

[99] Patwardhan A W. Rotating Biological Contactors：A Review. Industrial & Engineering Chemistry Research [J]．2003，42（10）：2035-2051.

[100] Hassard F，Biddle J，Cartmell E，et al. Rotating biological contactors for wastewater treatment-A review. Process Safety and Environmental Protection [J]．2015，94：285-306.

[101] 美国水环境联合会，曹相生．生物膜反应器设计与运行手册 [M]．北京：中国建筑工业出版社，2013.

[102] 郑俊，吴浩汀，程寒飞．曝气生物滤池污水处理新技术及工程实例 [M]．北京：化学工业出版社，2002.

[103] 范瑾初，金兆丰．水质工程 [M]．北京：中国建筑工业出版社，2009.

[104] 俞姗姗，匡恒，蒋京东，等．滴滤床在小城镇生活污水处理中的应用 [J]．环境科技，2007，20（5）：36-38.

[105] 范懋功．台湾的活性生物滴滤系统 [J]．中国给水排水，1989（6）：50-51.

[106] 白永刚，吴浩汀．太湖地区农村生活污水处理技术初探 [J]．电力科技与环保，2005，21（2）：44-45.

[107] 余珍，孙扬才，邱江平，等．新型生物滴滤池处理餐饮废水 [J]．水处理技术，2006，32（7）：64-66.

[108] 余珍．低能耗生物滴滤池技术的应用研究 [D]．上海：上海交通大学，2006.

[109] 林丽，念海明，杨建华，等．TDS 三维结构生物转盘技术在乡镇生活污水处理中的调试运行优势 [J]．自动化与仪器仪表，2016（5）：221-222.

[110] 韦真周，范庆丰，容继，等．生物转盘处理小城镇生活污水工程实例 [J]．水处理技术，2016，42（2）：133-136.

[111] 高峰，李明．生物转盘工艺在农村污水处理中的应用研究［J］．中国资源综合利用，2018，36（1）：56-58.

[112] 张倩倩，魏维利，王俊安，等．生物转盘技术研究进展［J］．中国水运（下半月），2014，14（2）：182-184.

[113] 张黎．生物转盘污水处理技术研究进展及展望［J］．农业与技术，2015，35（2）：30，61.

[114] 王建辉，陈猷鹏，郭劲松，等．生物转盘与生物转笼处理榨菜污水效能对比［J］．水处理技术，2018，44（2）：84-87.

[115] 中国市政工程华北设计研究总院有限公司．CECS375：《2014 一体化生物转盘污水处理装置技术规程》［S］．北京：中国计划出版社，2014.

[116] 全国勘察设计注册工程师环保专业管理委员会，等．注册环保工程师专业考试复习教材（第一分册）［M］．北京：中国环境科学出版社，2007.

[117] 文一波．中国典型村镇污水处理系统研究［D］．北京：清华大学，2016.

[118] 住房和城乡建设部标准定额研究所．RISN-TG006-2009，人工湿地污水处理技术导则［S］．北京：中国建筑工业出版社，2009.

[119] 张自杰，王有志，郭春明．实用注册环保工程师手册［M］．北京：化学工业出版社，2016.

[120] 张自杰，林荣忱，金儒霖．排水工程下册［M］．北京：中国建筑工业出版社，2015.

[121] 李正昱，何腾兵，杨小毛，等．人工快速渗滤系统的研究与应用［J］．中国给水排水，2004（10）：30-32.

[122] 中华人民共和国环境保护部．农村生活污水项目建设与投资指南［Z］．2013.

[123] 李亚峰，马学文，李倩倩，等．小城镇污水处理厂的运行管理［M］．北京：化学工业出版社，2017.

[124] 徐文龙，吕士健，宋序彤，等．城镇污水处理厂运行、维护及安全技术手册［M］．北京：中国建筑工业出版社，2014.

[125] 中华人民共和国住房和城乡建设部．CJJ 60—2011，城镇污水处理厂运行、维护及安全技术规程［S］．北京：中国建筑工业出版社，2011.

[126] 陈天麟．农村生活污水处理工艺及运行管理［M］．北京：中国建筑工业出版社，2018.

[127] 郑兴灿．城镇污水处理厂一级 A 稳定达标技术［M］．北京：中国建筑工业出版社，2015.

[128] 练伟．农村生活污水处理设施远程监控系统及其应用［J］．资源节约与环保，2018（5）：91，100.

[129] 谭林立，许航，韩晓月．农村污水处理运营管理模式探讨［J］．山东工业技术，2017（4）：7-8.

[130] 环境保护部．HJ 2005—2010，人工湿地污水处理工程技术规范［S］．北京：中国环境科学出版社．

[131] 姚枝良，闻岳，李剑波，等．人工湿地处理系统的运行管理与维护［J］．四川环境，2006（5）：41-44.

[132] 美国水环境联合会．陈秀荣，徐宏勇，农春敏，等译．城镇污水处理厂运行管理手册

（原著第6版）［M］．北京：中国建筑工业出版社，2012．

［133］ 吴维海．政府融资50种模式及操作案例［M］．北京：中国金融出版社，2014．

［134］ 仇奕尹．宁海县世行贷款农村污水处理项目建设状况及其成效分析［D］．杭州：浙江农林大学，2016．

［135］ 国家统计局．中国统计年鉴［M］．北京：中国统计出版社，2017．

［136］ 杨晓敏，袁炳玉．PPP项目策划与操作实务［M］．北京：中国建筑工业出版社，2014．

［137］ 李岩．EPC工程总承包模式在我国污水处理工程中的应用研究［D］．北京：清华大学，2010．

［138］ 陈越，徐家钏，万纯．成效初释放 启幕"下半场"——世行贷款浙江农村生活污水处理系统及饮水工程建设项目的"浙江样板"［J］．浙江经济，2017（23）：62-65．